● 生态文明法律制度建设研究丛书

主导或参与：

自然保护地社区协调发展之模式选择

ZHUDAO HUO CANYU
ZIRAN BAOHUDI SHEQU XIETIAO FAZHAN
ZHI MOSHI XUANZE

邓　禾●著

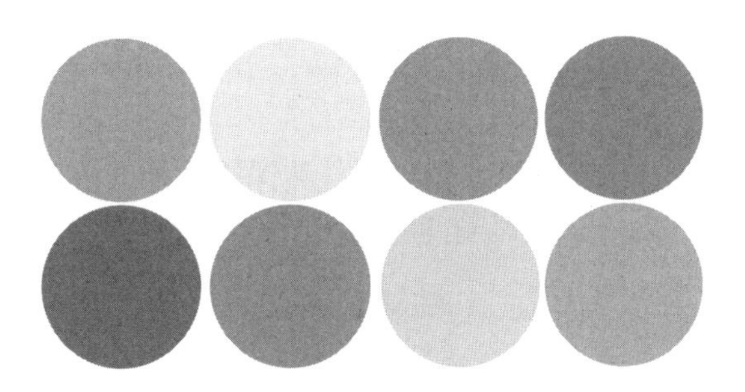

重庆大学出版社

图书在版编目（CIP）数据

主导或参与：自然保护地社区协调发展之模式选择 / 邓禾著. -- 重庆：重庆大学出版社，2023.3

（生态文明法律制度建设研究丛书）

ISBN 978-7-5689-3809-9

Ⅰ.①主… Ⅱ.①邓… Ⅲ.①自然保护区—发展模式—研究—中国 Ⅳ.① S759.992

中国国家版本馆 CIP 数据核字（2023）第 084972 号

主导或参与：自然保护地社区协调发展之模式选择

邓 禾 著

策划编辑：孙英姿 张慧梓 许 璐

责任编辑：张洁心 许 璐 版式设计：许 璐

责任校对：谢 芳 责任印制：张 策

*

重庆大学出版社出版发行

出版人：饶帮华

社址：重庆市沙坪坝区大学城西路 21 号

邮编：401331

电话：（023）88617190 88617185（中小学）

传真：（023）88617186 88617166

网址：http://www.cqup.com.cn

邮箱：fxk@cqup.com.cn（营销中心）

全国新华书店经销

重庆升光电力印务有限公司印刷

*

开本：720mm × 960mm 1/16 印张：20.5 字数：288 千

2023 年 3 月第 1 版 2023 年 3 月第 1 次印刷

ISBN 978-7-5689-3809-9 定价：128.00 元

丛书编委会

作者简介

邓禾，女，重庆人，法学博士，现任西南政法大学经济法学院副教授、硕士生导师，重庆市法学会环境与资源保护法学研究会常务理事。曾在英国曼彻斯特大学、曼彻斯特城市大学和阿伯丁大学交流访问学习。主要从事环境与资源保护法学的教学与研究，已出版学术著作3部，主编、参编教材7部，在《现代法学》《法学评论》《重庆大学学报（社会科学版）》等学术期刊公开发表论文30余篇；主持或主研国家级、省部级课题多项。曾荣获西南政法大学2007年度科研成果奖。

总　序

“生态兴则文明兴，生态衰则文明衰。”良好的生态环境是人类生存和发展的基础。《联合国人类环境会议宣言》中写道：“环境给予人以维持生存的东西，并给他提供了在智力、道德、社会和精神等方面获得发展的机会。”一部人类文明的发展史，就是一部人与自然的关系史。细数人类历史上的四大古文明，无一不发源于水量丰沛、沃野千里、生态良好的地区。生态可载文明之舟，亦可覆舟。随着发源地环境的恶化，几大古文明几近消失。恩格斯在《自然辩证法》中曾有描述：“美索不达米亚、希腊、小亚细亚以及其他各地的居民，为了得到耕地，毁灭了森林，但是他们做梦也想不到，这些地方今天竟因此成了不毛之地。”过度放牧、过度伐木、过度垦荒和盲目灌溉等，让植被锐减、洪水泛滥、河渠淤塞、气候失调、土地沙化……生态惨遭破坏，它所支持的生活和生产也难以为继，并最终导致文明的衰落或中心的转移。

作为唯一从未间断传承下来的古文明，中华文明始终关心人与自然的关系。早在5 000多年前，伟大的中华民族就已经进入了农耕文明时代。长期的农耕文化所形成的天人合一、相生相克、阴阳五行等观念包含着丰富的生态文明思想。儒家形成了以仁爱为核心的人与自然和谐发展的思想体系，主要表现为和谐共生的顺应生态思想、仁民爱物的保护生态思想、取物有节的尊重生态思想。道家以“道法自然”的生态观为核心，强调万物平等的公平观和自然无为的行为观，认为道是世间万物的本源，人也由道产生，是自然的组成部分。墨家在长期的发展中形成“兼相爱，交相利”“天志”“爱无差等”的生态思想，对当代我们共同努力探寻的环境危机解决方案具有较高的实用价值。正是古贤的智慧，让中华民族形成了“敬畏自然、行有所止”的自然观，使中华民族能够生生不息、繁荣壮大。

中华人民共和国成立以来，党中央历代领导集体从我国的实际国情出发，深刻把握人类社会发展规律，持续关注人与自然关系，着眼于不同历史时期社会主要矛盾的发展变化，总结我国发展实践，从提出“对自然不能只讲索取不讲投入、只讲利用不讲建设”到认识到“人与自然和谐相处”，从“协调发展”到“可持续发展”，从“科学发展观”到“新发展理念”和坚持“绿色发展”，都表明我国环境保护和生态文明建设作为一种执政理念和实践形态，贯穿于中国共产党带领全国各族人民实现全面建成小康社会的奋斗目标过程中，贯穿于实现中华民族伟大复兴的中国梦的历史愿景中。党的十八大以来，以习近平同志为核心的党中央高度重视生态文明建设，把推进生态文明建设纳入国家发展大计，并提出美丽中国建设的目标。习近平总书记在党的十九大报告中，就生态文明建设提出新论断，坚持人与自然和谐共生成为新时代坚持和发展中国特色社会主义基本方略的重要组成部分，并专门用一部分内容论述“加快生态文明体制改革，建设美丽中国”。习近平总书记就生态文明建设提出的一系列新理念新思想新战略，深刻回答了为什么建设生态文明、建设什么样的生态文明、怎样建设生态文明等重大问题，形成了系统完整的生态文明思想，成为习近平新时代中国特色社会主义思想的重要组成部分。

生态文明是在传统的发展模式出现了严重弊病之后，为寻求与自然和谐相处、适应生态平衡的客观要求，在物质、精神、行为、观念与制度等诸多方面以及人与人、人与自然良性互动关系上所取得进步的价值尺度以及相应的价值指引。生态文明以可持续发展原则为指导，树立人与自然的平等观，把发展和生态保护紧密结合起来，在发展的基础上改善生态环境。因此，生态文明的本质就是要重新梳理人与自然的关系，实现人类社会的可持续发展。它既是对中华优秀传统文化的继承和发扬，也为未来人类社会的发展指明了方向。

党的十八大以来，“生态文明建设”相继被写入《中国共产党章程》和《中华人民共和国宪法》，这标志着生态文明建设在新时代的背景下日益规范化、制度化和法治化。党的十八大提出，大力推进生态文明建设，把生态文明建设放在突出地位，融入经济建设、政治建设、文化建设、社会建设各方面和全过程，努力建设美丽中国，实现中华民族永续发展。党的十八届三中全会提出，必须建立系统完整的“生态文明制度体系”，用制度保护生态环境。党的十八届四中全会将生态文明建设置于“依法治国”的大背景下，进一步提出“用严格的法律制度保护生态环境”。可见，生态文明法律制度建设的脚步不断加快。为此，本人于2014年牵头成立了“生态文明法律制度建设研究”课题组，并成功中标2014年度国家社科基金重大项目，本套丛书即是该项目的研究成果。

本套丛书包含19本专著，即《生态文明法律制度建设研究》《监管与自治：乡村振兴视域下农村环保监管模式法治构建》《保护与利用：自然资源制度完善的进路》《管理与变革：生态文明视野下矿业用地法律制度研究》《保护与分配：新时代中国矿产资源法的重构与前瞻》《过程与管控：我国核能安全法律制度研究》《补偿与发展：生态补偿制度建设研究》《冲突与衡平：国际河流生态补偿制度的构建与中国应对》《激励与约束：环境空气质量生态补偿法律机制》《控制与救济：我国农业用地土壤污染防治制度建设》《多元与合作：环境规制创新研究》《协同与治理：区域环境治理法律制度研究》《互制与互动：民众参与环境风险管制的法治表达》

《指导与管控：国土空间规划制度价值意蕴》《矛盾与协调：中国环境监测预警制度研究》《协商与共识：环境行政决策的治理规则》《主导或参与：自然保护地社区协调发展之模式选择》《困境与突破：生态损害司法救济路径之完善》《疏离与统合：环境公益诉讼程序协调论》，主要从“生态文明法治建设研究总论”“资源法制研究”“环境法制研究”“相关诉讼法制研究”四大板块，探讨了生态文明法律制度建设的相关议题。本套丛书的出版契合了当下生态文明建设的实践需求和理论供给，具有重要的时代意义，也希望本套丛书的出版能为我国法治理论创新和学术繁荣作出贡献。

2022年9月 于山城重庆

前　言

自然保护地作为生态文明建设的重要载体，在全球范围内被广泛建立。从1872年美国黄石国家公园的建立到中国目前正加快构建以国家公园为主体的自然保护地体系，一个多世纪以来，人们逐渐开始意识到自然保护地的保护建立在保障自然保护地社区利益与原住居民权益的基础之上，才能有效地实现自然保护地的设立目的与生态系统服务功能。同时，正义的本质是“给每个人其所应得”，纵览世界各国自然保护地的发展历史，不难发现传统“孤岛式保护”的方式已不适应自然保护地的保护需求，应将纯粹的保护自然理念向实现人与自然的和谐发展转变。在此过程中，自然保护地社区协调发展问题逐渐出现在人们视野中并日益受到重视。我国目前已建立各级各类自然保护地1万余处，是全球生物多样性最丰富的国家之一。然而，我国的多数自然保护地位于自然资源丰富但经济贫困、地理位置偏远的地区，自然保护地内部仍存在大量社区与原住居民，加之土地资源权属复杂，自然保护地与自然保护地社区面临着发展目标不明确、管理体制不成熟、内部关系复杂与原住居民权益保障不足等问题。

本书试图通过构建自然保护地社区协调发展模式对解决上述问题进行探讨，全书共分为六章，以实现自然保护地有效保护、原住居民权益充分保障与自然保护地社区综合发展为主线，主要内容如下：

一是通过对自然保护地概念、类型与我国自然保护地现状的梳理，明确自然保护地不应再适用传统的“孤岛式保护”，采取“一刀切”的做法。聚焦并研究自然保护地社区协调发展问题，能有效地促使自然保护地发展与环境正义诉求相契合，推动自然保护地生态系统完整性的实现，矫正自然保护地传统管理模式的同时，协调好自然保护地内部矛盾。

二是长久以来，我国的自然保护地存在资金供给不足的问题，除财政资金外，自然保护地的保护资金来源十分单一，将自然保护地所具有的生态系统服务功能价值市场化，将保障实现自然保护地的保护目标、协调好其与自然保护地社区、原住居民之间的关系。但由于自然保护地所具有的生态系统服务功能类别不一，在对其进行价值核算时应运用不同的评估办法，在应用市场化工具实现自然保护地生态系统服务功能价值时，应遵循对应规则，方能使自然保护地社区与原住居民作为生态系统服务功能的提供者的受偿权得到实现。

三是结合社区、经济特区等概念与基本功能的讨论，认为自然保护地社区是位于自然保护地一定辐射范围内的社区，这种辐射范围既包括自然保护地内部以及自然保护地周边所形成的域面范围，也包括与自然保护地保有直接或间接联系的流网范围。在将社区本身所具有的经济要素与自然保护地所具备的生态要素结合后，认为自然保护地社区可作为一个特殊经济区，其最核心的功能便是促进自然保护地生态保护与实现社区经济发展同时并举，其具有组织属性、空间属性、文化属性以及系统属性。作为与自然保护地有着高度相关性的综合性特殊区域，自然保护地社区具备经济完整性、发展共享性以及高度自治性的特征。自然保护地社区协调发展便是要把社区经济活动建立在自然保护地生态保护的基础上，把握好社区经济发展和自然保护地生态系统间的关系，通过职能调试和政策协调打造出一个小区域内社会、经济和生态高度和谐的生态经济系统。

四是结合我国目前自然保护地的实际情况，认为自然保护地传统的管理模式对自然保护地社区原住居民的生存、经济、文化等方面的权利保障不足，使环境保护的效果大打折扣并可能引发矛盾冲突。因此，迫切地需要改变自然保护地传统管理模式，以调整保护与发展的关系。同时，自然保护地的有效管理很大程度上需要依赖自然保护地社区的参与和协助。即传统的由上而下的自然保护地管理模式需要调整，应将以往作为管理对象的自然保护地内部的原住居民及自然保护地社区变为管理的主体，从而解决自然保护地管理机构同自然保护地社区原住居民在资源利用方面的矛盾。

五是基于自然保护地资源保护与利用、社区发展及原住居民权利保障之现实需要，应构建一种以“资源整合”和“自治参与”为核心的自然保护地社区协调发展新模式。即一方面通过立法赋予自然保护地社区与自然保护地原住居民在自然保护地范围内的“自治权”和“参与决策权”，使自然保护地社区能“当家”，而自然保护地社区原住居民能“做主”，由自然保护地社区原住居民掌握一定社区话语权，共享发展利益，共担保护责任。另一方面，通过设立自然保护地地役权的方式，将自然保护地无形的环境要素量化成为具体物权，使自然保护地社区原住居民成为权利人，并通过自然保护地社区原住居民主导、其他利益相关者共同参与自然保护地自然资源开发、利用和保护过程的方式，与自然保护地社区与原住居民在明晰生态要素产权的基础上建立市场化的自然资源资产产权交易体系，有序地将自然保护地的生态价值转化为市场价值，以外部激励促进自然保护地社区实现内生发展。

六是提出自然保护地社区主导型模式即在社区主导下，社区成员共同享有自然保护地发展的决策权、控制权，通过社区组织、非政府组织（Non-Governmental Organizations，NGO）、企业等力量强化社区管理能力以推动自然保护地社区协调发展。首先，在主导型模式下，原有的自然保护地政府管理机构应逐步退出，自然保护地发展的决策权与控制权由社区享有，依靠社区力量推动自然保护地协调发展，实现当地居民对自然保护地发展的自我组织、自我管理、自我服务等。其次，在社区主导型模式之下，社区成员并不是独立地参与到自然保护地管理之中，而是依靠组织力量，包括社区自治组织、非政府组织、当地企业等。但主导型模式也存在“精英俘获”和“人力财力资源缺乏”等问题，故社区主导型模式在实施时要兼顾居民素质、社区管理水平等多种因素，实行社区主导下的组织体系建设，增强社区的控制能力，提高社区参与意识，具体的实现路径选择可划分为“非政府组织管理型”“当地企业管理型”与“社区共同管理型”三种类型。在政府的协助下，发挥法律政策的引导功能、资金技术的扶持功能、外来资本的限制功能、社区行为的监督功能等，实现社区主导型模式的顺利运行，重构政府与自然保护地社区之间的关系，强化自然保护地社区的治理作用和保障原住居民权益。

在本书的撰写过程中，以下人员：李旭东、张鹏、毕芬、吕玉瑶、石渊、陈意、唐珊瑚、刘晓旭、黄楠、齐凤杰等给予了大力协助与支持，尤其是毕芬对于本书的统稿和校对付出了大量的时间，在此一并感谢！

本书的内容仍需进一步完善，如对自然保护地社区协调发展问题的探讨局限于理论层面，缺乏更具有说服力的实证研究，对部分存在问题的探讨也不够深入等。由于笔者水平有限，其他错漏之处在所难免，敬请广大读者批评指正。

邓禾

2023 年 2 月 3 日

目　录

第一章　自然保护地社区协调发展问题之提出

自然保护地是生态文明建设的重要载体，在维护国家生态安全中居于首要地位。党的二十大报告明确提出：“以国家重点生态功能区、生态保护红线、自然保护地等为重点，加快实施重要生态系统保护和修复重大工程。推进以国家公园为主体的自然保护地体系建设。”我国自20世纪60年代中期建立第一个自然保护区以来，经过多年发展，目前已建立各级各类自然保护地1.18万个，对维护我国生物多样性与保护生态环境发挥了重要作用。自然保护地类型与数量迅速增加的背后也潜藏着问题：从实现人与自然和谐共生的角度出发，我国的自然保护地建设过程中仍存在一个突出问题未得到妥善解决，即保护与发展矛盾突出。从宏观上体现为自然保护地保护与原住居民权益保障及自然保护地社区发展之间的矛盾。一方面，自然保护地的保护仅依靠政府的财政资金供给与自然保护地管理机构的人员管理是远远不够的，需要吸纳自然保护地社区与原住居民的力量作为重要补充，但长久以来我国的绝大多数自然保护地社区与原住居民并未因其自发的保护行为而受益，相反却面临着发展受限、权益被侵害等现实困境。另一方面，自然保护地社区与原住居民的发展以自然保护地为基础，通过对自然保护地内自然资源的利用维持其基本生存与经济发展需要，但从实践来看，自然保护地社区与原住居民对自然保护地内自然资源简单粗暴的利用方式对自然保护地的保护工作造成了极大的影响。从微观上则体现为自然保护地发展目标不明确、管理体制混乱、内部关系矛盾与原住居民权益保障不足等问题。要解决上述问题，协调好自然保护地、自然保护地社区与原住居民之间因保护与发展而产生的矛盾是关键，对自然保护地社区协调发展模式进行探讨，对于实现自然保护地有效保护、原住居民权益保障与自然保护地社区可持续发展具有重要价值。

第一节　自然保护地之概述

一、自然保护地之概念

（一）自然保护地的概念

自然保护地这一概念其实是个“舶来品”，其由“protected areas”一词演变而来。1994 年世界自然保护地联盟（the International Union for Conservation of Nature, IUCN）首次将“自然保护地”定义为：为了当地生态系统的完整和文化价值的实现，通过法律途径或者其他被许可的方式来管理自然保护地，可被定义为一个相对明确的地理空间。[1] 尽管世界上各个国家均在本国范围内建立了大量自然保护地，对划定为自然保护地的区域严格控制人类活动，用以保护本国生态系统的稳定、维护生物多样性和保护自然与文化特征，但对于自然保护地的概念并未形成共识。综合世界范围内对自然保护地的不同定义，

[1] Lee E. Protected areas, country and value: The nature-culture tyranny of the IUCN's protected area guidelines for indigenous australians[J]. Antipode, 2016, 48(2): 355-374.

可以将自然保护地的定义总结为：由各级政府依法划定和确认，对重要的自然生态系统、珍贵濒危野生动植物物种和重要遗传资源的天然集中分布地、具有重要生态系统服务功能和文化价值的自然遗迹、自然景观等进行长期特殊保护和管理的陆地、陆地水域和海域所处的具有明确边界的地理空间。我国自 1956 年建立第一个自然保护区以来，经过半个多世纪的发展，已形成了以自然保护区为主体的自然保护地体系，但自然保护地这一概念具有鲜明的中国特色，直到 2019 年才将其作为自然保护区的上位概念被明确提出。作为我国自然保护地建设的纲领性文件，2019 年 6 月，中共中央办公厅、国务院办公厅印发的《关于建立以国家公园为主体的自然保护地体系的指导意见》对自然保护地的规定是我国目前对自然保护地概念最准确的定义。即自然保护地是由各级政府依法划定或确认，对重要的自然生态系统、自然遗迹、自然景观及其所承载的自然资源、生态功能和文化价值实施长期保护的陆域或海域。

（二）自然保护地的特征

1. 生态上的系统性

自然保护地作为地球生态系统的一个缩影，具有生态上的系统性。一方面，自然保护地的原生状态可以实现内部循环。即自然保护地在脱离人类活动后，可以依靠生物间的物质循环或能量流动等构成一个完整的生态系统。即自然保护地内的资源与环境具有一种生态上的天然联系，自然资源是作为资源的承载体而存在，而资源的循环也是对环境状态的维持。同时，自然保护地内部也拥有不同类型的生态系统，如自然保护地内的各类自然资源十分丰富，比如水资源、森林资源、矿产资源等。另一方面，人与自然的关系在自然保护地内实现和谐共处，一定程度上也体现了自然保护地在生态上的系统性特征。首先，自然保护地建立在人类自主保护与生态自我修复的基础之上，既非排除一切人类活动而恢复自然的原始状态，也非以资源的开发为目的，其追求的是一种人与自然的耦合状态，核心在于将人与自然视为有机统一的整体，强调人与自然和谐共生。其次，自然保护地的建立有利于实现生态环境与生物资源的自我调节和保护，在一定程度上能满足人类的发展需求。因此，自然保护地并不是一个区域性问题，对自然保护地的建立与发展均应结合生态系统的整体性特征进行综合考量。

2. 空间上的重叠性

世界上的许多自然保护地自建立以来，便具有鲜明的跨区域特征。如位于卡万戈－赞比西河跨越边境保护区的维多利亚国家公园便涵盖了博茨瓦纳、安哥拉、纳米比亚、赞比亚和津巴布韦的土地；位于非洲南部的大林波波跨国公园也由莫桑比克、南非、津巴布韦三国的国家公园组成。这些自然保护地不局限于一国领土范围之内，还覆盖了某一区域内的多个国家，由该区域内的多个国家进行管理。[1] 我国的自然保护地也具有空间上的重叠性特征。一方面，自然保护地的空间分布具有重叠性。我国幅员辽阔，若按行政区划的方式进行国土划分，可分为国家级、省级、市级和县级等。但是我国对自然保护地的边界划分并未与行政区划保持一致，表现出空间分布上的重叠与交叉特征。有学者研究发现，国家级的自然保护地空间重叠问题比省、市、县级要更为突出。[2] 自然保护地作为国土空间规划中的特殊区域，因其内在的生态系统具有整体性特征，因而在划定自然保护地范围时不可避免地会出现跨行政区域的情况，由此造成了自然保护地在行政管理上的多头管理难题。另一方面，我国在自然保护地的设立过程中也存在不同类型的自然保护地的保护范围重叠的现象。如风景名胜区、自然保护区等因设立部门和保护对象不一样，划定的保护范围也存在交叉现象。由于自然保护地的空间重叠特性，不同行政区域和不同类型的自然保护地的内部管理机构在管理时容易产生管理冲突。同时，

[1] 段帷帷. 论自然保护地管理的困境与应对机制 [J]. 生态经济, 2016, 32(12):187–191.

[2] 马童慧，吕偲，雷光春. 中国自然保护地空间重叠分析与保护地体系优化整合对策 [J]. 生物多样性，2019, 27(7): 758–771.

自然保护地交叉管理受自然保护地原有条块批建与管理机制的综合影响[1]，如果不能进行合理平衡将会影响自然保护地的整体发展，影响到自然保护地的体系化进程。

3. 保护上的协作性

随着全球化进程的加快，世界各国在经济、文化和生态上的联系日益紧密，保护地球生态环境不再是某一个国家的责任，而是全球性问题。自然保护地建设是维护全球生态系统稳定的重点工作，需要世界各国的共同推进。在自然保护地发展的早期，国际上的自然保护地建设仅在少数国家进行，由各个国家独立开展，管理活动也限制在各国国界范围内。随着世界各国都开始进行自然保护地建设，原有的孤立保护模式不再适应自然保护地的国际化进程。就其表现形式而言，国际上对自然保护地的合作管理主要通过一些国际条约和协定来实现。国际社会从 20 世纪初就已开始了对自然保护地施行国际协作的探索。比如订立的与区域性自然保护地的保护相关的条约有：1909 年美国与加拿大的《边界水域条约》、1968 年的《非洲保护自然和自然资源公约》、1974 年的《波罗的海区域海洋环境保护公约》等；全球性自然保护地方面的条约有：1979 年的《保护野生动物迁徙物种公约》、1982 年的《联合国海洋法公约》、1992 年的《生物多样性公约》等。[2] 基于区域性的自然保护地的自然保护需求，各国自然保护地的管理活动由孤立走向协作。同时，自然保护地划定后，并未与人类社会完全隔绝，相反自然保护地的建设还需要人类的主动参与，在此过程中也需要不同保护主体之间进行协作，以实现保护目标。在我国，对自然保护地的管理也体现了不同管理部门、不同主体间的协作。具体而言，尽管我国自然保护地的发展过程中始终存在多头管理的问题，但不可否认的是自然保护地作为一种跨行政区域的特殊地域，目

[1]　马童慧，吕偲，雷光春．中国自然保护地空间重叠分析与保护地体系优化整合对策 [J]. 生物多样性，2019, 27(7): 758–771.

[2]　段帷帷．论自然保护地管理的困境与应对机制 [J]. 生态经济，2016, 32(12)：187–191.

前仍需要不同行政区域内的相关部门通力协作才能实现有效保护。最后，自然保护地的管理机构间的保护手段也体现了协作性，一般如风景名胜区等自然保护地，集生态、科研、宣教、旅游功能于一体，为实现其服务功能，产生了相应的管理机构。管理机构在确保实现自然保护地的生态系统服务功能的同时也要以保护作为首要目标，不同的管理机构之间承担着共同但有区别的保护责任，也由此产生了采取共同的合作保护手段的需求，如信息共享、技术协作等。

二、自然保护地的类型

我国的自然保护地类型以世界自然保护联盟对自然保护地的分类为基础，结合我国的实际情况进行设立。世界自然保护联盟在 1994 年出版的《保护区管理类型指南》中将自然保护地分为 6 种类型：严格保护区、国家公园、自然历史遗迹或地貌、栖息地或物种管理保护区、陆地和海洋景观保护地、自然资源可持续利用保护区。[1] 目前，世界自然保护联盟确立的自然保护地体系共包括 7 种具体类型，可按照其管制程度划分为 3 个大类：第Ⅰ—Ⅳ类为严格自然保护地，其中的Ⅰa 及Ⅰb 又可称为最严格的自然保护地类型；第Ⅴ、Ⅵ两个类型属于较低的严格自然保护地。

表 1–1　世界自然保护联盟的自然保护地管理分类标准

类型	名称	目的	定义
Ia	严格的自然保护地	用于科研	指受到严格保护的区域，设立目的是为保护生物多样性，亦可能涵盖地质和地貌保护。这些区域中，人类活动、资源利用和影响受到严格控制，以确保其保护价值不受影响。
Ib	荒野自然保护地	用于保护荒野	指大部分保留原貌，或仅有微小变动的区域，保存了其自然特征和影响，没有永久性或者明显的人类居住痕迹。对其保护和管理是为了保持其自然原貌。

[1] Lee E. Protected areas, country and value: The nature–culture tyranny of the IUCN’s protected area guidelines for indigenous australians[J]. Antipode, 2016, 48(2): 355–374.

续表

类型	名称	目的	定义
Ⅱ	国家公园	用于生态系统保护	指大面积的自然或接近自然的区域，重点是保护大面积完整的自然生态系统。
Ⅲ	自然文化遗迹或地貌	用于保护特殊的自然特征	指为保护某一特别自然历史遗迹所特设的区域，可能是地形地貌、山、海底洞穴，也可能是洞穴，甚至是古老的小树林这样依然存活的地质形态。
Ⅳ	栖息地/物种管理区	通过管理的介入保护自然生境和生物物种	这种自然保护地主要用来保护某类物种或栖息地，在管理工作中也体现这种优先性。
Ⅴ	海陆景观保护区	用于保护海陆景观和游憩	人类和自然长期相处所产生的特点鲜明的区域，具有重要的生态、生物、文化和景观价值。
Ⅵ	资源管理保护区	用于自然生态系统可持续利用	是指为了保护生态系统与栖息地、文化价值和传统自然资源管理系统的区域。

世界上的各个国家因其国土面积、自然资源分布情况及自然保护地运动的开展历史等不同，建设的自然保护地类型与数量也存在差异。如美国、澳大利亚国土面积宽广，自然资源丰富，其已建设的自然保护地类型与数量众多，美国将自然保护地分为国家公园系统、国家森林系统、国家野生动物保护系统等七大系统，在此基础上又细分为31个类别。而澳大利亚将国内自然保护地类别分为植物园、海岸保护区、保存地、保存公园等31类。巴西则按照保护目标的不同分为“完全保护地”和“可持续利用类保护地”，前者以严格保护为主，后者则采取保护与利用并举的方式。英国则按照自然保护地的等级不同划分为国际级别、欧洲级别、英国国家级别和英国成员国级别。[1]尽管不同国家的自然保护地分类标准不一，但本质上仍是在世界自然保护联盟的自然保护地划分标准基础上进行改进，目标都是保护自然环境和维护生物多样性。

[1]　陈耀华，黄朝阳．世界自然保护地类型体系研究及启示[J]．中国园林，2019, 35(3): 40-45.

我国自然保护地的发展起步相对较晚，1956 年我国建立了第一个自然保护区。此后经过 60 多年的发展，自然保护地建设取得了一定成果，但在实践中并未统一使用“自然保护地”这一名称。作为我国自然保护地建设的纲领性文件，2019 年中共中央办公厅、国务院办公厅印发的《关于建立以国家公园为主体的自然保护地体系的指导意见》首次将自然保护地按生态价值的高低，分为国家公园、自然保护区、自然公园三大类型。其中，自然公园又细分为风景名胜区、森林公园、湿地公园、水产种质资源保护区、海洋公园等。我国的自然保护地分类主要借鉴了世界自然保护联盟以及美国、英国等国家的分类标准。目前，我国已建立起数量众多、类型丰富、功能多样的自然保护地网络，自然保护地体系渐趋完善。整体上，我国的自然保护地主要分为以下三种类型：一是国家公园，是指有相对完整的自然生态系统并且具有国家代表性的陆域或者海域；二是自然保护区，是指自然环境独特、有着珍稀的野生动植物的地区；三是自然公园，是指具有文化和观赏性价值的区域。在这三大类之中，国家公园为主体，自然保护区为基础，各类自然公园为补充。目前，我国对于自然保护地类型采取的是不完全列举的方式，这源于从国家层面到社会学界，对自然保护地的概念并未形成统一的共识，未来随着时代的发展，将有可能在现有分类基础上，进一步细化自然保护地类型。

三、我国自然保护地概况

（一）自然保护地

习近平总书记曾多次强调我国的生态文明建设应牢固树立“绿水青山就是金山银山”的发展理念，倡导建立人与自然和谐相处的环境友好型社会。所谓环境友好型社会，指在尊重和保护自然的思想指导下，在保障人类经济发展的同时采取有利于环境资源保护的生活和生产方式，形成和谐稳定的社会形态。我国的自然保护地建设是生态文明建设的重要举措。自我国 1956 年建立了第一个自然保护区以来，以自然保护区为主，各种类型的自然保护地开始在全国范围内逐步建立。从数量上来看，自然保护地的数量呈逐年上升的趋势，我国已建立起一个相对完备的自然保护地体系。

表 1–2　我国自然保护地的发展 [1]

年份	数量 / 个	总面积 / 万公顷	国家级自然保护区 / 个	占全国陆域面积百分比 /%
2018 年	2 750	14 270	474	18
2017 年	2 750	14 717	463	14.86
2019 年	2 750	14 733	446	14.88
2015 年	2 740	14 703	428	14.8
2014 年	2 729	14 699	428	14.84
2013 年	2 697	14 631	407	14.77
2012 年	2 669	14 979	363	14.94
2011 年	2 640	14 971	335	14.9

（二）自然保护地社区概况

我国的自然保护地多位于经济落后的地区。据统计，在各级各类自然保护地所涉及的区域之中，国家级贫困县所占比例高达 22% 以上。[2] 经济上的贫困使得居住在自然保护地范围内的原住居民对于土地等自然资源的依赖程度更深。对于原住居民和自然保护地社区而言，允许他们充分利用自然保护地内的各类资源满足其生存需求和发展需要的愿望十分强烈，但按照现有的自然保护地的管理模式，他们多被禁止利用自然保护地内的资源或无法从事与自然保护地保护相关的工

[1]　图表数据来源：由 2011—2019 年《中国生态环境状况公报》整理而来，2019 年以后我国采取“自然保护地”这一统一的表述，在此仅统计 2019 年以前有官方数据支撑的以自然保护区为主的自然保护地发展数量情况。

[2]　高平，温亚利 . 我国自然保护区周边社区贫困特征、成因及对策 [J]. 农业现代化研究，2004（4）:255–257.

作，矛盾日益加深。首先，由于经济上的落后，自然保护地所在区域的原住居民受教育程度相对较低，导致原住居民的环境保护意识薄弱。以五指山国家级自然保护区为例，该自然保护区位于海南岛中部，水资源、森林资源和动物资源十分丰富。其周边社区有五指山市和琼中县的5个乡镇和8个村委会，共有人口6 905人，并且居住着黎族等少数民族。[1] 有学者曾对周边社区居民进行调查访问，得到以下结论：一是虽然政府在五指山国家级自然保护区周边的乡镇宣传了自然保护区环境保护的重要性，部分居民认识到保护自然保护区的重要性，但仍有82%的村民认为自然资源之所以存在，便是要为人类所利用，对五指山国家级自然保护区内自然资源的开采与利用是他们保障基本生存所采取的必要手段。同时，为了可以持续利用自然保护区内的自然资源，他们会自发采取一定的保护措施对自然保护区内的自然资源进行保护，无须政府设立自然保护区进行强制干预。二是政府对自然保护区附近的乡镇居民的生态保护宣传教育仍存在短板，导致自然保护地社区内的居民对自然保护区的设立多数持反对态度，仅有38%的村民知晓自然保护区的边界，并知道自然保护区内功能分区的意义。

同时，自然保护地社区原住居民的生计成本较高。以大熊猫国家公园的白水江片区为例，该片区的野生动植物资源十分丰富，是大熊猫的重要栖息地之一。当地的居住人口约有11万，以传统的农业生产方式为主。由于当地特殊的气候十分适合茶叶的生长，当地人主要以种植茶叶为生。由于当地的交通极不发达，与外界的联系较少，茶叶的销售收入并不多。根据调查数据，周边社区居民在保护生态环境的过程中投入的成本过高，和社区居民谋求发展的愿望相矛盾。[2] 首先，从自然保护地社区的自身条件来讲，因当地教育水平有限，大多数的居民选择将孩子送到大城市去接受教育，这无疑是增加了教育的成本。

[1] 李佳灵，黄良鸿，尹为治，等．五指山国家级自然保护区建设与周边社区关系研究 [J]. 林业调查规划，2021, 46(1): 52–57.

[2] 韩雪．国家公园体制建设下的社区生计路径选择研究 [D]. 兰州：兰州大学 ,2019.

另外，当地被纳入国家公园的保护范围之后，生产性消费的支出巨大，特别是雇佣劳动力的支出就占其中的 86.05%。

第二节　自然保护地社区协调发展问题之提出

一、保护与发展理念冲突

人类为了谋求发展必须从自然界汲取养分，这意味着发展不可避免地对生态造成压力，而自然在哺育人类的同时，也会惩罚人类的破坏行为，环境污染问题的加剧会威胁人类自身的生存条件。随着人类自然保护意识的觉醒，自然保护地等自然保护性事业逐渐在全球范围内建立起来。与保护事业相伴产生的保护力度问题也成为人类的关注点，比如，对自然的绝对性保护在一定程度上是否意味着对人类利益的侵害，诸如此类的探讨为自然保护地的优化发展提供了理论指导。[1] 自然保护地发展在我国已经进入调整转折时期，必须从国家战略层面明确发展目标，上下一心，共同建设。

（一）地方多秉承发展优先理念

首先，地方为了脱贫需要“发展优先”。发展与保护的矛盾关系在农村地区尤其尖锐，一方面，国家号召要打赢脱贫攻坚战，全面建成小康社会，坚持农业农村优先发展；另一方面，虽然保护优先的核心思想与“以经济建设为中心”并不冲突，但是由于经济结构、发展手段的落后，地方在处理二者关系的时候并不能完全兼顾，绿色发展与可持续发展的目标不能落实到地方。在面对优先发展还是优先保护的取向时，在多数地方的项目规划中倾向性仍然是发展。而随着全面脱贫目标的实现，对经济落后地区也开始往提高居民生活质量方向发

[1] 李金明 . 自然保护地管理现状及对策 [J]. 乡村科技 , 2019(20): 114–116.

展，以脱贫为借口的发展优先策略不具有合理性。

其次，农民为了生存需要发展优先。自然保护地多建设在落后的农村地区，农民是社会的弱势群体，他们的生存发展手段较为单一，农民依赖自然界的馈赠生存。相应地，农业、林业等产业在一定程度上会阻碍自然保护地的建设，但自然保护地的发展也会影响农民的生产生活状况，二者之间一直存在着针锋相对的矛盾。早期，经济发展缓慢、自然保护意识的落后也让他们更倾向于发展优先；不过，随着农村发展水平不断提高，基本生活需求都被满足，对物质的强烈追求减弱，对精神建设及环境质量的要求增强。且在新媒体技术的迅速发展下，农村地区的环境信息获取能力提高，加之环境教育在农村地区也已经规模性开展。农村村民的环境意识逐步提升，也开始重视环境保护对自身的意义。另外，环境意识的增强也体现在要求政府环境治理对农村村民的需求回应。

（二）人类中心主义与生态中心主义的博弈冲突

伴随着工业化进程的加快，全球范围内的资源被过度开发利用，由此引发了各种生态危机，人们意识到未来的发展会因为自然环境被破坏而遭遇严重阻碍，甚至会影响人类的生存，世界各国开始重新反思人与自然的关系。传统的人类中心主义思想受到强烈抵制，与此相对的生态中心主义观念进入人们的视野，受到人们的普遍支持。生态中心主义阐明人类生态危机的根本原因在于自近代以来建立在人类中心主义立场上的工业文明的崛起及其发展模式，而对传统工业文明的历史性超越就构成了我们摆脱全球生态危机的切实出路。“西方‘深绿’思潮把人类中心主义价值观看作是当代生态危机的根源，强调只有破除人类中心主义价值观，确立以‘自然价值论’和‘自然权利论’为主要内容的生态中心主义价值观，才能解决生态危机。”[1] 在生态

[1] 王雨辰，吴燕妮．生态学马克思主义对生态价值观的重构 [J]. 吉首大学学报（社会科学版）, 2017, 38(2): 13–19.

中心主义视野中，人类属于生态系统的一部分，自然界的一切都有固有的价值，人类不仅不是自然的拥有者，对自然资源的支配也不具有绝对优于其他物种的优势，人类与自然界的其他物种之间是平等的关系。在这种观念指导下，部分生态中心主义的拥护者把人类对自然界的开发活动看作是对自然的掠夺，为了恢复生态系统的稳定性，由此展开的自然保护行为应该以自然界本身为主体地位，即自然本位思想。但是，人类是其他物种无法替代的智慧存在，人类作为自然界的独特一员就是因为他拥有其他生物无可比拟的智力优势，否认这一点会挫伤其积极性。[1]生态中心主义在一定程度上忽略了人类的利益，人类与其他物种相同，都拥有在自然界生存的权利，生态系统也需要为了人类生存服务。

因此，人类中心主义与生态中心主义实际上都与自然界的运行规律相背离，而人与自然和谐发展的生态整体价值观更能体现其优势。对自然环境的保护应坚持以人为环境保护主体的理念，即人本主义的立场。基于此，人类作为保护责任的承担者，也应享受相应的权利，即合理的资源利用权利。环境保护的根本目标在于实现人类社会的可持续发展，人类和自然界不是各自孤立而存在的，它们在生态系统的内部始终是相互联系的，人类中心主义与生态中心主义的博弈不在于在二者之间作出明确的抉择，而是要寻求一种平衡关系。

二、管理体制混乱

总体上，我国自然保护地采取的是自上而下的多层级管理结构，自然保护地在管理上仍存在诸多问题：第一，管理体制的衔接不顺，导致了自然保护地的中央与地方管理之间的权责关系不明晰；第二，不同部门之间存在交叉管理问题，多头领导现象严重，各部门间权责

[1] 栗明，陈吉利，吴萍．从生态中心主义回归现代人类中心主义：社区参与生态补偿法律制度构建的环境伦理观基础 [J]. 广西社会科学，2011(11): 87-90.

割据，权力规范与追责依据的不完备导致自然保护地管理中的利益分享与责任承担存在矛盾；第三，我国长期以来对自然保护地实行封闭式管理，原住居民在自然保护地建设中一直处于被管理者地位，参与度较低。管理上矛盾冲突的激化制约了自然保护地的整体发展，要实现自然保护地发展的进一步完善亟待管理体制的优化。

（一）中央与地方的权责关系不合理

根据我国自然保护地管理的有关规定，自然保护地管理原则上表现为：国家级自然保护地由中央政府负责管理，地方级自然保护地由各级地方政府负责管理。但是在实际施行过程中，国家级自然保护地一般采取的是由中央提供资金补助，地方政府组建管理机构、分配资金的管理方式。总体上，我国自然保护地的管理职责实际掌握在地方政府手上。也可以理解为一种“行政发包制”，是指在横向上赋予地方较大的治理空间及概括治理权，是为避免治理链条过长导致治理效能逐步衰减等问题。[1] 基于此种管理现状，理想化结果是实现中央主导下的地方力量的主动发挥。但是，由于权责关系的配置不合理，中央与地方在应对自然保护地建设与发展的目标指向上产生分歧，影响到自然保护地的管理效果。

一是，中央政府要求建立自然保护地体系是站在国家整体利益的全局考虑，要求切实达到“维护生态系统原真性、完整性”这一目标。但是，站在地方政府的立场上考虑，地方有权调控地方发展需要，统筹经济利益与社会利益，因此地方为了追求短期的发展利益，与中央要求的自然保护地管理目标可能发生偏离。二是，中央将权力下放到地方，容易导致地方权力膨胀，在“机会主义”思想的诱导下，权力寻租现象时有发生。三是，由于中央和地方的信息不对称，导致对地方的监督力度不足，自然保护地管理的地方权力较大，却未规定详细

---

[1] 王若磊．地方治理的制度模式及其结构性逻辑研究 [J]. 河南社会科学，2020, 28(10): 23-30.

具体的责任追究制度。现行自然保护地领域的法律法规主要内容在于建设和管理层面，对管理不当的追责却鲜有规定，对地方管理的约束力与强制力不足。

（二）多部门交叉管理，管理机构不健全

我国自然保护地呈现空间重叠性的特征，一方面，自然保护区、风景名胜区、森林公园等类型自然保护地的区域重叠问题客观存在，因此就产生了许多一区多名的现象。在我国，不同类型的自然保护地采取的是行政管理的方式，根据行政法规、部门规章、地方性法规与规章等规范性文件的内容进行管理。但是，现行法律规范下，还存在部门权力边界不明、职责紊乱等问题，使得不同部门在参与到自然保护地建设中的分工不明晰，导致了多部门的交叉管理，容易造成部门间的竞争，竞争的负面效应会促使各部门采取一切可能的手段追求短期利益，过度的权力竞争造成管理效率低下或不计效率的局面，造成突出矛盾，引起发展上的无序局面。另一方面，我国自然保护地主要采取属地管理方式，但是，由于早期我国自然保护地的空间规划能力较弱，自然保护地也存在行政区划上的空间重叠性。某一自然保护地可能横跨数个地方行政区划。对该类自然保护地，往往可能由不同区划的多个政府部门或机构管辖。这些部门或机构由于权力结构的不同，在制定具体的管理规划时往往会产生差异。

另外，地方实践表明，许多地区存在某一机构管理多个自然保护地的现象，但是在同一机构负责下，还应当考虑到由于自然保护地的功能不同，也应当采取不同的管理手段，但是很多地区并未作好合理安排，管理规定原则往往比较模糊。政府负责自然保护地的统一建设管理，但是政府主导下的行政管理体制已然体现出弊端。具体管理体制的改革将成为自然保护地发展的关键所在，设立具体的管理机构、划定权力边界、明确责任追究，能够为统一、规范、科学、高效的自然保护地管理体制的形成提供帮助。

（三）原住居民参与不足

参与式治理的管理模式要求政府赋予公民足够的社会治理权力，才能实现充分有效的公民参与，而公民赋权是一种“双重赋权”过程，公民既需要被赋予享受社会参与权利，又应当被赋予管理公共事务的权力。[1] 建立自然保护地，重在协调保护与发展的对立关系，要处理好人与自然的矛盾。因此，自然保护地的内部关系不仅仅有政府的参与，也包括自然保护地原住居民与当地生态系统的内在联系。人类与自然的关系在国家系统出现之前就已经存在，环境保护的手段须臾离不开人民的意志。我国自然保护地是在高度行政指令下建立的，缺少当地社区群众的支持和参与，缺乏与当地经济发展的联系，成为自然保护地管理体制的先天不足。[2]

事实上，公众参与已经在环境保护立法领域得以体现，2014 年修订的《中华人民共和国环境保护法》将“公众参与”原则确立为环境保护的基本原则之一。且实践层面也多次证实，公众参与的制度落实成为解决我国环境问题的重要途径，公众参与的作用发挥也是实现可持续发展目标的关键举措。在自然保护地建设与发展方面，总体上我国自然保护地管理难的问题一直存在，究其原因，包括政府管理与公众参与的脱节问题。多数地区的自然保护地管理模式仍较为单一，外部的参与性不强。“我国当前的自然保护地体系建设遵循‘自上而下’的整体主义路径，这使得我国虽然在‘多方参与’原则下探索多种私人治理性质的治理模式，但其他治理模式需要服从于政府治理模式的主导地位。”[3] 而自然保护地管理公众参与度不高的原因主要在于制度设计上存在漏洞，在自然保护地领域的相关立法中虽然也有对公众参与内容的规定，但是并没有哪部法规、规章将公众参与列为自然保护地管理的强制性规定，基本上都是宣示性规定，特别是没有明确规

[1] 李波，于水．参与式治理：一种新的治理模式 [J]. 理论与改革，2016(6): 69–74.

[2] 韩念勇．中国自然保护区可持续管理政策研究 [J]. 自然资源学报，2000(3): 201–207.

[3] 刘超．自然保护地公益治理机制研析 [J]. 中国人口・资源与环境，2021, 31(1): 192–200.

定居民参与的具体权利。[1] 这些规定在实践中皆多流于形式，公众意见的表达是否能被采纳主要由政府及各部门自身作出判断，并不具有强制力。这些问题直接导致社区参与的制度保障力度不够，社会参与保护区管理的机制不健全，参与机会受到限制。[2]

不具有强制力的规定并不能给管理者带来压力，制度规范的不足，导致自然保护地管理中的公众参与一般处于一种“假参与”或“表面参与”的阶段。[3] 权利规范上的缺陷导致行政主导下的公众参与形式化问题严重，当人们认识到自己的所谓参与权不具有实际效力时，他们寻求法律保障的参与积极性就会降低。如果自然保护地建设与居民利益相冲突，形式上的参与权并不能有效维护居民利益，造成政府公信力弱化。这也是导致公众非理性参与情况产生的主要原因。另外，缺乏有效的外部监督，无法保证自然保护地管理工作的廉洁、高效，也使得自然保护地原住居民的权益保障依据不足。2019 年，中共中央办公厅、国务院办公厅印发的《关于建立以国家公园为主体的自然保护地体系的指导意见》提出“建立健全政府、企业、社会组织和公众参与自然保护的长效机制”，但由于缺乏更为具体详细的规定，如何推进公众的实质参与仍是一个需要继续探讨的议题。

三、内部关系矛盾

自然保护地建设不是基于原始生态为基础进行的，自然保护地内的生态维护与经济发展矛盾从来都是一项历史性问题。因此，自然保护地的建设与发展必须兼顾自然保护地内部的各种关系，原住居民与自然生态之间存在应然联系，传统管理体制下，管理者与原住居民之

[1] 马永欢，黄宝荣，林慧，等．对我国自然保护地管理体系建设的思考 [J]. 生态经济，2019，35(9): 182–186.

[2] 张艳．自然保护区社区参与现实困境与对策 [J]. 人民论坛，2016(2): 169–171.

[3] 美国学者 Sherry Arnstein 在 1969 年提出“公民参与阶梯理论”，将公民参与分为三个阶段，即“假参与、表面参与、权利参与”。

间也存在联系。自然保护地内拥有极其丰富的自然资源，自然保护地的建设和管理主要目的不是恢复原始生态，而是使自然保护地不再遭受进一步破坏。进一步说，自然保护地的建设与发展并不矛盾，关键在于如何处理好自然保护地生态系统服务功能的价值转化问题。

（一）人地关系的冲突

一直以来，土地都是民生之本。我国土地权属划分为全民所有制和集体所有制，自然保护地内的土地产权形态从法理上说应该是公共产权兼由国有和集体土地所有制组成。实践过程中，自然保护地内部存在复杂的土地权属关系，具体表现为：土地边界模糊，土地权属重叠，居民不能正确使用各项土地权利等。土地权属纠纷影响了和谐人地关系的维持，人地冲突得不到合理解决进一步限制了自然保护地建设的进程。

以国家公园建设为例，《建立国家公园体制总体方案》规定，确保全民所有的自然资源资产占主体地位。以此分析，国家公园内要实现全民所有。传统的农村集体土地流转方式，如征收、租赁等，虽然经过长期应用表明了一定的可行性，但是这些手段运用到集体土地占比高的自然保护地建设中仍遇到诸多阻碍，存在国家财政负担严重、农村集体成员的利益得不到合理保障等问题。大多数自然保护地内农民依靠土地生存，强制性地将集体土地转变为国有土地，容易影响政府与农民的关系，造成社会性冲突。

当前国家公园等自然保护地建设仍然面临土地流转难的困境，传统的强制流转模式引起财政压力和农民抵制等现象，而如果不解决自然保护地内的土地权属纠纷，自然保护地的管理工作将会受到限制。鉴于此，有些学者提出了设立地役权等解决措施，但是，这些手段设计尚未成熟，自然保护地内人地关系的矛盾在短时间内仍为激烈。

（二）生态价值属性与经济价值属性的冲突

习近平总书记指出，人民对美好生活的向往是党的奋斗目标。[1]自然保护地是地球生态系统的一个缩影，与人类的生存、生产以及生活存在着密切的联系。而自然保护地建设蕴含着可持续发展的基本理念，在发挥自然保护地系统的功能时，需要平衡其生态属性与经济属性。目前来看，我国自然保护地建设过程中，生态价值与经济价值的冲突十分明显。

长期以来，世界经济的发展模式受到“先污染后治理”的理念影响，在环境保护与经济增长的杠杆上，统治阶级在二者出现矛盾时往往会倾向于后者。意识到这一点，我国《森林法》与《土地管理法》等公法都对资源的生态价值进行保障，资源的经济价值也未遭到抛弃，实质上法律层面生态价值的保障仍是谋求自然服务于人类发展。长期以来，我国自然保护地建设与管理存在“重经济价值属性，轻生态和社会价值属性”“重有形自然资源，轻无形自然资源”的弊端[2]，自然保护地内部存在诸多利益纠葛，归根到底仍是资源的分配问题。国家建设自然保护地主要是为了保障其内部生态价值的稳定，而对自然保护地的管理、保护限制了居民的财产利益，造成了生态价值与经济价值的对立。而且，在我国自然保护地管理的过程之中，国家行政部门与地方政府作为管理者权力过大，自然保护地原住居民不能参与到其中。其产生的不利后果是：一方面，管理者由于利益诱导，偏离生态公益保护的目标寻求权利最大化；另一方面，自然保护地原住居民由于权利受到侵害，出于经济利益的追求，可能会采取非理性方式对抗管理者，以致影响到自然保护地生态系统的维护工作。由于自然保护地内部资源承载了生态公共利益，政府与原住居民对资源的开发与利用必须受到公共利益的限制，国家主要通过公法的强制性保护生态

[1]　周建超．论习近平生态文明思想的鲜明特质 [J]. 江海学刊，2019(6): 5–11.

[2]　陈真亮．自然保护地制度体系的历史演进、优化思路及治理转型 [J]. 甘肃政法大学学报，2021(3): 36–47.

公益，行政管理的手段往往采取“命令—控制型”的治理模式。强制的手段虽然最能体现出效率性，但是“命令—控制”型模式的僵化性问题依然存在。基于对生态公益的维护，国家可以对自然保护地原住居民的行为进行必要的限制，然而在理论上公共利益可谓“非常抽象，可能人人殊言”[1]，政府在公益评判上的裁量权较大，不排除某些行政机关为了政绩而以公共利益之名行损害自然保护地原住居民权益之实，使得生态公益与经济私益的对立状态不能得到根本改善。这种情况下自然保护地的生态价值与经济价值无法得到协调发展，最终致害的仍然是生态安全与人民利益。

而且，经济社会发展与生态环境保护是辩证统一的关系，根据“两山”理论，保护和改善生态环境就是保护和发展生产力，生态环境与经济发展可以实现优势转化。[2]“两山”理论深刻阐明了发展与保护的本质关系，创新性地将生态环境保护与经济发展统一起来，以实现我国经济与生态的互利共赢为目标。[3]“两山”理论强调可持续性的绿色发展观，要将生态资源环境优势转化为经济优势、竞争优势和发展优势。因此，生态价值与经济价值是可以互相转化的关系。而自然保护地作为生态资源的宝库，在维护生态系统服务功能的同时，还应当重视对生态系统服务功能的价值转化。自然保护地的功能在于对生态系统原真性、完整性保护，现行发展模式无法有效兼顾生态系统服务功能的保护与价值转化两方面要求。生态系统服务功能价值市场化模式能有力弥补行政管理手段僵化的缺点，但是市场本身也存在盲目性、逐利性特点，完全依托市场力量也不利于协调发展目标的实现。应当与自然保护地社区的发展相结合，做到生态系统服务功能价值惠及于民，价值实现应与社区建设联系起来。总之，在目前自然保护地发展模式下，自然保护地生态功能价值与生态经济价值的矛盾冲突难

[1] 付子堂．法理学进阶 [M].5 版．北京：法律出版社，2016：45.

[2] 王青．新时代人与自然和谐共生观的生成逻辑 [J]. 东岳论丛，2021, 42(7): 105–111.

[3] 杨莉，刘海燕．习近平“两山理论”的科学内涵及思维能力的分析 [J]. 自然辩证法研究，2019, 35(10): 107–111.

以调节，而在冲突之下，生态系统服务功能价值转化的难度较大，与“两山”理论的目的相悖。

四、原住居民的权益保障不足

自然保护地发展最为关键的问题是原住居民的权益保障问题，就整个生态系统而言，原住居民与自然环境、资源之间存在一种天然的联系并具有相当高的依存度，这既体现在自然环境和资源对原住居民的显著影响上，也体现在原住居民在环境保护和资源开发过程中所发挥的独特作用上。[1] 而从当前发展状况来看，存在将原住居民与自然保护地生态环境的关系割裂的问题，且这种割裂并不能满足自然保护地发展的应然目的。在我国，政府权力的行使应当服务于人民，但是面对公共利益与私人利益的矛盾时，政府权力的天平往往会倾向于前者。生态保护领域的公共利益和私人利益的平衡，需要管理者居中协调。在实践中，部分国家生态保护一直秉承的思想是：保护自然生态是为了实现人类的可持续发展，因此可以牺牲一部分眼前利益而实现长远利益。然而，在自然保护地发展中，从实际上所牺牲的利益来看，不仅包括了地区发展的可能性，还包括了原住居民的基本权益。

在我国，自然保护地内部也进行了功能区域的划分，比如，自然保护区内部分为核心区、缓冲区和试验区，国家公园内部分为严格保护区、生态保育区、科普游憩区、传统利用区四个功能区。在不同的功能分区，国家对相关活动进行了限制。首先，按照我国《自然保护区条例》规定，在自然保护区的核心区内禁止任何单位和个人进入。根据国家规划及相关政策要求，核心区内的原住居民需要搬出核心区，在其他自然保护地的相关区域如国家公园内的严格保护区也要实行人口搬迁。但是，由于生态补偿机制的不完善，对搬迁原住居民的补偿

[1] 潘寻．环境保护项目中的原住居民保护策略 [J]. 中央民族大学学报（哲学社会科学版），2015, 42(3): 11–17.

往往低于其从事农业经营所得收入，自然保护地的原住居民没有得到合理经济补偿的问题较为突出。其次，在自然保护区的缓冲区，只允许科研观测活动。缓冲区不需要进行强制性移民活动，但需要对原住居民的活动进行必要的限制。自然保护地内原住居民生活主要依靠农业生产经营活动，对原住居民农业活动的限制必然会侵犯到他们的权益，虽然国家制定了一系列生态补偿机制，但是由于自然保护地内部复杂的农业关系，对原住居民权益的补偿需要结合实际情况而定，而对补偿额的确定主要掌握在地方政府手中，权益保障的合理性仍然存疑。法律层面，我国自然保护地法律文本中几乎没有原住居民权利的直接规定，仅在部分地方性法规、地方政府规章中可见间接、模糊、粗略规定，原住居民权利规范存在规定位阶较低，条文内容简单粗略的特征[1]，因此也导致了对原住居民权益保障的实施乏力问题。

第三节　自然保护地社区协调发展之意义评估

自然保护地在发展过程中也出现了相应的管理问题，自然保护地管理与自然保护地原住居民的生存发展之间的矛盾冲突不断。传统的管理体制更多强调的是资源的保护，却忽略了原住居民的权益和诉求，解决自然保护与原住居民发展的关系成为自然保护地建设面临的重要课题，由此引起了许多国家针对自然保护地管理体制的改革。自然保护地管理的社区参与理念受到各国关注，并逐渐展开对自然保护地的社区参与管理的制度构建。在我国，早在 20 世纪 90 年代就已经开始了社区参与管理的试点探索，但是经过长期的发展，自然保护地的社区参与管理的试点工作并未到达理想境地，社区参与管理方式仍处于从理论到实践的摸索阶段。自然保护地管理中不同主体间存在着关于利益争夺的矛盾关系，居民之间、社区之间、社区与政府管理机构之

[1]　李一丁 . 整体系统观视域下自然保护地原住居民权利表达 [J]. 东岳论丛 , 2020, 41(10): 172–182.

间也会因为利益纠纷产生管理上的差异化，单纯地强调社区参与管理并不能从根本上解决各方利益的冲突。社区参与管理制度的困境具体表现为：管理制度不完善、管理意愿不高、管理渠道较窄、管理的组织性不强等。社区参与管理的困境会进一步导致自然保护地管理体制的发展滞后。因此平衡各方关系，增强居民对社区化管理的理解，推动自然保护地社区协调发展将是带动自然保护地管理体制进步的重要举措，也将为自然保护地社区原住居民的生存发展提供更有效的路径选择，实现资源保护与地区发展的协调。

一、促使自然保护地发展与环境正义诉求相契合

（一）环境正义的实质目标

亚里士多德对正义的定义：正义着眼于公共利益，按照人们普遍的认识，指对于事物的“平等”的观念。[1] 而环境正义的理念最早产生于美国，20 世纪 80 年代，美国曾爆发过大规模的环境正义运动，由此引发了美国学者对环境正义理论的探讨，随着更多的学者和国家开始关注环境正义问题，这一理论也开始逐渐成熟起来。

从本质上来说，环境问题来源于人与自然的关系的失衡以及人类本身的矛盾冲突。而环境正义所倡导的是人与自然的和谐发展。由此可见，环境正义包含了两个层面：一是人与自然之间的环境正义；二是人与人之间的环境正义。

首先，人与自然之间的环境正义。人与自然不是孤立存在的关系，人类与自然共存于生态系统，人类作为生态系统的一部分，与自然之间是相互依存、密不可分的关系。传统的人类中心主义观点，将人类置于万物的中心，强调人类对自然界的主导，从而形成了人与自然对立的观念，经过人类环境意识的觉醒，已经认识到这种观念是极其错

[1] 亚里士多德 . 政治学 [M]. 吴寿彭，译 . 北京 : 商务印书馆 , 1965：148.

误的。人与自然之间既有联系也有冲突，人类依靠自然界的馈赠得以生存发展，对资源的利用成为人类进步的基础。生态系统是一个循环的整体，有其自身的运行规律，人类与自然是平等的关系，生态系统在人与自然的循环作用下实现稳定，人类要想进一步发展，必须尊重这种规律，打破人类中心主义的桎梏，承认自然拥有的权利。

其次，人与人之间的环境正义。现代化视域下的环境正义在人类社会内部关系中，包含了平等、公平、公正等理念。总体而言，环境问题是人类社会共同造成的，从整体论来看，所有个体都应该对环境被破坏的后果负责。人类生活在社会环境之中，其本身体现一定的社会性。所以，人类个体统一于社会整体之中，正义论则要求每个人都能平等地享受权利、承担义务。但是，人类社会与自然界存在着明显的区别，即人类社会存在着阶层差异。国家是人类社会的最高组织形态，在形成国家这个概念的同时，人类社会的阶层差异也更加明显地体现出来。我们对正义观的思考，要从具体的阶层差异出发，对不同的人给予不同的对待。环境正义作为一种特殊的正义观，在对待人与人之间的关系时，要考虑到将人的差异性与同一性相统一。环境具有区域性的特点，既包括国家之间的区别，也包括国家内部不同区域之间的区别。尤其在对待国内环境正义问题时，要考虑到落后地区与发达地区的区域性正义以及弱势群体与强势群体之间的群体性正义，以体现公平、公正的追求。衡量社会正义与否，不单要看商品的分配是否合理公正，还要看被分配的商品是否转化成了个人能力的最大限度发挥。[1] 因此，政府不仅要关注弱势群体的个人利益是否得到公平的分配，还要尽可能地考虑到这种分配方式是否能够让人们拥有参与发言以及决策的机会来保障权利。

所谓的环境正义其实是环境利益分配的问题。[2] 所以，环境正义要求从差异性出发对待环境问题。环境保护并不要求摒弃人类生存发

[1] 王云霞．环境正义的分配范式及其超越 [J]. 思想战线，2016, 42(3): 148-153.

[2] 张成福，聂国良．环境正义与可持续性公共治理 [J]. 行政论坛，2019, 26(1): 93-100.

展对自然资源的追求，对资源的传统利用需求也是每个人类都应享有的权利，而对于环境保护的责任承担，不能完全地进行平均分配，也不能因此而剥夺人们对资源的传统利用需求。现代环境正义观既强调自然保护的重要性，也强调人类生存发展的必要性，兼顾保护与发展的关系，才能真正实现“正义”的诉求。

现代社会环境正义的实现亦需依赖国家法律和公共政策的有力落实，在一个相对自由的社会中，由于社会团结和秩序的维持要求人们认识到，与他人作出的牺牲相比较而言，他们所作出的牺牲是正当合理的，因此，环境公共政策将不得不蕴含绝大多数人认为是合情合理的环境正义原理。[1]

（二）环境正义对自然保护地发展的要求

新时代中国加快了生态文明建设的步伐，也提出了全新的生态治理观要求，现阶段的生态治理观体现了环境正义的诉求，包括：保护生态环境，保障人民绿色福祉，促进和维护人民的环境人权；落实生态治理制度体系，维护和促进国内环境正义；通过建立生态补偿制度来实现区域环境正义；采取切实举措，助力实现城乡环境正义；保护生态环境，造福子孙后代，以便实现代际正义。[2] 环境正义要求环境保护工作要符合公正性、合理性的标准，自然保护地建设是环境保护工作的重点工程，已经成为国家维护生态系统、保护自然资源的主要手段，在环境正义的指导下，自然保护地也要向着协调发展的方向进步。

在人类社会中，个人利益寓于公共利益之中，传统观念认为个人利益需要服从公共利益，当公共利益与个人利益发生冲突时，优先保护公共利益。在环境保护领域，环境正义要求个人利益与公共利益应

[1] 彼得・S. 温茨. 环境正义论 [M]. 朱丹琼，宋玉波，译. 上海：上海人民出版社，2007：26.

[2] 龚天平，饶婷. 习近平生态治理观的环境正义意蕴 [J]. 武汉大学学报(哲学社会科学版)，2020，73(1)：5-14.

当有机结合，最大程度地实现对公平、公正的价值追求。环境正义要求人们享有在舒适的环境中生存的权利，即每个人都享有平等的环境权，人们在保护环境过程中享有利益上的平等权利，以保护环境的名义而侵害他人的环境权益与环境正义的要求相违背。要想实现社会的公正、平等，就不能以环境保护为由侵害人们的发展权。所以，自然保护地建设虽然强调生态保护优先，旨在对环境公益的维护，但是在保障公益的同时需要兼顾原住居民私益，维持自然保护地内部各利益主体之间平衡才能实现环境正义的诉求。环境正义要求自然保护地建设将各方利益统筹起来考虑，采取合理的制度安排，以实现生态效益与经济效益的平衡，对自然保护地的生态利益进行重新分配，对自然保护地的区域内的社区居民进行补偿，追求分配公正，以达到自然保护地内部的和谐发展。具体设计上即需要社区共管方式的改革，在社区协调发展模式下实现高效的管理以及原住居民权益的保障。

（三）自然保护地社区协调发展对实现环境正义的理论分析

受生态中心主义理念以及西方荒野思想的影响，国外早期自然保护地管理，往往将自然环境与当地社区进行区别对待。严厉的保护措施在一定程度上限制了当地的发展，产生了原住居民与管理机构间的矛盾，造成社区冲突现象发生。自从 20 世纪 90 年代以来，人们愈发认识到自然保护地的原住居民是自然保护地生态系统的一部分，是重要的文化景观，自然保护地建设应当将自然区域内的文化和精神价值包含在内，将当地社区的参与式保护管理纳入自然保护地整体管理规划当中。

随着自然保护地发展规模的深化，自然保护地并非一个封闭的系统，自然保护地的管护工作与当地居民的生活、生产方式息息相关，人们需要探索新型的管理模式，实现自然保护地的管理部门与当地社区居民的相互协作、融合发展。自然保护地社区协调发展在于协调当地居民与自然环境、政府与原住居民的冲突问题。自然保护地社区协调发展更加强调自然保护地管理的社区参与，形成相对正式的社区管理组织，赋予原住居民一定的自治权利，增强原住居民的管护意识，让原住居民自己管理自己。不再将原住居民对自然资源的利用采取“一刀切”的方式，而通过维护原住居民对资源的传统利用权利，与当地社区协作配合，由社区内部协调利益矛盾，进行资源的合理分配，将冲突在内部消化。这样既能维护原住居民权益，亦能激励原住居民协助自然保护地的管护手段有效实行。自然保护地社区协调发展对自然保护地建设的影响，一方面，将管理权力一部分下放到自然保护地社区原住居民手中，原住居民内部协调解决资源利用的冲突，有利于解决原住居民为了报复政府的限制手段而采取偷采资源、破坏资源等行为，维持原住居民与自然界之间的良性互动关系，实现人与自然间的环境正义；另一方面，自然保护地内部的原住居民多为经济水平低下的农民，在人类社会中处于相对弱势的地位，与该弱势群体相对立的是当地政府以及自然保护地的管理部门。自然保护地社区协调发展模式的演进能提高社区的组织性，将农民这一弱势群体结合起来，发挥集体的力量，把自然保护地管护的参与权牢牢掌握在自己手中，提高社区对自然保护地的管理能力，协调自然保护地社区与当地管理部门的矛盾。在社区的主动参与下，与政府部门协作带动当地居民经济发展，实现人与人之间的环境正义目标。

对自然保护地社区建设的完善，会涉及自然保护地内部各方利益的协调，推动自然保护地社区协调发展能够实现保护成果的公平分配。[1]在集体性规划下进行资源的合理开发、利用，将环境保护与当地发展予以平衡考虑，在把环境保护的生态建设放在首要目标的前提下，同时带动当地社区的经济发展，实现可持续发展、永续利用的目的，满足环境正义的诉求。

[1] Goldman M . Partitioned nature, privileged knowledge: Community-based conservation in Tanzania[J]. Development & Change, 2010, 34(5):833-862.

二、推动自然保护地生态系统完整性的实现

生态系统完整性是在其内部对抗外界的干扰时呈现的维持自身稳定性的能力。[1] 自然保护事业已经进入对人与自然进行综合协调保护的阶段，传统的单纯对自然的保护、抢救性保护方法在生态系统完整性的指导下将不适应自然保护地的发展需要通过对生态系统完整性的探讨，自然保护思想转向了人与自然的耦合关系思考，二者在生态系统内部存在循环互动的联系，从保护对象来看，需要将物种、种群以及地域特点等复合考虑，强调人与自然共生、人地和谐的综合管理。自然保护地是地球生态系统的一个缩影，仍然具有系统性特点，探究自然保护地生态系统的完整性对于维持生态系统平衡、健康以及维护生物多样性具有重要意义。

（一）自然保护地生态系统完整性的目标

无论是单纯强调对自然的保护，还是以人本主义为导向的保护都与生态系统完整性保护要求相违背，人类对自然保护事业的探索开始走向人与自然和谐的综合保护阶段。国际上对自然保护地生态系统完整性理念的表述，最早可见于世界自然保护联盟《自然保护地管理分类应用指南》，指南明确指出："国家公园要实施更加严格的保护，确保其生态功能和本地物种组分的相对完整"；"要保护大尺度的物种、生态过程，以及相关的迁徙路径和兼容的生态系统服务，确保长远的生态系统完整性和弹性。"[2] 指南从生态的系统性特点出发，更加强调保护要结合多方面因素的综合考虑，也要结合对空间上的广度以及时间上的长度的思考。我国的自然保护地生态系统完整性保护理念的发展要晚于国际社会，随着国家公园体制建设进程的加快，对生态系

[1] 黄宝荣，欧阳志云，郑华，等．生态系统完整性内涵及评价方法研究综述 [J]. 应用生态学报，2006(11): 2196–2202.

[2] 魏钰，雷光春．从生物群落到生态系统综合保护：国家公园生态系统完整性保护的理论演变 [J]. 自然资源学报，2019, 34(9): 1820–1832.

统完整性保护的战略性理念逐渐成形。

生态系统完整性同时也意味着其生态属性和时空上不受损害，并且生物群落保持一定的完整。根据我国自然保护地体系建设中对生态系统完整性的要求[1]，要使自然保护地建设契合生态系统完整性的目标，必须做到：第一，自然保护地建设要注重其内部生态系统的保护，保持相应的覆盖面积；第二，将各类型自然保护地综合起来管理，自然保护地与自然保护地之间，自然保护地与其他地域之间要形成一定的连通关系，维护自然保护地与周边区域的发展联系；第三，对自然保护地管理进行统一领导和规划，管理机构要协调与自然保护地原住居民的关系，实现政府管理与社区管理的合力协作关系。生态系统的完整性要求完善国家环境保护战略布局，自然保护地建设要注重平衡自然保护地内人与自然的关系、自然保护地与周边区域的关系、不同行政区域之间的关系、自然保护地内部不同管理部门之间的关系。

（二）自然保护地社区协调发展对实现生态系统完整性的支撑

一个完整的系统是由其内部的各个结构所组成的，对于不同的结构，它们不是相对立而存在的，而是包含了不可分割的联系，否则也就不具有系统的特性。自然与人类都是生态系统的一部分，对生态系统完整性的思考，既不能只关注自然而忽视人类，也不能只强调人类而忽视自然。在人类主导下建立的自然保护地，是为了缓解人类活动对自然生态系统的压力的有效措施，自然保护地是生态系统的缩影，自然保护地建设必须体现到生态系统完整性的要求。对生态系统的完整性而言，最大的威胁仍是来自于人类活动，但是人类作为生态系统的一部分，不可能将人类活动排除在自然保护地建设之外，自然保护地的管理目标必须致力于人与自然的和谐。

自然保护地建设要实现生态系统的完整性，不可避免地要解决人

---

[1] 唐小平，蒋亚芳，刘增力，等．中国自然保护地体系的顶层设计 [J]. 林业资源管理，2019(3): 1–7.

类活动所造成的影响，除了要降低人类活动对生态系统的破坏之外，还要结合人类活动与自然界的传统互动关系，实现人与自然的耦合。自然保护地社区协调发展模式，既能对人类活动进行限制，也能维持人与自然的良性互动。一方面，由于人类长期生存在自然的暴露之下，人类已经适应了与自然的生态联系，相应的自然环境本身也是与人类生存模式高度契合。设立自然保护地的区域一般是人类开发活动涉及最少的区域，人与自然之间相互依赖的关系还未被暴力地打破，与城市化严重的地区相比，自然保护地内的人地关系仍是一种良性状态。但是，随着人类社会发展，即使是在自然保护地这种资源丰富区域内生活的人，在利益的诱惑下对自然界的索取也开始增加。自然保护地社区协调发展模式能够将自然保护地的居民集合起来进行整体性管理，对不科学的人类活动进行限制，实施更加合理、科学的资源利用方式实现自身发展。自然保护地社区协调发展能够实现人与自然之间关系的积极反馈，在综合考虑人类因素的基础上，全面构建系统反馈关系，实现完整性要求。另一方面，自然保护地作为一种公益性事业，生态系统完整性的实现不仅是自然科学领域的问题，更体现了社会公益性事业的管理体制改革问题。生态系统完整性要求自然保护地内各要素之间要实现统一，对自然保护地的管理要达到目标上的一致性，自然保护地建设要求引导整个社会参与到生态系统完整性的保护当中，实现管理体制的改革。生态系统中最主要的关系仍然是人与自然的关系，国家以及政府部门只是代表人民协调与自然的关系，但是政府的管理往往由于职责、利益等的制约不能将人民的意见整合起来考虑，自然保护地的管理如果不能准确表达人民的意志，则会割裂人与自然的直接联系，完整性的保护将始终得不到有效保障。自然保护地社区协调发展模式把原住居民有组织地集合起来，能够将社区管理与政府管理有机结合，引导社会力量参与自然保护地的管理。人民能够有效集中表达自己的意愿，同时能够通过人民的力量自主施行相应措施，最能体现管理上的统筹协调。

自然保护地的社区协调发展模式不仅能从自然科学层面维持人与自然的良性互动关系，而且在公益事业管理层面能保证原住居民直接参与到保护工作当中，保障公众参与原则的实现，从整体性保护角度出发实现生态系统的完整性要求。

三、矫正自然保护地传统管理模式

根据自然保护地管理主体、权力结构变化的长期发展，我国自然保护地管理模式大致经历了两个阶段：第一个阶段是功利型管理模式，这种管理模式从自然保护地建立初期一直持续到20世纪末。在这个阶段，我国自然保护地采取的是一种自上而下的权威式管理，在中央的统一领导下，地方政府、社会组织、公民等其他主体都要听从中央的命令，体现了“命令—控制型”的管理特征。但是，由于我国处于发展初期，国家工作重心仍放在经济发展层面，自然保护地作为资源丰富的地区，要在一定程度上满足发展对资源的需求。所以，在这一阶段的自然保护地管理并未采取严格的限制开发，而是在经济发展的大前提下，考虑到保护的程度，管理模式上体现出功利性色彩。第二个阶段是管制型管理模式，随着经济的高速发展，工业化、城镇化进程的加快，国内产生了诸多严峻的环境污染事件，我国发展理念出现了转变，提出了可持续发展以及生态文明建设理念。严重的环境危机压力下，中央对自然保护地的建设和管理也逐渐要求严格，一改经济发展优先的价值理念。虽然从中央层面对自然保护地管理的理念发生了进步，但是传统的政府内部自上而下的管理模式仍然未作出调整。另外，一方面中央与地方在管理目标及利益追求上产生了偏差，中央开始致力于自然保护地的“保护”目标得以实现，有着强烈的环境利益诉求，而地方政府为了追求政绩，仍奉行了经济优先的价值理念，对自然保护地采取粗放型管理；另一方面随着自然保护地规模的扩大，中央将自然保护地的管理权力逐渐下放到地方政府手中，在权力膨胀的诱导下，自然保护地管理中出现了以权代法、逐利怠政等现象。鉴于政府内部自上而下的管理模式的弊端，我国自然保护地发展开始着眼于管理体制的改革，在自然保护地发展的新时代，自然保护地社区协调发展模式的提出将会在一定程度上提高自然保护地的管理水平。

（一）管理结构的转变

基于传统的管理模式阻碍了自然保护地社区的发展，我们必须创新管理模式，以构建具有中国特色的自然保护地管理模式。目前主要存在两种创新模式，即“参与型”和“主导型”模式，而这两种模式所体现的政府角色转变有一定区别。“参与型”模式将政府与社区处于平等的位置，共同协调管理自然保护地。一直以来，自然保护地的管理职责由政府单独负责，意味着政府获得了最大化的权利，在自然保护地的建设中，公民处于被管理者的状态。自然保护地一直存在多头领导的管理问题，自然保护地内各主管部门各自为政，互相博弈，导致整体的管理效率低下。在自然保护地社区协调发展模式指导下，自然保护地管理权利的一部分划分给原住居民，改变政府单一式的集权管理模式。自然保护地管理主体不再以政府部门为一言堂，政府管理与自然保护地社区管理处于平等的位置，自然保护地社区有权采取必要的管理手段协助自然保护地发展目标的实现，政府部门滥用权力的行为将受到有力监督。而政府的角色转变往往伴随着管理权的下放，而“合作共管”这个概念更多被提及。政府和社区通过签订合作协议的方式明确各自的职能范围，在被允许的权限内各司其职，实现针对自然保护地的长效管理。

而“主导型”更多强调自然保护地社区掌握控制权与决策权，政府不再直接介入，而是承担资金、技术等服务作用。政府在自然保护地管理当中更多的是一个低调的服务者或者是辅助者，在自然保护地社区管理出现问题时给予帮扶。在这里的“主导型”赋予了自然保护地社区更多的自主权，使社区主导自然保护地管理和发展。自然保护地社区不再依附于政府的强制管理，它们可以根据自身的意志自由来管理自然保护地。在不违反国家上位法的情况下，甚至能够实现一些自然保护地社区管理体制的创新。由于在社区主导型管理模式之下，阻碍自然保护地社区管理的影响因素减少，社区的决策能力也有一定程度的增强。诚然，在许多政策的刺激因素之下，自然保护地社区开展环境教育事业、发展生态旅游产业，大力推动当地经济的发展。

纵观这两种管理模式，它们都体现了社区的自主管理在开发和保护自然保护地当中的重要作用，是对传统管理模式的革新。但是，我国在寻求新的管理模式的同时，不能盲目求全，而应当立足于当前我国的实际国情，力求发展极具中国特色的自然保护地管理模式。

（二）社区参与水平的提高

长期以来，政府将自然保护地的管理职权集于一身，没有重视原住居民的诉求，直接影响到自然保护地与周边社区的协调发展关系。

参与式民主理论，是指在公共利益的指导下，不同主体在自由且平等的环境下参与决策的制定，并对与各方主体都有关的问题进行讨论协商并达成共识，作出更加民主、科学的决策。[1] 自然保护地的管理职权需要赋予公众全体成员，也要增加多元的管理主体，扩大公众参与的领域，实现参与主体之间地位平等，在具体的管理工作中各方意见能够在平等协商的基础上得到有效施行。自然保护地社区协调发展模式下的社区参与，以组织化的形式将自然保护地社区原住居民的参与意愿集中起来，平等地与政府部门共同进行自然保护地的协商管理。

有研究表明，一个简化的社区参与结构主要基于三个层次：政府、社区结构和地方社区。[2] 该结构使用自上而下的方法系统。每个层次的角色参与者都应该对社区发展有一定的了解，并且每个层次都

---

[1] 刘敏．论我国自然保护区社区共管制度的构建与完善 [J]. 浙江万里学院学报，2019, 32(2)：34–40.

[2] Edwin M，Sulistyorini I S，Allo J K．Assessment of natural resources and local community participation in nature-based tourism of wehea forest, east kalimantan[J]. Department of Forest Management, 2017(3)：128–139.

有涉及不同的群体。就此而言，协商主要在政府机构和代表当地社区的机构之间进行。而代表当地社区的机构的初步参与将影响到当地的参与程度。与传统的自然保护地管理模式相比，自然保护地社区协调发展模式下的社区参与管理具有以下特点：首先，管理主体的多元化。自然保护地的传统管理模式主要依赖单一的政府权威领导，但是在政府内部又设立了多个部门，导致了管理交叉，容易引发利益冲突。自然保护地社区协调发展模式下的社区参与管理强调原住居民作用的发挥，把原住居民当作是自然保护地管理过程中不可缺少的因素，与其他管理主体之间共同形成了合作化管理格局。其次，管理关系的合作化。政府内部自上而下的管理模式容易造成权力过于集中，而且一味采取控制性的管理，容易激化社会矛盾。自然保护地社区协调发展模式下的公众参与管理将社区管理与政府管理置于平等地位，政府与社区之间不是领导与被领导的关系，二者之间的管理形式是一种扁平化的平等合作关系。自然保护地社区原住居民不再作为被管理者只能被动接受政府命令，政府的管理权利应当尊重公众的意愿，在二者平等协商的前提下进行合作管理。最后，管理目标的一致化。传统管理模式下，公众意愿几乎得不到政府的直接关注，也难以转化为政府的实际行动。政府的管理目标与公民的意愿达不成一致，容易引起公民用干扰的手段对自然保护地建设进行限制。[1] 自然保护地社区协调发展模式下的社区参与，能够将原住居民表达意愿的权利予以规范，调和政府与公民之间冲突，真正做到权为民所用，使公民与政府在协商机制下实现管理目标达成共识。

而且，自然保护地社区协调发展模式下的社区参与管理对传统的社区参与管理模式也有了很大改进，公众参与原则的实际落实确实能激发公民活力，但是由于不同地区间经济发展水平的差异，自然环境

[1] Grodzińska-Jurczak M, Cent J. Can public participation increase nature conservation effectiveness?[J]. Innovation: The European Journal of Social Science Research, 2011, 24(3): 371-378.

的优劣程度以及居民对资源的需求量的不同，不同社区之间有时也会产生矛盾。自然保护地社区协调发展模式能将不同社区之间结合起来，权衡内部纠纷，根据不同的发展水平进行区别化对待，引导自然保护地社区原住居民发挥自身的优势，建设原住居民之间、社区之间的和谐互助关系，以发达社区带动落后社区发展，进一步达成不同社区管理目标上的共识，实现社区内部合作参与自然保护地管理，共同完成自然保护地的长远规划。

四、协调自然保护地的内部矛盾

（一）缓和人地关系

人地关系就是指人类为了维护自身发展的需要，不断利用自然资源、改变自然环境，人类与自然的相互影响下所产生的地理差异。可见，人地关系中的关键主导因素是人类活动，人类活动方式是影响人地关系的主要因素，要想实现人地关系的协调，就是要在满足人们需求的前提下，合理利用土地资源。自然保护地处于人类开发程度相对较低的地区，人类建设活动对自然生态的影响还不严重，最大的限制就是原住居民对土地资源的利用造成的严峻人地矛盾，自然保护地发展需要协调内部人地关系，不断调控、优化原住居民对土地合理利用的能力。

受到复杂的自然地理环境以及经济发展水平的影响，自然保护地内的人口空间分布差异较大。我国大部分自然保护地处于经济发展水平相对落后的农村地区，原住居民对土地的利用程度较为强烈，不合理的土地利用方式对当地生态产生了严重的破坏。由于自然保护地自然地理环境复杂，原住居民多以离群索居的形式生活，分散的生活范围给自然保护地的统一管理带来极大压力。

人地矛盾是影响自然保护地发展的关键因素，我国的自然保护地往往侧重于区域范围内的监管和运行，忽视了自然保护地社区与自然保护地利益共享，自然保护地与社区协调发展的矛盾依然十分突出。[1]以自然保护地社区协调发展模式为指导，能为解决人地冲突提供有益帮助。一方面，由于自然保护地建设需要，部分区域（如自然保护区的核心区）的原住居民要进行易地搬迁，然而就自然保护地的原住居民而言，土地是他们的主要生存保障，强制性将居民与土地的传统利用关系分割，最大的受害对象仍是原住居民。通过社区协调发展模式，能够为易地搬迁的居民提供合适的住所，对原本分散的居民进行集中安置，在集体的力量帮助下，原住居民能够通过转产、转业方式带动居民摆脱以往完全依赖土地生活的状态。另一方面，大多数自然保护地内的原住居民虽然以村集体群落形式共同生活，但是在整体上仍体现出分散化特点，通常一个自然保护地内可能存在多个村集体，甚至存在多个离群住户。通过自然保护地社区协调发展模式，能够将自然保护地内分散的村集体以及个人集合起来形成系统化的社区组织，将管理的范围进一步地限缩，减轻管理的难度。而且，在自然保护地社区协调发展模式下，能够引导不同的社区对自然保护地的管理目标达成共识，将传统的分散化土地利用形式整合起来，更加科学、合理地进行土地利用手段的分配。以差异性为基础、保护为落脚点，让不同自然保护地社区的居民能够不违反自然保护的最终目标，有效利用不同地区的土地优势，实现土地的可持续性利用。

从总体上来讲，自然生态系统正在面临着人类发展需求和生态保护的矛盾不断增长的问题，许多自然保护地并没有像人们想象中那样发展。为了缓解人类发展的影响，国际上针对自然保护地的最佳实践就是建立缓冲区，在那里实现管理自然保护地和人类活动的目的。保育和减贫这两种措施应当同时进行，才能达到缓解自然保护地人地矛盾的理想状态。缓冲区的主要目的是使社区能够参与自然资源的使用并从保护生物多样性的过程中获得一定的收入，而不是进入自然保护

[1] 马永欢，黄宝荣，林慧，等．对我国自然保护地管理体系建设的思考 [J]．生态经济，2019，35(9): 182–186.

地本身。此外，有研究表明，缓冲区不可避免地会被过度地开发和滥用，因此需要人们不断地监测和进行适应性的管理，以确保自然保护地和人类发展实现双赢的局面。

（二）实现生态环境效益与社会经济效益的二元耦合

在传统的自然保护地管理模式下，我国主要采取强制性保护的方式，这在一定程度上制约了自然保护地社区对资源的利用程度。虽然强制性的限制保护能有效解决资源的不合理开发和利用现象，但是考虑到在经济较落后的地区，原住居民对自然资源具有依赖性，而新的谋生方式尚不成熟，生产、生活水平仍然受制于资源可利用程度的高低，对资源使用的限制会制约社区居民的生活来源。而居民为了谋生，往往会选择不接受管理机构的限制，与政府相抗争，或采取违法手段偷取资源。资源利用行为在得不到科学指导的前提下，对自然保护地的生态环境和资源管理造成危害，可持续发展战略是要实现社会经济与生态环境效益符合作用下的协调发展与良性循环，这也是自然保护地发展面临的困境。

要想实现自然保护地生态环境效益与社会经济效益的耦合关系，要以人类活动为纽带，以自然保护地的生态系统为基础形成人与自然协调的复合系统。在这个系统内，一方面，通过合理分配给原住居民自然保护地的保护成果，发挥自然保护地的服务功能，能够反映自然保护地社会经济属性，维持自然保护地的社会经济效益；另一方面，通过科学管理自然保护地内原住居民的生活行为，采取一系列保护措施保持水土、改善气候、涵养水源、维持生物多样性、平衡生态系统稳定，以实现自然保护地的生态环境效益。二者之间相互影响、相互制约，在生态系统内既相矛盾又相统一，良好的生态环境有利于自然保护地的社会经济活动，而社会经济活动也反过来作用到生态环境效益的变化。

自然保护地社区协调发展模式能够为实现自然保护地生态环境效

益与社会经济效益的耦合提供有效的指导，首先，自然保护地社区协调发展模式能够优化社区参与管理水平，引导原住居民科学合理地利用自然保护地资源。社区管理将自然保护地管理职权的一部分下移到原住居民手中，在协调发展模式指导下，社区更具有组织性和目的性。通过自然保护地社区的体系化，既尊重原住居民对资源的传统利用权利，也集中管理原住居民不适当利用资源的行为，将人类活动限制在可持续发展的前提之下，协调原住居民生活、生产与资源的可持续利用相适应，使得社区管理与自然保护地建设目标相一致，保护生态系统的平衡发展，保证自然保护地生态环境效益的持续稳定。其次，社区协调发展模式能够指导原住居民将资源利用方式由高污染粗放型转变为低污染集约型，在生态环境承载力的最低限度内，以自然保护地的资源优势带动社区经济发展。社区协调发展模式既能限制原住居民活动，亦能引导原住居民有效发挥资源优势。自然保护地建设不是为了维持一种荒野状态，当然不能绝对地杜绝人类对资源的利用需要，只是要考察与之相对应的生态环境承载力，对利用方式及利用程度进行转变。在协调发展模式下，社区能够在听取原住居民的集体意见基础上通过社区间的协商合作，共同寻求社会经济效益与生态环境效益协调发展的平衡点，以最小的环境代价获得社会经济效益的提升。

（三）保障原住居民合法权益

每个公民都平等地拥有获得幸福生活的权利，平等权是比较之下的产物，为了实现实质平等，允许合理的差别对待。对于经济落后的自然保护地而言，要保证该区域内部之间的实质公平。自然保护地与其他地区相比较为落后，在环境公益与个人经济利益的博弈中，政府部门不能以公益裹挟私益为由滥用行政权力。维护私人的合法权益，本就是我国法律所坚守的基本立场。以合法合理的个人利益为代价去实现公共利益，实际上是对个人利益的掠夺行为，这种政府行为实则与法律规范相偏离。现今我国对原住居民个人利益的保障，主要通过补偿的途径。但是，由于尚未出台明晰的补偿措施，补偿不到位、补偿额不足、不能公平补偿等现象仍十分严重。对原住居民进行合理补偿是实现自然保护地的环境公益与个人经济利益平衡的充分条件。而且，自然保护地本来就是建立在当地居民开拓的生存空间基础之上，从一定程度上，可以将原住居民看作是自然保护地的主人，其当然拥有合法的居住权和生存权，自然保护地建设必须要考虑到对原住居民合法权益的维护。所以，自然保护地的建设成果所产生的利益也应当合理地分享给原住居民，通过多种方式，如经济扶持、设施与环境建设、宣传与自然教育、赋权等，尽量实现社区不同层次的需求，继而实现与周边自然环境协调健康持续的发展。[1]

一方面，通过自然保护地社区协调发展模式，自然保护地的原住居民能够在生态补偿机制的落实中获得更强的主动性，让补偿机制实际填补原住居民的损失。补偿作为最直接的弥补损失的措施，在对自然保护地内原住居民的补偿中，虽然一些自然保护地在建设中已经采取了退耕补偿、公益林补偿、生态移民政府补偿等措施，但是在实际施行过程中，补偿的主导权总是掌握在政府手中，受偿主体往往处于被动接受者的状态。因此，补偿与损失的偏离情况也是可以预见的。社区协调发展模式将不同地区、不同经济条件的社区居民的各种情况联系起来，能够站在居民的角度进行综合考虑，把个人的力量集中起来，以集体组织的形式与政府有效沟通，使得政府在进行补偿时不会忽略社区的意见，社区居民能够主动地参与到政府补偿的实际操作过程中，对补偿行为进行监督，并能在与政府协商中针对社区居民的损失差异进行合理补偿，以维护个人利益的平衡；另一方面，通过社区协调发展模式，自然保护地的原住居民能够集中力量有效利用资源，共同合理分享自然保护地建设的保护成果。即使在同一个自然保护地的内部，不同的居民之间的经营能力也有一定的差异，社区协调发展

[1] 孙润，王双玲，吴林巧，等．保护区与社区如何协调发展：以广西十万大山国家级自然保护区为例 [J]. 生物多样性，2017, 25(4): 437–448.

模式将分散的居民集中起来，在能人的带动下能够引导居民发挥各自的优势，共同发展地方经济。而且，在社区协调发展模式推动下，能够加强与外界信息的沟通，调节资源分配以达到平衡，有力维护原住居民权益，实现社区居民与政府共建共管自然保护地、共享资源收益，实现自然保护地与社区的可持续发展。

第二章　自然保护地社区协调发展之前提：生态系统服务功能价值市场化

生态系统服务功能是自然保护地的重要功能，其生态属性远大于其经济属性。从自然保护地建设的实践情况出发，不难发现要协调自然保护地保护与原住居民权益保障及自然保护地社区发展之间的矛盾，首先应解决资金问题，如自然保护地的保护资金、原住居民权益受损的补偿资金及自然保护地社区发展的发展基金等。我国的自然保护地资金来源仍以财政拨付为主，来源单一，无法满足自然保护地的建设需要。十八大以来，我国开始陆续试点生态产品价值实现机制，这为解决自然保护地建设的资金问题提供了思路。即通过将自然保护地的生态系统服务功能价值市场化，将其生态价值逐步变现为经济价值，丰富自然保护地的保护资金来源，以实现自然保护地社区的协调发展。本章从生态系统服务功能的分类、评估和实现出发，对自然保护地内的生态系统服务功能类别进行了系统梳理，总结目前自然保护地的生态系统服务功能价值实现面临自然资源产权体制不完善、生态系统服务功能的复杂性等现实困境，结合国内外有关生态系统服务功能价值市场化的正向案例，认为由于自然保护地内的生态系统服务功能存在不同类别，在对其进行价值核算时应运用不同的评估办法，在遵守应用规则的基础上，选择适用不同的市场化工具，为实现自然保护地与自然保护地社区的协调发展提供充足的资金支持。

第一节　生态系统服务功能之概论

一、生态系统服务功能的定义

定量评估生态系统服务功能对人类经济社会的价值，对正确衡量和评估人类与自然界之间的关系是十分重要的任务。[1]生态系统服务功能又称为生态系统服务（ecosystem service），在学界中研究者们对于生态服务的概念迄今为止给出了不同的解读。在国际上受到广泛认可的有两个概念：①生态系统服务功能：指生态系统为了维护及生产对人类基本生存有决定性作用的生物多样性和生态产品所提供的条件和进行上述活动的过程。②生态系统服务功能：指生态系统所提供给人类的正效能和自然环境条件，以及在这个过程中产生的由生态系统直接或间接提供的产品和效益。在整个自然界中，生态系统发挥着主导作用，人类社会的发展需要良好的环境条件，生态系统在运行过程中所提供的食品原料生产、气候调节、水体净化、土质改良等生态系统服务功能，为人类这种需求提供了最基本意义上的保障。人类利用生态系统所提供的服务功能发展自身的历史长达数千年，比如，我们的祖先刚刚进化为智人的时候就懂得用森林里的树木制作工具，还掌握了在湿地里捕鱼的技巧。但是，我们于 20 世纪初才开始系统研究生态系统服务功能。

在国外，学界公认的最早对生态系统服务功能的内容进行阐述的著作是乔治·铂金斯·马什（George Perkins Marsh）的《人与自然》（*Human and Nature*），这本书的部分内容记载了自然环境具有避免水土流失、分解动植物尸体的功能。在近一百年后，美国学者于 1948 年首次提出了自然资本的概念，这个概念初步将自然资源资产纳入到

[1] De Groot R, Brander L, Van Der Ploeg S, et al. Global estimates of the value of ecosystems and their services in monetary units[J]. Ecosystem services, 2012, 1(1): 50–61.

了整个市场运行体系之中，其目的是想说明若无视自然资源的经济与生态价值而盲目开发，会导致美国经济发展的可持续性受到破坏，这个概念的提出为后面对自然资源服务功能的价值进行评估奠定了一定的基础。学者利奥波德从人与生态系统关系角度出发提出了“土地伦理”这一概念，他认为人类也是生态系统中的一个构成要素，其自身的发展也是整个生态系统运行的一部分，同时生态系统提供给人类的服务功能无法由人类自身所替代。1970 年，学者霍尔登（Holdern）与埃卢利希（Elulich）在《批判性环境问题研究》（*Study of Critical Environmental Problems*）中正式提出了生态系统服务这一概念。在这之后，越来越多的学者展开了对生态系统服务功能的研究，在这个过程中，人们对生态系统的土壤保持、花粉传授、物质循环、气候调节等各种服务功能有了深入的认识，并且也对生态系统服务功能所体现的价值给予了关注。特纳教授在 1995 年探讨了评估生态系统服务价值的技术和方法。在 1997 年，学者桑德拉·波斯特尔（Sandra Postel）等发表了《自然的服务：社会对自然生态系统的依赖》（*Nature's Services: Societal Dependence on Natural Ecosystems*），在其中阐述了生态系统服务功能的定义、价值特征，以及与生物多样性的关系。2002年，联合国环境规划署、开发计划署、世界银行等机构与世界各个国家及地区的专家参与了联合国千年生态系统评估计划，该计划为期四年，其评估结果联合国《千年生态系统评估报告》显示：1950—2000 年，人类改变生态系统的速度和规模超过人类历史上的任一时期，这主要是人类对食物、淡水、木材、纤维和燃料需求的迅速增长造成的，其结果导致了地球上生物多样性的严重丧失，而且其中大部分是不可逆转的。全世界生态系统 60% 的服务功能已经呈现下降趋势，当前生态系统服务形势较为严峻。[1] 这个结果再一次警告我们必须保护生态环境、使生态系统可以持续地为我们提供服务功能。人们对“生态系

[1]　赵士洞，张永民，赖鹏飞，译．千年生态系统评估报告集（一）[M]. 北京：中国环境科学出版社，2007.

统服务功能”这一术语的使用随着人类对生态系统研究的不断加深而逐渐普遍化。对各种各样的生态系统如海洋、森林、草原、农地、人造公园等的服务功能的研究以及对其价值的评估日益增多。

我国人民对生态系统服务功能的利用与世界是同步的，也有几千年历史。比如我国的水稻种植已经有 7 000 多年历史，最早人们是在沼泽湿地里进行种植，而且古代人们就懂得通过种植树木来美化河边和路边的环境。但是我国对生态系统服务功能及其价值评估的研究是晚于国外的，最早的与生态系统服务功能有关的研究是中国林学会于 1983 年开展的森林综合效益评价研究。到了 20 世纪 90 年代，开始有学者系统地研究生态系统服务功能及其价值评估并取得了较大的进展。这段时间的研究主要是关于生态系统服务功能的概念、内涵和分类。欧阳志云、王如松等认为国内应当采用戴利对生态系统服务功能所作的定义：生态系统服务功能指生态系统与生态过程所形成或维持的人类赖以生存的自然环境条件与效用。[1] 在这之后，不同领域的学者对具有代表性的生态系统的服务功能及其价值评估的研究越来越多。生态系统自身运行的过程也是生态系统服务功能的实现，比如在生物圈中的物质循环，就会对实现生物多样性起到非常重要的作用。

二、生态系统服务功能的分类

对生态系统服务功能进行分类是评估生态系统服务价值的前提，目前国内外对于生态系统服务功能的研究较为深入。具有典型意义的有如下几个分类：弗里曼将生态系统分为四大类型[2]，戴利提出了两大类十种类型[3]，MA（联合国千年生态系统评估）将生态系统服务功

[1] 欧阳志云，王效科，苗鸿．中国陆地生态系统服务功能及其生态经济价值的初步研究 [J]. 生态学报，1999(5):19-25.

[2] Freeman A M，Boucher F，Brockett C D，et al. The measurement of environmental and resource values: Theory and methods[J]. Resources Policy, 1994, 20(4):281-282.

[3] Daily G C. Nature's services: societal dependence on natural ecosystems[M]. Washington, DC: Island Press, 1997：392.

能分为供给、调节、文化和支持四大类[1]。国内学者结合我国的现实情况，不断地推进对生态系统服务功能分类的研究。在20世纪90年代末，欧阳志云、王如松等人对生态系统服务功能分类做出了最初的研究，将其分为两大类：一种是可以商品化的生态产品，另一种是难以商品化的生态服务，在这之下又分成八个小类。[2]赵同谦等人根据MA提出的分类，将中国森林生态系统服务功能分成了四个类型。[3]实际上通过比较后可以看出，以上分类的实质内容差别并不是很大，更多的只是名称上的区别。而MA在前人的基础上所提出的分类比较全面地揭示了人类社会与自然生态系统的联系，更加具有代表性。

（一）供给服务。生态系统通过初次生产，提供了人类维持生命所必需的有机物质及其滋生物的产品。我们日常所需要的食物，虽然大都是通过人工生产出来的，但它们最原始的原料是依赖于自然系统所产生的，淡水作为生命之本同样如此。在现代工业社会中，大量的合成材料广泛运用于各行各业，然而我们的日常生活依然无法摆脱大量的天然产品，比如：生产纸张所需要的木材；纺织业所需要的动植物纤维等。

（二）调节服务。生态系统自身具有调节气候、减轻干旱与洪涝灾害等的功能。例如：生态系统在其运作中所发挥的固碳功能能够使地球的温室效应得到缓解；在局部区域中，大量的降水被土壤所吸收，而植物通过其根系将水分吸收，然后通过蒸腾作用使得水分返回到大气层中。在这个水循环的过程之中，区域环境的温度得到了调节，降水也得到了保障。而且植物的存在也增强了土壤对水分的吸收能力，使地表径流得到控制，减少了洪涝灾害的发生。

（三）文化服务。生态系统因为其布局以及构造而能够使人们欣

---

[1] Assessment M E, Ecosystem and human wellbeing: Synthesis[M].Washing D C:Island Press,2005.

[2] 欧阳志云，王效科，苗鸿．中国陆地生态系统服务功能及其生态经济价值的初步研究[J].生态学报，1999(5):19–25.

[3] 赵同谦，欧阳志云，郑华，等．中国森林生态系统服务功能及其价值评价[J].自然资源学报，2004(4): 480–491.

赏到自然景观，领略到其中的人文价值，以及进行科学研究。在城市中，建筑物密集，土地可利用面积狭小，在城市中的居民难以和自然景色亲密接触。因此以斑块状呈现的袖珍城市公园（口袋公园）便出现在城市的各个角落。在这些口袋公园里，各种便民健身设施与绿地、湿地相融合，构成了一种独特的生态系统，为市民的休憩、运动提供了良好的去处。

（四）支持服务。生态系统为各种生物的生长繁衍提供了养分，还为其生存提供了场所。不仅如此，生物的不断演化和生物多样性的产生和发展也离不开生态系统的支持。现有的研究表明，大约有八万种植物已经被发现可以为人类所食用，而为人类所广泛种植的只有一百五十多种，在这些植物中，55% 左右的作物为人类提供了主要的食物来源。那些尚未被开发的植物，在生态系统的支持下生存着，它们不仅仅是人类未来的食物来源，也为现有农作物的改良而提供优秀基因的来源。

在一个特定区域内的生态系统有着不同的服务功能，而这些服务功能并没有处于同一个级别。例如，在自然保护区的核心区中，生态系统的支持功能和调节功能是其核心功能。在进行价值核算时不需要考虑全部的服务功能，对重点的几个服务功能进行核算即可。

三、生态系统服务功能与自然服务功能之区别

生态系统服务功能研究在目前有关生态系统的研究中是一个较为重要的领域，各个学科的专家学者都在这方面进行了探讨。在国外，学者们从不同的角度论述了生态系统服务功能的内容，其中，戴利的研究被认为较为准确和有代表性。戴利明确地提出了生态系统服务功能这一概念，指出生态系统服务功能就是自然生态系统及其构成要素为人类的生存和人类社会的发展所提供的条件以及运行的过程。这个概念表明生态系统运行过程所涉及的范围之广以及构成生态系统的各

个物种的系统性，强调生态系统不仅为人类的生活生产活动提供食物、药物等原材料，还在全球范围内构造了物质循环系统，为人类的生存提供了必要的环境条件，使人类社会有可持续发展的可能性。

我国学者对生态系统服务功能的认识与戴利的研究基本一致，认为生态系统服务功能就是可以对人类的生存以及生活质量的提升作出贡献的生态产品与功能，主要包括自然生态系统在运行过程中所产生的环境与资源等。人类活动对生态系统威胁性和人类在建设和维护生态系统中所产生正面效应的大小直接决定着生态系统提供服务功能能力的强弱，而人类活动对生态系统的负面或正面效果会通过生态运行过程反作用于人类自身。所以决定生态系统所提供的服务功能的范围的除了生态系统的类型外，还有人类对生态系统的开发利用状况。

自然服务功能更体现为存在性功能，与生态系统为人类当前生存以及发展所提供的服务功能相独立。自然服务功能是自然生态系统内部运行机制的体现，并非对生态环境现状的评价。这种功能与生态系统现在以及未来对人类的效益紧密相关，人类对这种功能的评价主要来自人类了解到某些生态系统的特征的长久性而产生的安全感，这里与现时人类是否直接受益无关，所以自然服务功能的价值量由人类的主观意志所决定，并随人类对于自然环境认识的深入而不断发生变化。自然服务功能更强调自然自身的内在价值，而非从人类中心主义理论出发，探讨自然服务功能的内在价值。美国著名的环境伦理学和环境哲学家，被誉为“环境伦理学之父”的霍尔姆斯·罗尔斯顿提出“自然具有内在价值”，他所构建的自然价值理论主张非人类中心主义。他强调自然有其自身的内在价值，罗尔斯顿强调这一点的目的在于要让人类认识到要想真正解决生态环境问题，就应当将生态系统的工具价值与内在价值放在同等重要的地位。[1]

学者罗尔斯顿的自然价值理论的核心要义在于肯定自然生态系统具有内在价值，这种价值是与人类评价相独立的存在价值，它与自然

[1]　霍尔姆斯·罗尔斯顿．环境伦理学：大自然的价值以及人对大自然的义务[M]．杨通进，译．北京：中国社会科学出版社，2000.

生态系统的工具价值不同，体现了自然生态系统仅仅存在就有价值。生态系统的内在功能与工具功能共存于生态系统之中，人类在生态系统这个整体之中只是一个组成部分，所以，处在大自然中的所有物种不仅仅要以人类的需求为标准来评价其价值，还可以从自身存在的视角出发来进行价值评价。因此，自然生态系统的内在价值并不会因为人为制造的衡量标准消失而不复存在；与此同时，生态系统中每个主体之间也有利用和被利用的关系，所以互相具有工具价值，这样一来生态系统的内在价值和工具价值便统一于大自然这个整体之中，这便是生态系统价值。[1]

生态系统服务功能带有传统的人类中心主义价值观色彩，将人的需求放在首位，强调生态系统服务功能为人类的需求提供相应的环境条件，突出了生态系统服务功能的工具价值，一定程度上极大地鼓励了人们运用自身的能动性去创造条件、改造客观世界，促进了人类社会的科技与经济快速发展，人类的日常生活也在发生着日新月异的改变。然而，人类中心主义理论在解放人类观念的同时，也成为了当代生态环境问题的罪魁祸首。为了能够从根本上解决日益严峻的生态环境问题，一些环境伦理学家提出非人类中心主义的理论观点，进一步肯定自然具有其本身的内在价值。

第二节　生态系统服务功能之评估——生态服务价值

对生态系统服务价值的相关研究于20世纪60年代开启，约翰·侯德伦在其编写的报告“Human Population and the Global Environment”中第一次将生态系统服务功能表达为“service”，而且他将生态系统服务分为农产品提供、土壤保育、水土保持和气候调节等内容。[2] 生

[1] 田婧霓．罗尔斯顿的自然价值观研究 [D]. 桂林：广西师范大学，2015．

[2] Holdren J P , Ehrlich P R . Human population and the global environment [J]. American Scientist, 1974, 62(3):282–292.

态系统的定义以及内涵逐渐得到主流社会的关注与认可。在 1995 年，学者特纳进行了生态系统服务功能经济价值评估的技术与方法研究。康斯坦茨等 13 位学者在科学总结了前人研究成果的基础上，在顶级期刊《自然》上发表了“全球生态系统服务与自然资本价值核算”的相关文章，把人类从生态服务功能中直接或间接获取的生态系统产品和服务统称为生态系统服务，并进一步细分为气候调节、水供给、废物处理等不同的种类，并且对全球具有典型意义的十六个生态系统的服务价值进行了大致的核算。由此吸引了公众、学者、决策者的重视，生态系统服务成为相关学术界研究的前沿热点问题。学者戴利于 1997 年在他的著作 *Nature's Services*：*Societal Dependence on Natural Ecosystems* 里探讨了生态系统服务功能的定义、生态系统服务功能的价值特性及生态系统服务功能与生物多样性的关系。[1]2001 年 6 月 5 日联合国环境开发署组织了 90 多个国家的 1 000 位专家学者从区域、流域、国家等多个层次开展了一个全球范围内的“千年生态系统评估”活动，为加强生态系统的保护、生态经济协调发展等建立起一定的科学基础，引发了社会对于生态系统服务功能及价值进一步关注和研究。[2]

国内于 1997 年之前，针对单项生态系统服务功能的相关研究比较少，对生态系统服务内涵的认识和综合价值评估尚存在较大的空白。在学者康斯坦茨等人研究成果发表后，生态系统服务价值的有关概念被我国学者欧阳志云等引入国内，他们对生态系统服务价值的含义及评估方法进行了较为全面的介绍，而且采用市场价值法初步对我国陆地以及森林生态系统服务功能的直接价值和间接价值进行了评估，填补了国内相关研究的空白，同时，也为国内外相关研究的开展提供了相应的指导和帮助。上述研究的后续开展充分体现了中国的许多省市、流域等的生态系统服务价值得到了有效的评估，对于我国区域生态环

[1] Daily GC. Nature's Services : Societal Dependence on Natural Ecosystems[M].Washington,DC: Island Press,1997.

[2] 王磊 . 基于生态系统服务价值评估的生态经济协调度研究 [D]. 武汉 : 华中科技大学，2020 .

境的改善以及环境问题的解决有着十分重要的意义。学者康斯坦茨等认为生态系统服务价值不应当仅局限于其货币价值量，对其物质量的评估也同样重要。国内学者赵景柱认为针对不同的价值评估目的和不同的空间尺度，应当采用不同的价值评估方法。

针对生态系统服务价值，国际上的评价方法主要有三种：第一，效益转化法，学者布劳威尔和巴顿的研究结果充分说明了该方法的应用不具备普遍性，在更换研究区域时，需要考虑不同区域之间的差异性。第二，能量价值法，学者康斯坦茨等将全球生物圈分为森林、农地、草原、海洋等十几个生态系统，而且运用多种技术手段估算出了全球范围内具有普遍代表性的几类生态系统的平均单位价值量。第三，经济学评价法，学者特纳等对湿地的经济贡献价值进行了评估，总结出了对各种生态系统类型的价值所采取的不同的评价方法。我国学者从20世纪90年代开始对我国国内的生态系统的服务价值及其评估进行研究，学者欧阳志云、谢高地等人从不同视角对我国各种生态系统服务功能和服务价值研究展开论述，使我国的生态系统服务价值研究得到了初步发展。2000年欧阳志云等采用替代工程、损益分析等方法初步核算出了我国陆地生态系统的间接价值并首次采用价格手段予以表达。谢高地等学者在2003年借鉴国外相关领域的研究成果，制订了“中国陆地生态系统单位面积服务价值当量因子表”，以此为依据对我国各个类型的生态系统的服务价值进行了估算。[1] 我国学者从不同尺度范围，开展了广泛的研究并取得丰富成果。[2]

一、生态服务价值的类型

对生态系统服务价值进行分类是评估其价值的基础，国内外学者对生态系统服务价值的分类进行了广泛的探讨。国外的学者如戴利、科斯坦萨等将生态系统服务价值分为使用价值和非使用价值，在这之

[1] 谢高地，鲁春霞，冷允法，等．青藏高原生态资产的价值评估 [J]. 自然资源学报，2003(2): 189–196.
[2] 殷小菡．北方农牧交错带西段退耕对生态系统主要服务功能影响研究 [D]. 济南：山东师范大学，2019.

下又进行了细分，使用价值包括直接使用价值、间接使用价值以及存在价值；而非使用价值包括遗产价值和存在价值。在我国，徐嵩龄从价值对人类所能感知的功利性领域即市场的作用的角度将生态系统服务价值分为三类：第一类是可以在市场中直接通过价格表现出其价值；第二类虽然无法直接通过价格直接表现出来，但可以通过当代人的支付意愿来表达；第三类价值背后的服务功能所作用的是未来人而非当代人，所以其价值的评估取决于当代人的价值伦理观念。[1] 欧阳志云等人将生态系统服务价值划分为：直接利用价值、间接利用价值、选择价值以及存在价值。[2] 由原国家环保局所组织编写的《中国生物多样性国情研究报告》将生物多样性总经济价值分为直接使用价值、间接使用价值、潜在价值以及存在价值。从上述的研究中可以看出，生态系统服务价值一般由 4 个部分组成：直接价值、间接价值、选择价值以及存在价值。

（一）直接价值，是指生态系统所产生的显著实物和非显著实物所提供的价值。以显著实物型呈现的生态产品有诸如食品、药物以及其他工农业生产所需的原材料。以非显著实物呈现的生态产品主要包括生态景观，以自然环境为对象的科研成果等，这种产品以无实物的服务型为特征。生态系统提供的生态产品所产生的价值可以直接通过市场上的价格表现出来。

（二）间接价值，主要是指生态系统服务功能中那些难以商品化的部分所产生的价值。这部分服务功能主要包括支持功能和调节功能，例如，进行物种的光合作用以及形成有机物、固定二氧化碳、使生物物种的多样性得到维持、吸收和降解污染物质从而使环境得到净化等。生态系统服务功能的间接价值具有公共性的特征，无法在市场上进行流通。

---

[1] 徐嵩龄．生物多样性价值的经济学处理：一些理论障碍及其克服 [J]. 生物多样性，2001(3): 310–318.

[2] 欧阳志云，王如松．生态系统服务功能、生态价值与可持续发展 [J]. 世界科技研究与发展，2000(5): 45–50.

（三）选择价值，是指人们对生态系统中潜在的或者未来的服务功能在将来直接利用或间接利用而愿意支付的价值，可以将其比喻为人们为了未来能够继续享受生态系统提供的服务功能而支付的“保险金”。例如，人们为了使某一片森林在将来能够持续地在涵养水源、改善气候、维持土壤肥力、提供良好的生态栖息地和旅游地等方面发挥正外部性作用而愿意进行一定的投入。选择价值从时间层面可以分为两类，一类是为当代人所利用，另一类是为子孙后代所利用，这类价值又称为遗产价值。

（四）存在价值，也可以被称为内在价值，是指人类为了使生态系统能够持续存在而愿意支付的费用。生态系统的存在价值与人类没有关联，也就是说，即使没有人类或者人类不利用，生态系统仍然有其存在价值。这种价值在现实生活是有所体现的，例如：人们为了保护某种野生动物的栖息地而付出一定的代价，而人类并不准备利用这些野生动物。存在价值作为一种人类自愿支付的费用主要体现的是对环境的保护责任。

二、生态服务价值的评估路径分析

日益严重的生态系统构成要素的短缺及其所引发的生态环境问题，逐渐引起了各国政府、非政府组织以及学者们的重视。在众多导致生态系统服务功能削弱乃至丧失的原因中，占据主导地位的因素就是人们对于生态系统服务价值认识的缺位，尚未构建起可以准确全面地评估生态服务价值的评价体系。生态系统服务功能具有正外部性，其在空间和时间上都会产生一定的外溢性效应。生态系统的供给功能和文化功能可以直接作用于当地人，例如通过提供食物和木材等来维持当地人的生存和促进当地经济发展。生态系统的调节功能不受行政地域的限制，这就使相当一部分的服务功能具有空间外部性，例如我国在西北、华北以及东北建设的三北防护林工程，成为了国家层面上的防风治沙、保护环境的“绿色长城”。与此同时，生态系统服务功能还会对后代发生正效应。上述的生态系统对人类的非市场化、无补偿的正面效应就是生态系统服务功能的正外部性。经济学家认为：生态系统服务功能的供应能力和其在市场的价格呈正相关的关系，当市场价格能够全面地反映生态服务价值时，生态系统服务功能的正外部效应即可以实现内部化，生态产品的供给和生态系统服务功能都会得到增强。[1] 而实现内部化的前提就是准确全面地评估生态服务价值。生态系统服务价值评估路径是生态经济学、环境经济学和资源经济学相互交融的成果。由于生态系统服务功能有着很多公共物品的特征，若仅仅以市场价格评估其价值，会导致许多生态服务价值被忽略，所以应当另辟蹊径。

根据生态系统服务功能的特性，对其价值进行评估时可以分为三类，直接使用价值评估方法、间接使用价值评估方法以及非使用价值评估方法。直接使用价值评估方法也可称为直接市场法，就是以直接使用生态服务功能在市场交易中的价格度量其价值，运用这个方法的前提就是生态服务功能在市场上可以直接进行交易。间接使用价值评估方法也称为替代市场法，其对象是具有间接使用特性的生态服务功能。这种类型的功能并没有在市场上直接进行交易，所以其价格表现较为隐秘，对这种服务功能的价值进行评估路径是寻找一个具有市场价格的替代品。在现代科技下，这种方法就是指以通过科技生产出生态系统间接服务功能提供的同等结果所需要的生产成本的市场价格，来评估生态系统间接服务功能的价值。非使用价值评估方法又称为条件价值法，即通过询问调查等方式了解被调查者对于生态产品的支付意愿，进而由此评估生态系统服务功能的价值。

[1]　王奇，姜明栋，黄雨萌．生态正外部性内部化的实现途径与机制创新 [J]. 中国环境管理，2020, 12(6): 21–28.

（一）直接使用价值评估方法

1. 成本法

保护生态环境和发挥生态系统供给服务功能都需要一定的成本，这个成本可以被视为人们为了获得一定的环境效应而必须支付的对价，大部分生态系统供给服务价值的评估都可以采用这种方法，例如食品原材料、纺织业所需的纤维以及淡水等。

2. 生产率变动法

生产率是指一种产品在单位时间内的产量，生产率的变动取决于投入成本和最终产品的价格。这种方法将生态系统供给服务功能作为某种产品的原材料，这部分原材料的价格和产量会导致产品的价格和产量的波动。通过在市场上观察这种变化所引起的经济收益或者损失即可推算出这部分服务功能的价值。

（二）间接使用价值评估方法

1. 旅行费用法

人们所享受的美好的环境质量无法直接在市场上进行交易，即我们不能直接用价格来表示环境质量。但是可以通过人们与环境有关的行为来推断出人们对于环境质量的价值定位，其与条件价值法存在显著差异，条件价值法评估生态系统服务价值所依靠的仅仅是人们口头所表达的意愿；而旅行费用法通过人们在市场上的与生态环境有关的消费行为来评估生态服务价值。它所观察的行为主要是人们在旅行过程中的消费行为，例如交通费用支出、门票支出等。用这些行为花费的价格来替代性评估大部分生态系统文化价值。

2. 恢复和保护费用法

直接评估生态系统改善后所带来的效益，在很多情况下存在巨大的困难，而这种效益的最低价值通过从修复受到破坏的环境或保护环境所需要的费用进行评估。这个方法可以用以评估生态系统部分调节服务功能的价值。这个方法还有一个特殊的形式，即影子工程法。某地的生态系统遭到破坏，当无法进行恢复或者恢复所需要的费用过高时，人们建造一个工程来替代发挥原生态系统的服务功能，从而使人们的日常生活和社会经济发展受到的影响没有发生变化，这个工程就被称为影子工程。原生态系统的部分供给服务和调节服务功能的价值就可以用建造影子工程所需要的价格来表示。

3. 非使用价值评估方法（条件价值法）

上述的方法通过各种途径为生态系统服务功能标定了价格，但是这种价格并不是一种精确的测算，某种商品的市场价格与它在人们心中的真实价值具有本质上的区别。西方的经济学界普遍认为价值是人们对于客观物品进行主观反映的结果，表示了人们的一种偏好，唯一能够合理表示商品价值的是支付意愿，而构成支付意愿的是对商品的实际支出和消费者剩余，这两部分对于交换市场中的商品来说很容易求出。但是生态系统服务功能是公共产品，人们使用这种产品不经过市场交换，所以无法求得支付意愿的两个组成部分。因此西方经济学提出了条件价值法，其核心内容是通过调查询问的方式获得人们对于生态产品的支付意愿。这种方法实质上就是提供一个假定市场，而能够求得的支付意愿的值取决于调查者向被调查者所阐述的假定市场条件，所以称其为条件市场法。这种方法主要运用在没有直接市场和替代市场的场合，在生态系统服务价值评估中主要用于评估存在价值和选择价值。

三、生态服务价值实现之现实困境

（一）自然资源产权体制不完善

如前文所述，对生态系统服务功能的非市场化的边际效应进行内部化后，市场上生态系服务的供给将会较以前有所增加，随着这种内部化程度的逐渐提高，社会上生态产品的供给和需求的平衡状态就会逐渐优化。如何将外部性内部化，经济学家阿瑟·塞西尔·庇古提出进行征税或者提供补贴，这种方法被称为“庇古税”。他认为导致运用市场手段配置资源失效的根源在于市场中的个人成本并不完全等同于社会的整体成本，个人为应对私人成本所作的努力可能并不是解决社会成本的最优选择。此时政府便可以通过征税或者提供补贴来纠正个人行为所产生的外部性，这种方案就叫作“庇古方案”。假设生产某一商品的行为存在负外部性（即污染），在市场中受利益最大化原则的驱使，该商品的产量会不断地提升，其所造成的污染也会不断加重。政府对该商品进行征税，提高其生产成本，导致其产量减少，对环境造成的污染也会随之减少，而同时政府用以治理污染的预算会更加充足，从而达到帕累托最优状态。但是在这种方式下政府必须准确地了解到市场主体对环境所产生的外部性的具体成本，而且对市场主体增加税收在一定意义上来说也是损害其权利的行为。经济学家罗纳德·哈里·科斯提出了另外一种解决外部性的方案。[1] 在科斯看来，采取行动制止一个市场主体负外部行为的同时也会伤害到该市场主体，那么是否应该制止这种负外部行为的关键点在于私有产权的界定。例如法律规定甲有不受污染的权利，且这种产权可以在市场上进行交易，而乙为了生产必须向甲排放污染，便可以向甲购买污染权，这样一来乙生产产品所产生的污染成本由其自身承担，而甲因污染所受到的损失也可得到补偿。以上被总结为“科斯定理”：在交易成本为零时，只要产权初始界定清晰，并允许经济活动当事人进行谈判交易，市场均衡的结果都会导致资源有效率配置。[2]

我国于 2018 年组建了自然资源部，2019 年中共中央办公厅、国务院办公厅印发了《关于统筹推进自然资源资产产权制度改革的指导

[1] Coase R H . The Problem of Social Cost[J]. Journal of Law & Economics, 1960, 3:1–44.

[2] 艾佳慧 . 科斯定理还是波斯纳定理：法律经济学基础理论的混乱与澄清 [J]. 法制与社会发展，2019, 25(1): 124–143.

意见》，至此明确了全民所有自然资源资产由国务院代表国家所有，授权自然资源部具体代表统一行使全民所有自然资源资产所有权。这标志着我国自然资源产权制度改革取得巨大的进展，但是仍未建立起全面且科学的自然资源产权制度体系，主要体现在以下三个方面。

一是我国对于自然资源资产的存量摸排不够精确，且出现较严重的交叉赋权现象。由于在国务院实行机构改革之前，不同种类的自然资源由各个部门行使所有权，对于自然资源种类的定义以及存量的界定标准各部门都各不相同，这就导致了在对自然资源资产进行统计时，无法得到一个统一明确的统计结果。例如在对草原、耕地和林地进行统计时就出现了调查数据上的巨大差异，根据河北、内蒙古等 16 个省市的不完全统计，同时发放了草原使用证和林权使用证的草原面积有 1.05 亿亩。

二是自然资源产权主体不明确，权益的具体落实存在障碍。自然资源在市场中进行交易从而逐渐变成一种资产，在这个过程中自然资源的价值也显现了出来。以谋求利益为目的的自然资源开发者有动力通过市场上的价格将自然资源的实际使用效应转变为价值。而我们可以从“科斯定理”所阐述的内容得出市场交易的前提是产权明晰。产权界定是否清晰直接决定着这种转变的费用（即交易成本）的高低。我国的自然资源资产实行全民所有制，十九届三中全会确定了由自然资源部统一行使全民所有自然资源资产所有权职责，同时将部分的所有权职责委托省级政府代理行使。但是在实践中依然广泛存在行使所有权主体缺位，权益无法受到保障的情况。例如我国的国有土地划拨、出让等是由市、县级人民政府执行的，所以市、县级人民政府实际上享有国有土地的处置权。据统计 2008 年到 2017 年各级人民政府共出让或租赁国有土地为建设用地面积达到了 262.56 万公顷，总收入高达 30.2 万亿元，这些收入全部归各级地方财政。[1] 这种自然资源的出让

[1]　钟骁勇，潘弘韬，李彦华．我国自然资源资产产权制度改革的思考［J］．中国矿业，2020，29（04）：11–15+44.

和划拨助长了地方政府的权力寻租之风。某些地方政府和企业之间交换权力和资源，通过不正当竞争的手段，将本应属于全民所有的自然资源资产化为私有。这导致处于自然资源交易末端的主体支付高于市场价格的交易费用来获取自然资源，这种高额的交易成本在层层转嫁中势必会增加整个社会的生产成本。我国在全民所有自然资源资产外还有集体所有自然资源资产，但是我国法律对于农村集体土地所有权的代表主体没有做出具体明确的规定。我国《宪法》规定矿藏、水流、森林、山岭、草原、荒地、滩涂等自然资源属于集体所有，但从部门法来看，由哪一级农村集体经济组织来行使所有权并不确定。

三是对自然资源资产的保护不足，产权行使的监管不到位。从“科斯定理”中可以得出，产权没有界定会导致资源的价值无法完全实现，产权作为一种社会工具，为交易双方提供一种能够顺利完成交易的预期。而在现实社会中，产权永远无法像“科斯第一定理”所阐述的那样完全界定明晰，所以科斯提出了经济的法律分析（即“科斯第二定理”），这个定理重视法律在界定产权过程中所发挥的作用，讨论法律如何界权才能导致社会产值最大化。所以一个完整的自然资源产权体制还应包括损益规则和产生纠纷时的解决机制。对自然资源资产产权保护的缺位会导致自然资源的滥用，这种不计后果的无序开发将会摧毁地球数亿年来所孕育的自然资源，且在我们可以预见的未来无法修复。自然资源的衰减必然会导致社会总体价值的损耗，而最终要承担这些不利后果就是普通大众。我国由于对自然资源资产保护的制度尚在建设阶段，且相应的经费不够充足等原因，就导致对自然资源资产产权的保护不足，对权利行使监管不到位。首先，保护自然资源资产产权的法律法规还不够完善，目前依然存在大量的损害自然资源产权，同时又难以寻求救济的现象。例如，在市场经济中，部门保护主义和地方保护主义对公平竞争权利产生的侵害、公民对环境合理合法的需求无法得到保障、信访通道受阻、侵害公民在良好环境下居住的权利等众多的环境问题，这些问题如若无法得到良好的解决，就很容易激化内部矛盾，引发群体性事件。而行政权力对自然资源资产产权的侵害也经常发生，如在祁连山自然保护区生态环境问题整治过程中，保护区内部的采矿权和探矿权等矿业权须全部退出，此时面临着如何才能较好地协调这些权利人合法权益和法律之间的矛盾的难题。除此之外，在出现自然资源资产产权纠纷时，低下的纠纷处理效率导致部分纠纷长期无法得到解决。例如，在青海省经常出现的草地纠纷，由于草地承包合同的档案管理制度建设得不够完善，部分合同材料未得到保存，这就造成了在产生产地产权纠纷时因无法准确地查明各个被承包草地之间的界限以及承包人，从而导致调查处理面临重重阻碍。其次，对于自然资源资产产权行使的监管制度仍然有待完善。我国目前还没有建立统一的自然资源监督执法机制，仍由各个部门在各自领域内行使监督权，难免出现重复监督的问题，造成行政成本的巨大浪费，而同时在一些环节可能会成为监督的真空区域，各部门在涉及这些领域时相互推诿扯皮；在对自然资源资产产权动态的全过程监管机制建设方面还有所欠缺，比如海域使用权，我国海域使用权现在主要的出让方式是审批出让，以这种方式出让的比例达到了 90% 以上，而对以行政审批出让的海域缺乏相应的法律来进行监督，目前主要依靠行政监督。通过市场进行出让的方式目前占比非常小，有关部门很少出台配套的制度，海域使用权的出让流转还没有进入到全国公共资源交易平台，相关的信息透明程度较低，对这种流转的全过程监管难以实施。

（二）生态系统服务功能的复杂性

生态系统的复杂性主要有如下表现。

第一，生态系统服务功能类型具有广泛性及综合性，能否客观、准确地对生态系统服务价值进行评价与核算，关系到生态系统服务功能在市场交易中能否得到完整的补偿，而实现客观化与准确性的第一步就是对有不同作用的生态系统服务功能进行划分。学者戴利将生态系统所提供的服务功能划为十三种类型，学者康斯坦茨总结了十七种生态系统服务类型。到了20世纪70年代后，生态系统服务功能的细分在各个领域学者的推动下不断深入，国际上针对生态系统服务功能类型划分各种各样的看法。但在国内外尚未形成统一的标准分类体系。目前使用较多的就是MA所总结出来的分类体系：供给服务、调节服务、支持服务、文化服务。

第二，工业革命之后，人类社会经济水平呈爆炸式增长，这种增长的背后是人类对自然资源的开发强度不断增大，使森林覆盖减少、土地退化、生物多样性减少等生态环境问题愈发严重，这就导致生态系统提供服务功能的能力逐渐减弱。生态环境的持续恶化也迫使人们对生态系统服务价值的定量评估愈发重视，管理者对生态系统服务价值的准确把握有赖于对生态服务价值的定量评估，对生态系统服务价值直观清晰的认识有利于管理者在制定和执行公共政策时平衡生态保护和经济发展的关系。目前的评价方法多种多样，仍未形成较为统一的评价体系。大致可以将生态系统服务价值的定量评估方法分为两种：价值量评估法和物质量评估法。价值量评估法是指运用市场交易信号也即价格来衡量生态系统服务功能的价值；物质量评估法中又分为能值评估法和模型法，能值评估法是指用生态系统运行过程中所消耗的太阳能总量来衡量生态服务价值的方法，模型法是指构建一个综合模型，在这个模型框架内来评估生态服务价值。

第三，城市化发展趋势深刻地影响了生态服务价值，区域的生态服务功能的分布随着本地区持续城市化而不断地发生改变，从学术角度来讲，一个区域中的自然因素如湿地、野生动植物等对该区域的生态系统所产生的影响具有持续性的特点，一般不会发生剧烈的变化。但是城市化因素是一种人为制造的结果其变化较为迅速且差异性较大，所以其对生态服务价值的影响会随着时间和空间的变化而改变。一个区域的城市化进行的程度对生态系统的影响在我国的体现。首先是我国的中西部地区城市，近年来我国在持续推进“中部崛起”与“西部大开发”战略，在这样的政策刺激之下，中西部地区的城市快速扩张，城市面积的增加会挤占生态系统服务的供给范围，而这些城市的经济水平相较于东部城市较差，无法对受损的生态系统进行充分补偿，所以这种粗放型的城市化会导致生态服务价值的减少。一般情况下，海拔对于生态系统的影响体现为：海拔升高，温度与空气的适宜度都会降低，生态环境也就变得更加恶劣，生态系统所提供的服务功能就会随之减少。但据调查，我国的东南沿海城市由于经济活动的强度巨大，城市随着海拔的提升，其经济活动会逐渐减弱，所以海拔的提升反而会使城市化对生态系统的负影响得到缓解。从上述内容可以看出，城市化的推进水平对生态服务价值究竟是正影响还是负影响需要结合具体的现实情况进一步分析。但是作为城市化要素之一的经济活动，其对生态服务价值的影响不同城市面积的扩张，从总体来看经济活动在一定程度上对生态服务价值的影响是正面的，例如产业结构的调整、经济聚集效应推动资源的集约利用以及环保产业的发展都会对当地的生态系统产生正面效应。[1]

（三）市场失效与价格空缺

生态环境问题是人类现代社会发展负外部性的产物，这个问题对人类社会的前进将会产生越来越大的影响。由于生态环境问题是一个公共话题，所以要解决这个问题就需要政府采取科学有效的政策手段。针对生态环境问题的政策涉及了社会经济活动的方方面面，在生态环境领域的政策决策中，选择什么样的政策工具至关重要，一个能与现实情况相嵌套的政策工具可能会成功挽回一个走向失败的政策。市场工具是随着人类经济社会发展而新出现的一种调控手段，因其能够优化资源利用和持续提供正向激励而受到社会各个层面的重视。

市场工具在我国环境政策执行过程中的运用尚处在一个初步孕

[1] 邢路. 城市化对生态系统服务价值的时空异质影响与生态可持续评估研究[D]. 武汉：华中科技大学，2019 .

育阶段，市场工具在我国大范围推广面临着重重阻碍，有市场工具自身存在局限性如价格失灵等还有市场工具在实际推行时面临的监管空缺、民众抵制等方面的阻力。因此，有必要采取措施让市场工具在环境治理过程发挥最优效应，首先应从优化市场工具的运行体制和适用性着手，构建能够保证市场工具充分发挥作用的制度，改良环境治理的相关组织结构和激励社会主体积极推动市场工具的实施；其次开展跨国交流与合作以促进市场工具的不断创新。

生态系统服务价值市场化的趋势，很大程度上是针对较为滞后以及低效率控制型分配自然资源调整手段的反思以及探索。应对社会对于自然资源多样化的需求，更为灵活以及机动的市场化工具在解决环境资源问题和生态与经济的平衡关系的维持方面更具有实用性与优越性，也迎合了社会对于低成本高效益模式的期盼。第一，生产失灵。不透明的信息、产权关系复杂、过低的自然资源价格等问题将会导致自然资源的过度利用以及不合理利用，环境退化以及生态系统破坏是市场失灵产生的结果，因此应由市场手段来解决相关问题。市场化工具是应对市场失灵最为高效的手段，能够进一步激发自然资源的利用效率，鼓励市场竞争与革新，促进生态环境与社会经济市场化发展的和谐共生。第二，引导市场正向激励。生态系统服务功能价值市场化对于自然资源的研究和管理者来讲，可以更好地引导他们提供正向激励，以推动环境治理手段的创新和环境友好型社会的可持续发展。正向激励的提供不需要政府采取强制性的措施，而是要求决策者在制定政策时将生态系统服务价值作为考虑因素之一，市场工具可以同时满足维护自然资源利用者的合理、合法利益和公共利益的需求，无须要求资源利用者提供利他性的资源公共物品，在于促进资源利用者遵守相关的权利义务准则，减少权利利益冲突，促进在法律制度的保障下合理高效地提高自然资源的利用效率。第三，优化资源配置，解决价格空缺问题。市场是一种资源配置方式，具有传递信息、平衡协调的功能，不同于其他市场的自发形成，生态系统服务价值交易市场的形成需要人为地创造出大众对生态系统服务功能的需求，通过政策和法律规则保证这个市场的活力和有序性。市场工具是治理生态环境问题的一个经济手段，应当被纳入“准市场”（即人为制造的市场）的领域。正如科斯的产权定理所阐述的，如果能够清晰地界定自然资源产权，自然资源资产产权所有者与自然资源利用者之间进行协商来实现生态系统服务功能的有偿交易所耗费的交易成本就无限趋近于零，市场化工具可以为获取生态保护资金、填补生态保护资金缺口开拓创新的途径，控制保护生物多样性的成本与可获得经济效益之间实现动态平衡，补齐价格缺口，通过市场化工具量化经济效益。生态系统服务价值市场，是指在生态环境治理中为了同时兼顾公众享受良好生活环境的需求，由政府、企业、社会组织以及私人之间运用市场手段进行合作以实现生态服务功能的交易，使生态服务功能能够在市场中获得经济补偿，以此来实现生态系统服务价值。目前主流的生态系统服务市场有碳汇市场、生态旅游市场、生态补偿市场等。政府和其他市场主体在生态系统服务市场中动态协调才能实现和谐发展，例如对生物多样性的保护，以往都是以政府为主导，由政府包揽全过程。生态系统服务市场的产生与不断壮大需要政府制定合理的法律和制度，如引入市场化工具等多种调控手段，进一步地提高保护生物多样性的资金效率，将产生的正向效益扩大化。[1]

第三节　自然保护地生态服务价值市场化的典型案例

一、自然保护地生态服务价值市场化的基本规则

生态服务价值市场化工具不是促进自然保护地发展的万灵药，对

[1] 张晏．生态系统服务市场化工具：概念、类型与适用 [J]. 中国人口・资源与环境，2017, 27(6): 119–126.

市场化工具的不当使用可能会曲解自然保护地保护的内在动机，所以在运用市场化工具治理自然保护地过程中应当遵循一系列的规则。

（一）确定生态环境保护目标

市场化工具能不能被使用决定了生态环境保护政策所应当取得的目标，比如在何时完成碳达标与碳中和或者年平均良好空气天数应该是多少等。用市场化工具保护生态环境不是源于市场交易本身的需求，而是源于政治意义上的生态环境保护目标。生态服务价值市场化工具的作用是帮助完成设定的生态环境保护目标，而不是完全替代政府的管制。

（二）选择恰当的政策工具

首先应考虑是否选择市场化工具。市场化工具并不是总能恰当地用于自然保护地保护，市场主体的差异性是应用市场化工具的重要条件。但是即便各个参与者的差异性再高，如果市场化工具的应用仍面临成本过高难以实现收益的问题时，那么就有必要考虑其他的政策工具。同时选择市场化工具除了考虑经济成本外，还应考虑到现行生态环境保护技术水平、政府监管市场工具的运行所需的行政成本以及国家的政治体制等因素。在某些特殊的领域如有毒化学物质污染环境的管控、一些重要生态系统的保护等，若引入市场化工具可能会导致灾难性后果，此时其他的非市场性的政策工具就成为了更好的选择。

其次应选择合适的市场化工具。目前的生态服务价值市场化工具通过归纳可以分为三种类型，基于价格的市场化工具：市场基于设定反映生态服务系统的价格而建立，例如拍卖、付费、税收等；基于数量的工具：市场基于维持或增益生态系统服务的目标而设立，例如许可证交易、生态补偿等；市场摩擦：消除大众对生态系统服务功能的认知障碍，例如生态标签与认证等。市场摩擦工具主要用于在现行市场中降低交易成本。而在生态服务价值市场不存在时，就要结合不同情况在基于价格的市场化工具和基于数量的市场化工具中进行选择。例如在影响企业遵守生态环境保护管制和采用环保技术中，许可证交易会激励企业采用环保技术以减少环境污染。从社会整体福利的角度来看，环境税会让污染排放所引发的损失减少，而许可证交易会减少污染的排放并降低企业防污的成本。因此企业选择许可证交易会达到社会福利最优。

（三）综合运用各类政策工具

多种生态服务价值市场化工具往往会同时应用在一个生态系统中。在实践中，同一个生态系统的构成要素可能会提供几种生态服务功能，对其采用多种管理手段也会产生多重结果。[1] 有时候会综合运用市场化工具和非市场化工具，生态环境保护政策目标的完成需要从多个维度进行，在大多时候是结合不同的政策工具，例如在生态系统服务付费中，基于生态系统服务一定的公共性，为了降低交易成本，会辅之以政府的公共支付。而且采用市场化工具是为了优化生态环境政策目标的完成效率，除了运用全新的政策工具外，也可以为传统的政策工具赋予新的内涵，使其具有新的功能。在一个非理想的世界中，市场失灵是多方面因素所造成的，所以必须灵活且综合地运用各类政策工具。[2]

二、自然保护地生态服务价值市场化的典型案例

（一）缓解银行

20 世纪 70 年代，受前期经济发展而忽视对生态环境的影响，美国的湿地面积大幅度减少，赖以生存的水生资源面临困境。这使得美

[1]　王彬彬，李晓燕．生态补偿的制度建构：政府和市场有效融合 [J]. 政治学研究，2015(5): 67–81.

[2]　刘倩，董子源，许寅硕．基于资本资产框架的生态系统服务付费研究述评 [J]. 环境经济研究，2016, 1(2): 123–138.

国联邦政府不得不重视对湿地的保护，美国于1972年颁布了《联邦水污染控制法》，规定未经允许任何单位或个人都不得向美国境内水体倾倒或排放污染物。在这个背景下，美国联邦政府于1988年提出了美国湿地的数量和功能都不能在开发建设中受到损失即“零净损失”的目标，因此补偿性缓解机制也逐步建立了起来，联邦政府允许项目方去改善一定数量的湿地，使另一块被开发建设项目所影响的湿地的生态服务功能得到补偿，在这样的政策驱动下，美国就产生了大量对湿地进行补偿的需求。而新建、修复或者保护湿地是一件极其专业的行动，一般的建设单位难以完成或者所花费的成本较高。“湿地缓解银行”业务也就应运而生，湿地缓解银行其实是一块或者几块兴建的或者是被修复和保护的湿地，由专业的机构进行新建或者修复然后有偿转让给其他项目建设方。

上述的美国法律对湿地的严格保护以及美国政府所提出的“零净损失”政策是湿地缓解银行交易市场出现并逐渐发展壮大的基础。美国陆军工程兵团根据《联邦水污染控制法》建立工程许可审批制度，即对任何会破坏湿地的私人开发建设的项目、政府部门主持建设公共基础设施以及用于军事目的的项目进行审批。在这个制度基础之上，美国确立了“补偿性缓解”原则，这个原则要求各个单位在规划或者设计项目时就必须关注到对湿地或其他生态系统所产生的影响。在规划设计过程中须首先避免破坏湿地；若无法避免，就应该将不良影响降到最低程度；若上述要求都无法达到，才能允许项目方采用生态补偿的方式来与其造成的生态破坏相抵，只有这种抵消有效完成后，项目才能获批开发。这就催生了湿地缓解银行业务。在湿地缓解银行机制中存在着一个权责清晰的三方体系：①审批和监管部门。这部分包含两个部门，美国陆军工程兵团审批和监管对湿地、河流、航道造成破坏的项目以及湿地缓解银行项目，美国环保署参与对湿地缓解银行项目的审批并进行长期的跟踪监测。政府部门主要负责总体制度的制定和执行，并对项目的运行情况进行长期监测，这也就意味政府部门不仅仅是单纯的执法机构，而且还是对生态补偿市场运行体系的监督机构，但其不干预到湿地缓解银行的规划建设以及定价交易等。②购买方。指会对湿地功能产生破坏的项目开发方，其从湿地缓解银行购买湿地信用，将本应该由其自身承担的对湿地缓解银行进行监测和维护的责任转移到了销售方。③销售方。指建设湿地缓解银行的机构，其作为第三方机构，有权对湿地信用进行定价、出售、转让以及核销，同时还承担着建设湿地以及保持湿地生态服务功能的责任。

在整个湿地缓解银行交易过程中，湿地信用是一个统一的量化标准。由于受到破坏的湿地和用以销售的湿地处于不同区域，其特征和生态服务的功能也存在差异，湿地信用就是为了消除这种差异而设立的一个量化标准，它指的是恢复、新建湿地或者是对现存湿地采取保护措施后，所增加的湿地面积和湿地所能提供的生态服务功能。湿地信用数量的确定以佛罗里达州为例，首先是对湿地所提供的不同的生态服务功能进行评分，然后取各个功能评分的平均值为湿地功能容量指数，最后将湿地面积与湿地功能容量指数相乘即可得到湿地信用的数量。交易湿地信用需要注意以下因素：第一，受到破坏的湿地是否与可出售的湿地位于同一个生态系统内，一般情况下湿地信用不得跨区域交易。第二，受到破坏的湿地与可出售湿地的面积。美国部分州就采用面积比率法来确定需要交易的湿地信用数量，例如美国的华盛顿州，可出售湿地即湿地银行若是提供了相当于重建一亩湿地的服务功能便可获得 0.5 ~ 1 个湿地信用，若是相当于增强了一亩受损湿地的功能，便可获得 0.2 ~ 0.3 个湿地信用。购买者主要就是根据受到破坏的湿地面积来购买湿地信用。

美国的湿地缓解银行作为一种行之有效的市场化的保护生态机制，交易的对象是对补偿湿地功能以及后续进行维护的义务。湿地缓解银行机制既维持了生态系统中湿地的服务功能，又带动发展了相关产业，有助于实现经济的可持续发展。美国的湿地缓解银行在 2016 年达到了三十六亿美元的交易总量，而且每年还有三四十亿美元资金源源不断地进入到运行湿地缓解银行的机构中，投资者在收到丰厚回报的同时，政府的税收也获得了增加。湿地的生态价值通过这个机制获得了极大的变现。

美国湿地缓解银行的成功经验为我国自然保护地内的湿地生态价值实现提供了借鉴。首先在湿地保护法规政策层面，我国政府要明确“占补平衡”的政策。我国林业和草原局颁布的《湿地管理规定》第三十条规定：建设项目应当不占或者少占湿地，经批准确需征收、占用湿地并转为其他用途的，用地单位应当按照“先补后占、占补平衡”的原则，依法办理相关手续。国务院办公厅印发的《湿地保护修复制度方案》中规定“全国湿地面积不低于八亿亩”，虽然已经划定了湿地面积红线，但与美国联邦政府提出的“零净损失”的理念相比依然不够全面。不仅要维持湿地的面积，还应保持湿地的生态服务功能，所以应全面构建湿地保护体制，将“占补平衡”的政策目标落到实处。

在以上基础上，逐步构建起我国的湿地信用交易市场体制。我国的湿地交易市场体制构建要注意以下几个因素：第一，要做好我国的湿地补偿市场化机制的设计。建立能够保障交易顺利进行的规则，明确购买方和销售方等主体；在统一的交易标准下，各地要根据当地的生态系统特性建立动态的生态补偿标准；最后要做好对湿地补偿市场运行的监管，建立一个稳定的、可对补偿湿地的面积和质量长期监测的体系，做好对湿地补偿市场化项目后续效果的评估，确保补偿湿地能够提供长久有效的生态服务功能。第二，要拓宽湿地生态补偿市场的融资渠道。我国目前保护湿地所需要的资金主要是政府拨款，来源较为单一。美国湿地缓解银行建设所需的资金呈多元化，这有助于激发社会各界参与到湿地保护的动力。我国要构建市场化的湿地补偿机制，就需要改变惯常的以政府为主导的保护模式，应积极引入社会各个资本，鼓励民营资本来投入到湿地的保护恢复中。即建立一个合理的利益分配机制，同时要通过立法以确保其稳定性。[1]

（二）生态系统服务付费

中共中央、国务院于2015年印发了《关于加快推进生态文明建设的意见》，其指出要健全生态补偿机制，理顺生态保护者与受益者之间的权利义务关系，尽快建立起一个生态损害者赔偿、受益者付费、保护者得到合理补偿的运行机制。从纵向和横向两个维度推进生态补偿建设，纵向指加大对重点生态保护区的转移支付力度，提高自然保护地居民的整体生活水平；横向是指生态受益地与生态保护地、流域上下游之间，通过现金支付、人才培养、技术支持等方式进行补偿。生态系统服务付费作为一种以非市场性为特征的生态系统正外部性通过市场内部化的工具，能够激励自然保护地的原住居民积极参与自然保护地生态系统的维护和提供生态系统服务功能。生态系统服务付费项目在发展中国家得到了广泛运用。由于生态系统服务付费机制在运行中会采用诸如转移支付、横向补偿、技术支持等多种手段，所以对它的研究具有多学科交叉的特点，且在实践过程中由于不同参与主体和补偿对象的多样性，使得生态系统服务付费具有复杂性。因此对生态系统服务付费在现实中的系统应用的研究就显得非常有必要。这种研究可以在不同的生态系统、不同的政治经济环境中，为能够设计出一个合理的生态系统服务付费机制并使其有效地运行提供合理的制度框架和实施手段。

应当对生态系统提供的服务用现金支付的思想最早在19世纪被提出，但是将生态系统服务付费看成一种对生态环境保护经济激励的手段是在20世纪末才发展起来。从20世纪中期开始，生态环境被破坏的问题愈发受到重视。而在政府的过度干预导致经济发展僵

---

[1]　柳荻，胡振通，靳乐山．美国湿地缓解银行实践与中国启示：市场创建和市场运行[J]．中国土地科学，2018,32(1):65–72.

化的背景下，倡导由市场配置资源的新古典经济学成为主流学说。政府的生态环境保护和经济水平提高的双重政策目标让生态环境付费在发展中国家受到了高度关注，同时学术界也对其展开了大量研究。在发展中国家率先运用生态系统服务付费的国家是哥斯达黎加。1996 年，为维护森林生态系统，哥斯达黎加授权国家森林基金建立了保护森林生态服务的市场激励机制——PSA。[1] 到了 21 世纪，中美洲与南美洲国家开始广泛运用生态系统服务付费工具。生态系统服务付费项目所能应用的生态系统服务功能类型众多，如碳排放交易、生物多样性保护、水域保护等。著名经济学家斯文·温德（Sven Wunder）描述了生态系统服务付费的特征：①交易是基于双方自愿的；②交易的标的是一种可以明确界定的生态系统服务功能或者保障这种服务功能的土地用益权；③生态系统服务功能的提供者和购买者是明确的；④交易的前提是生态服务功能提供者可以持续供给。这是目前被引用最多的定义，对于这个定义的讨论主要集中于在生态系统服务付费中交易双方角色的界定，争论的重点在于生态系统服务是基于参与主体的自愿展开的还是政府为主导的。后来综合各方观点后，学者根据旺德的定义进行了“真实生态付费”和“类生态付费”的区分，前者符合旺德提出的全部标准，而后者只是部分符合。“真实生态付费”强调参与者的自愿性，注重经济效率的提升。

我国部分地区的生态补偿案例在实践中也取得了一定的成效。地处湖北省东部的鄂州市境内有 133 个湖泊，其拥有的水域面积在我国所有城市里名列前茅，其境内还有全国十大名湖之首的梁子湖，湖北省政府于 1999 年在该区域设立了梁子湖省级湿地自然保护区。但由于鄂州市拥有较多的钢铁和水泥等产业，同时梁子湖周边还有大量的传统珍珠养殖业需要向湖水投放肥料，这导致梁子湖水体出现体积发生缩减、水质变差、湖中水生生物资源减少等生态问题。

[1] 朱文博，王阳，李双成．生态系统服务付费的诊断框架及案例剖析 [J]. 生态学报，2014, 34(10)：2460–2469.

为践行“绿水青山就是金山银山”理念，鄂州市近几年开始对实现梁子湖的生态价值展开积极探索。

鄂州市依照生态价值实践规律，将梁子湖生态价值实现工作按照以下步骤逐步完成：首先是进行自然资源确权登记和生态价值核算，鄂州市对梁子湖区内的各类自然资源进行确权登记，明确了区内自然资源的权利主体、面积以及质量等；其次鄂州市联合华中科技大学，以前期确定的自然资源资产信息为基础，运用当量因子法评估区内自然资源的生态价值总量，选取具有流动性的生态服务测算出各区应当支付的生态补偿金额。然后就是使梁子湖的生态服务价值得到实现，在之前确定的各区应该支付的生态补偿金额基础上，先由鄂州市政府提供 70% 的价款，其余 30% 由各区支付，往后市政府支付的补贴不断下降，直至 2019 年完全退出。梁子湖区从 2017 年到 2019 年分别得到了生态补偿 5 031 万元、8 286 万元和 1.5 亿元，这些补偿金额由鄂州市、鄂城区和华容区一同负担。

鄂州市在梁子湖省级湿地自然保护区的生态补偿工程取得了显著的成果。首先，梁子湖区内的生态服务功能不断增强，区内的林木面积增加了八万亩，森林覆盖率较 2013 年大幅提升，还实现了通过退垸、退渔、退田还湖恢复了近 4.1 万亩的湖泊面积，在这样的综合整治下，梁子湖区的水质与空气质量明显好转，变成了游人纷纷的风景名胜区。其次，梁子湖区的生态价值得到全面的实现，梁子湖周边的一般工业和珍珠养殖业为了维护湖区的生态功能全部退出，使梁子湖区每年的税收直接减少了近四千万元。但是随着区内生态环境的改善，梁子湖区的生态服务功能也实现了跨区供给，在实施了生态补偿工作后，梁子湖区获得的生态补偿从纵向与横向支付共计 2.4 亿元。这些资金被用于区内生态环境整治和发展有机农业和生态旅游等产业，不仅保护了生态环境，还增加了梁子湖周边村民的收入。

在实践中，很多生态系统服务付费项目都是由政府主导，并由政府出资运行，甚至有的项目中并不存在市场交易。尤其是在生态系统服务功能的公共性很强时，受益者为不特定多数人且交易成本极高，只能选择以政府作为受益者代表通过财政拨款付费生态系统服务。所以在生态系统服务付费中政府与市场的定位反映了“科斯定理”与“庇古方案”间的对比，“科斯定理”主要适用保护者与受益者较为明确且规模较小的生态系统服务付费模式，“庇古方案”以生态系统服务功能的公共性为前提，强调政府在生态系统服务付费中的发挥主要作用。

（三）反向拍卖

反向拍卖是一种特殊的生态系统服务付费项目，指政府根据潜在的生态系统服务功能提供者为满足政府要求而提出的报价来确定购买的生态服务和支付对象的机制。实践应用有澳大利亚灌木林招标以及美国土地休耕保护计划等。

反向拍卖的具体运行模式以美国土地休耕保护计划为例。美国为了缓解生态环境面临的过度利用的压力，采取了政府与市场相结合的休耕计划。其基本程序为：农场主向政府提出休耕申请，申请中需列明要休耕的耕地类别、面积以及希望的补贴标准，由美国农业部进行审批，审批通过后，农场主与农业部签订休耕合同，按照休耕的耕地面积享受补贴。美国的土地休耕保护计划主要包括以下内容：在休耕规模方面，美国为避免产生对农业发展的不当限制，规定各地区实行休耕的土地面积不得超过当地耕地总面积的25%，同时美国每年根据农产品的供需情况调整激励措施以动态调整休耕土地面积；在休耕土地识别方面，美国制定了环境效益指数，量化生物多样性状况、水质量、土壤保育状况、空气质量等指标并将其纳入指数中，根据该指数识别出生态环境状况最严峻、最需要休耕的土地；在确定补贴标准方面，美国引入市场竞标手段，农业部根据耕地的可预期收益、生态环境状况等情况在不同地区就每一类耕地设定最高补贴标准，农场主则提出可以接受的最低补贴价格，农业部在审批时按照成本效益原则进行选择。整个休耕保护计划运行的核心机制就在于农场主的竞争出价，政府根据所评估的生态服务价值选择出价最优者进行补贴。反向拍卖可以更好地反映出生态系统服务功能提供者对自然资源的预期收益。[1]在生态系统服务付费中，价格确定的补偿模式可能会受到生态系统服务提供者与受益者信息不对称的负面影响，一般情况下，提供者对生态系统服务供给成本的相关信息掌握得更多，可能就会寻求信息寻租。而竞争性的出价能够有效地将信息寻租的负面影响降到最低，在拍卖过程中，中标的需求迫使生态系统服务提供者放弃信息寻租，以真实地提供成本竞价。这使得政府支出的成本效益得以最大化。[2]

（四）消除市场摩擦

如前文所述，在生态系统服务付费中，提供者会利用信息优势寻租，这可能会导致受益者在无法获取有关生产成本以及所采用的生产技术的情况下降低付费的意愿。而生态产品例如生态旅游服务、生态有机农产品除了提供物质产品和文化服务外，还提供了调节服务，这部分的服务内容是生态产品的消费者无法直接感知到的，但消费者同样也是调节服务的受益者。为了实现这部分服务功能的价值，就需要向消费传递这一信息，以消除市场摩擦，生态产品经过认证后将生态标签标记于产品上，从而在市场的流通中获得生态溢价。消除市场摩擦工具可以将维护生态系统服务功能与促进经济发展的目标相关联，以更加灵活的方式实现生态服务价值。

生态标签与认证是主要的消除市场摩擦工具，其运用于这种场合：生产者欲通过向消费者发出其生产过程或者产品对环境的影响是正面的信号来获得基于市场价格加价的机会。物质产品使用生态标签表明

---

[1] 王茂林．美国土地休耕保护计划的制度设计及若干启示 [J]. 农业经济问题，2020(5): 119–122.

[2] 张晏．生态系统服务市场化工具：概念、类型与适用 [J]. 中国人口・资源与环境，2017, 27(6): 119–126.

了该产品包含了一定的生态服务功能，但与生态系统服务付费相区别的是这部分的生态服务功能是人为制造出来的。生产者出售的食物类产品中附带了生态系统服务功能，并通过生态标签向消费者释放了这一信号。比如鼓励消费者购买荫生咖啡与鸟类友好咖啡就是为了避免传统咖啡种植对生态环境的破坏，购买这类产品同时也就购买了其增益的生态系统服务功能，其高出市场价格的部分就代表了生态服务价值。不同于生态标签，生态认证是指由第三方独立机构评估生产者的整体生产体系对生态环境的影响，经过认证后不一定要在产品上进行标记以让消费者知晓，但这种认证可以为同行业企业或产业链上的其他企业知晓，获得认证的企业便可凭借这种声誉获得额外费用。比如国际环境管理标准体系 ISO14001 认证环境管理实践，但是企业不能在产品上标记 ISO 标志。

我国目前的生态标签与生态认证工作体现在区域公用品牌建设过程中。自然保护地的区域公用品牌所涉及的类型以农产品区域公用品牌为主，农产品区域公用品牌是指以当地独有的生态环境、长时间积累形成的培育方法和加工工艺的农产品为基础，为消费者所认同、拥有较高的知名度和影响力的名称与标识的组合，这种品牌为一定区域内的农产品生产经营者所共用。农产品区域公用品牌由“三品一标”所构成，即：无公害农产品、绿色食品、有机农产品以及农产品地理标志。2017 年中央 1 号文件中提出了推进农产品区域公用品牌建设：“推进区域农产品公用品牌建设，支持地方以优势企业和行业协会为依托打造区域特色品牌，引入现代要素改造提升传统名优品牌”，农业部将同一年确定为“农业品牌推进年”并将农产品区域公用品牌作为建设重点。农产品区域公用品牌在政府、企业以及各个协会的参与推动下数量和质量快速发展。

自然保护地内的农产品区域公用品牌的建设是在生态系统服务价值实现视野下进行的，即在探索农产品区域公用品牌的建设过程中要融入对生态环境影响的考量。这就与传统的品牌塑造研究产生了巨大的区别，传统的品牌塑造重视名称、外形等的设计，寄希望通过影响消费者的态度来增加品牌的资产价值。这种方式从市场运营角度来讲是合理的，但其是从人类中心主义的角度出发的，忽略了品牌的发展对生态环境所造成的影响。传统的品牌塑造体现出了市场经济的负外部性，即在追求利益最大化的过程中未将生态环境被破坏所造成的公共利益损失纳入其成本计量范围，因为生态环境被破坏所产生的社会需要负担的成本相对于在品牌建设过程中所投入的私人成本的影响非常小。以实现生态系统服务价值为目标的自然保护地农产品区域公用品牌除了市场经济方面的考量，还需要强调对生态环境的维护与修复，使人们在自然保护地内的生产经营活动可以在增加收益的同时促进生态系统服务功能的加强。

我国近几年自然保护地农产品区域公用品牌的建设也取得了显著的成效。武夷山国家公园就是一个典型的代表，其利用“双世遗”品牌茶叶影响力，在茶叶种植和水生态领域打造了优秀的区域公用品牌。在茶叶种植方面，武夷山国家公园管理机构出台农药化肥使用管理规定，对毁林种茶等破坏生态环境的行为予以严厉打击，采取激励措施引导茶叶生产企业、茶农依照符合保护生态环境的标准建设茶园。这一系列的生态种植推动了武夷岩茶以及正山小种等成功申报地理标志以及通过了绿色认证。在水生态价值实现方面，制订了统一的质量标准，对产品进行统一的检验检测，营造了“武夷山水”地区公用品牌，凭借当地独有的生态资源优势和严格的质量把关，使品牌在市场上的认可度大大增强。[1] 现已经授权“武夷山”饮用水等 23 家企业使用“武夷山水”标识，“武夷山水”标识在农产品领域的扩展效果显著，现拥有无公害农产品 17 个、绿色食品 6 个、农产品地理标志 2 个以及农产品有机认证 2 个。武夷山国家公园的农产品区域公用品牌建设成功地带动了当地经济的发展，以南平市光泽县为例，其依托“武夷山水”

[1] 臧振华，徐卫华，欧阳志云．国家公园体制试点区生态产品价值实现探索 [J]. 生物多样性，2021, 29(3): 275–277.

公用品牌快速发展生态产业，全县 2019 年形成了总价值 139 亿元的水生态相关产业，给全县带来了 2.1 万个稳定的就业岗位。

（五）生态旅游

生态旅游是我国自然保护地内利用旅游资源的主要方式，在保护的基础上进行开发利用是生态旅游的基本理念。目前我国按照功能区的划定实施不同模式的生态旅游，一般是在实验区或者风景游览区开展普通的游客观光型的旅游形式。在自然保护地内开展生态旅游不仅能够有效地保护生态环境，还能够提高当地居民的生活水平。自然保护地生态旅游是一种直接接触与认识自然的精神活动，使游客在旅游过程中体会到人与自然的密切联系，提高人们环境保护的责任意识，从而获得公众对于自然保护地建设的支持。其次，在自然保护地内开展生态旅游能实现自然保护地的文化价值，获取有利于自然保护地维护的经济收益，生态旅游用小面积的非消耗型发展来获取尽可能大的经济效益，为自然保护地的修复与保护提供了资金支持。最后，自然保护地生态旅游能够促进当地的社区发展。一般情况下，自然保护地所处地区的社区居民因为保护生态环境的需要而被严格限制进行生产经营活动，这导致当地居民丧失了一定的发展机会而处于贫困的境地。自然保护地生态旅游所得的收益中的一部分可以用来补偿当地居民保护生态环境的行为，让当地居民在自然保护地生态旅游中获取利益，能够让他们支持在自然保护地内开展的生态旅游可持续地发展下去。

我国目前正在向以国家公园为主体的自然保护地体系转变，已经建立了数十个国家公园试点区，大部分国家公园都采用特许经营的方式开展生态旅游。香格里拉普达措国家公园管理局与集体土地所有者签订协议，对集体土地进行统一管理并给予所有者生态补偿。生态补偿的资金主要来源于被授予了景区运营特许经营权的普达措旅游分公司为旅客提供服务所获得的收益，根据国家公园管理局与普达措旅游公司的协议规定，旅游公司每年应提供 1 690 万元资金直接补偿给

3 696 名当地居民。而且普达措国家公园管理局还将景区内的经营摊点开放给当地居民，以便当地居民进行土特产售卖等经营活动。武夷山国家公园管理局实行自然保护地内的旅游资源有偿使用机制，其与景区内 7 万余亩集体林地所有者达成协议，以景区的门票收入为基准每年向林地所有者支付价款。2017 至 2020 年平均每年支付 319 万元。国家公园在推进生态旅游过程中通过特许经营、生态补偿等方式为当地社区居民提供资金支持，既维护了居民的利益，又获得了当地居民对保护生态环境的支持，实现了社区发展与生态保护的双赢。

第四节　自然保护地生态系统服务功能价值实现的市场化工具选择

生态利益是指生态环境与生态系统所提供给人类的以满足生存和发展所需的积极要素，其从根本意义上说就是人类在生态系统中对其他构成要素的开发与汲取。生态系统和其所包含的环境在自身的运转进程中体现出独有的特征，而生态利益作为生态系统所提供给人类的正效益，与生态系统服务功能有着密切的关联。生态系统的服务功能在保证生态系统内部正常运转的同时，还为人类的生存与进步提供物质条件和精神条件。如前文所述，人类直接从生态系统中获得生态产品或者通过一定的媒介接受生态系统提供的间接的服务。生态利益就是来自于生态系统自身的运转而产生的可以为人类带来惠益的生态服务功能。所以，生态利益的提供也就等同于生态系统服务功能的提供。生态利益的提供者在生态系统中进行活动从而增强生态系统发挥服务功能的能力，使生态系统能够可持续地良性运转，从而保证人类所需的生态条件可以持续供应。生态利益提供者在实践中改造生态系统，使生态系统免于退化以及获得改良，然后使得生态系统有余力为人类供给服务从而实现自身价值。根据生态利益提供者作用于生态系统的行为方式的不同可以将生态利益的提供分为恢复原状、维持储备、新增营造三种模式。生态利益提供者在这个过程中因为其花费成本以及对生态系统服务功能的增益，所以其行为具有正外部性，因此生态利益提供者拥有因其提供生态服务功能而获得合理补偿的正当权利。

市场工具作为一种在面向生态环境问题的政策能够得到经济高效施行的手段，为各个国家地区在进行生物多样性保护、土地保育、空气质量改善等行动中所采用并取得了积极的成效。而我国在处理生态环境问题的政策方向是“经济靠市场、环保靠政府”，我国环境治理和生态保护中，从政策制定到具体行动全过程长期由政府包揽，这种单一的治理模式面临行政权失灵的问题。政府生态环境问题缺乏有效的激励，投入高额的行政成本无法获得相应的治理效果，效率较低，而且还面临由行政权寻租所引发的公平失衡问题。为了能够更加高效地进行生态环境治理，中共、中央国务院于 2015 年 4 月发布了《关于加快推进生态文明建设的意见》，意见中首次提出“充分发挥市场配置资源的决定性作用和更好发挥政府作用”。同年 9 月又发布了《生态文明体制改革总体方案》，方案中提出了生态文明体制改革的一个重要目标“健全环境治理和生态保护市场体系”。

一、市场化工具概念之提出

面向生态环境问题的政策出现有其特定时代背景，一个国家或者地区的生态环境被破坏的状况对人们的正常生产生活产生了威胁，生态环境问题成为阻碍社会发展的主要因素之一，政府不得不将生态环境治理纳入议事日程。从这个角度来看，环境政策并不属于传统的政府职责范围，但是在未来很长一段时间内，环境政策与我们日常生活的联系会愈发地紧密。从近代工业革命后，人类不断地扩展在自然界涉足的范围和领域，生产力水平的迅速提升让人类有能力大规模地开发自然环境，而不受限制的盲目掠夺也让人类在享受经济水平提高所带来的良好生活品质的同时不得不吞下生态环境被破坏的苦果。生态环境问题的出现反映了两方面的关系：首先是人与自然的关系。有学者认为生态环境问题并不是生态系统自身出现问题，生态系统没有自己的主观意识，无法意识到“问题”的存在。生态环境问题实际上所体现的是人与自然环境的关系恶化的结果，是拥有主观意识的人基于对周围环境的感知而引发的对自身生存状况的一种担忧，反映了人类主观意识中的理性思维。生态环境问题的基本表现就是人类与自然环境在进行物质能量交换过程中的失衡状态，生态环境问题的诱因是人类贪婪的本性导致的对自然资源盲目的榨取。再者就是人与人之间的关系，生态环境问题也体现了人类社会内部利益分配的失衡。所以，要分析所出现的生态环境问题以及制定科学合理的环境政策，决策者不仅仅需要利用环境科学知识，同时还应该接受来自社会学、经济学以及政治学的支持。用环境政策调整人的行为，以减少对生态环境的破坏，从而实现人类社会内部、人类社会与自然界的和谐共生。

市场化工具首次应用于环境政策领域是为了解决环境污染问题而展开的排污权交易市场，后来又扩展至生态系统保育及建设等方面，生态服务价值市场化工具可以有效地解决生态利益提供者所面临的外部性问题，为生态系统的保护提供充足的资金，这种对生态系统外部性效应的合理补偿从正面激励对生态系统服务功能的维持与增益。

20 世纪 70 年代，美国学者在研究和评估当时美国的环境政策时，认为若将市场手段纳入环境政策中可能会更加高效地处理生态环境问题，由此便提出了市场工具的概念。1988 年，美国的学者泰坦伯格发表了《排污权交易：污染控制政策的改革》，提出了“排污权交易”这一概念，1990 年美国《清洁空气法》修正案出台，修正案允许企业之间进行污染排放额度的交易。在排污权交易市场发展的影响下，由环境学者、企业、社会组织以及政府部门共同向美国国会提交了一份报告——“Harnessing Market Forces to Protect the Environment”，该报告指出，通过合理运用经济手段可以大大降低保护生态环境所耗费的社会成本。初步介绍了推进环境保护政策的一些市场工具，如：许可证交易、电业低耗能招标、碳排放交易等，报告还介绍了美国采用许可证交易方式控制二氧化硫排放以减少酸雨的做法，该做法相较于传统的控制命令型进路模式将使政府每年节省社会成本约十亿美元。[1]这份报告奠定了将市场工具引入生态环境政策的基础。

在面向生态环境问题的政策领域中，以政府为主导的控制命令型进路模式是传统的政策工具，这种政策工具的所依赖的组织是政府官僚体系，政府发出指令，通过这套体系作用于各个社会主体，以此来控制行为者的生态环境破坏行为，并给予违反指令者以惩罚性措施。控制命令型进路模式在一定程度上可以直接高效地解决污染问题，但是其依赖于政府所掌握的强制性权力，通过强制性命令来进行，忽视了市场主体特征的差异性。控制命令型进路模式无法鼓励市场主体主动地控制污染排放，同时对那些已经达标排放的市场主体缺乏激励措施，无法在限制生态环境被破坏的同时兼顾不同企业控制排放所需要的成本，在千变万化的市场面前可能会失灵。控制命令型进路模式在现实情况中所面临的失灵问题以及生态环境被破坏现状的种种压力迫使人们找寻一种更加有效的政策工具，作为控制命令型进路替代的市场工具便在这样的背景产生，对于它的学术研究在 20 世纪 90 年代后成为了热点领域。不同于控制命令型进路模式，市场工具通过价格等市场信号影响行为主体的环境污染行为，政府在这个过程中主要扮演引导者与监管者的角色。[2]

二、生态服务价值市场化工具适用自然保护地的正当性与合理性

（一）生态服务价值市场化工具出现的正当性

生态系统服务功能能够为生态系统的正常运行提供保障。在传统的生态补偿制度框架下，生态系统服务功能的提供与利用之间缺乏充

[1] Stavins R N. Harnessing market forces to protect the environment[J]. Environment: Science and Policy for Sustainable Development, 1989, 31(1): 5–35.

[2] Boisvert V, Méral P, Froger G. Market-based instruments for ecosystem services: Institutional innovation or renovation?[J]. Society & Natural Resources, 2013, 26(10): 1122–1136.

分的联系。处于生态系统中的服务提供者通过限制自己的行为或者对生态系统的增益活动来提供生态系统的服务功能，而利用者依靠前者提供的服务功能进行生产经营活动，提供者与利用者在传统生态补偿制度框架内没有产生直接联系。生态系统服务功能的持续供给是提供者对于行为模式的选择，在以限制自己行为而供给生态服务功能和改良生态系统以供给生态服务中都体现了提供者追求生态服务价值的实现。所以应当认可并实现生态服务提供者的现实权利。[1]

将生态服务价值市场化是为生态服务功能提供者的供给进行补偿的途径之一，运用市场规律和交易规则进行补偿能够使得生态服务提供者实现其受偿权。生态服务功能提供者对于生态系统中的资源拥有当然的财产权或者物权性权利，因此提供者具有基于期待生态系统资源性价值实现而拥有的发展权，而当国家为了维护社会整体利益而限制甚至禁止此种权利实现时，生态服务提供者就拥有要求提供补偿的权利，用以补偿其期待利益的损失。而市场工具就有助于这种要求补偿的权利实现。

将生态服务价值市场化是实现生态服务提供者收益权的途径之一，生态服务提供者用自己的资产和劳动为人类社会供给生态服务功能，理应获得回报。“生态服务功能赋予了生态系统享有生态保护利益补偿的自然法契约正义。”[2] 生态服务功能提供者基于对经济利益的追求而维持改善生态系统，根据自然法契约正义，生态服务功能提供者可以支配由其保护改良生态系统的行为而增益的生态服务功能，所以生态服务功能提供者拥有基于其增益的生态服务功能的收益权。在自然资源供应日益紧张的今天，生态系统服务功能显得格外重要，而生态服务功能提供者由于其供给者的身份而拥有收益权也与当代社会理念相契合。生态服务功能作为一种非实体是由生态系统中的有形

[1]　陈宝山 . 生态利益供给市场化补偿制度研究 [D]. 重庆 : 西南政法大学，2018 .

[2]　杜群 . 生态保护及其利益补偿的法理判断 : 基于生态系统服务价值的法理解析 [J]. 法学 , 2006(10): 68–75.

物所产生的生态效益，这种效益在实践中可以被衡量。根据劳动报酬理论，人们拥有由其劳动所创造的物的财产权。生态服务提供者保护改善生态系统就是通过其自身劳动进行的，而这种劳动的产物不仅有有形的生态资源，还有无形的生态服务功能，生态服务提供者对这二者都应享有物权。生态服务提供者实现生态服务价值的方式可以是自己享用生态服务功能，也可以是进行交换以获得经济收益。而市场工具为生态服务提供者创造良好的交易环境，能够保证生态服务提供者的收益权自由、平等、公正地实现。[1]

（二）生态服务价值市场化工具出现的合理性

生态服务价值市场化的合理性在于，在讨论为什么选择市场工具时，学者往往把控制命令型进路模式同市场化工具进行对比。通过比较分析，从而使市场化工具更加具有说服力、更加具有应用性。分析某些国家的失败经验可知，控制命令型进路模式在影响人们行为时，许多方面并未达到满意的效果，而市场（经济激励）工具可以作为在一些情况下可以采取的与传统管制不同的选择。传统的将环境外部性内化是通过规章和标准来完成的，实践经验和经济理论表明，制定规章的方法暗含着三个重要的风险：第一，标准任意规定的风险。在那些具有突出的科学或技术不确定的问题上，这种风险尤为显著。第二，制度僵化的风险。当新的技术信息可以获得时，这种规章方法造成标准修订中的困难。第三，未达到指定总量排放水平的污染控制分摊不能实现最优分化风险。公共政策学者戴伊强调通过命令控制型进路模式与市场化工具的比较来指出市场化工具的优势。戴伊指出，命令和控制方法无法形成对个人、私人企业或地方政府在净化环境方面必要的激励，对技术进步造成一定的阻碍。而市场动机（工具）能够提供灵活的、激励创新和支撑经济增长，在实现环境政策目标方面比政府

[1] 邓禾，陈宝山．我国生态利益供给补偿制度的市场化完善 [J]. 甘肃政法学院学报，2016(4): 17–24.

设计的规章更具成本效率。有学者考察了五种政策工具对技术扩散的厂商层面所提供的激励：命令—控制、污染排放税收、污染排放补贴、自由配置许可证和投标许可证。他们发现投标许可证提供了新技术采用的激励最大，其次是污染排放税和补贴，激励效果最差的是自由配置许可证和直接控制。市场化工具在世界各国都得到了广泛的运用，这种政策工具以“利用市场力量为特征”，核心是发挥市场所具有的资源配置中的激励作用，以市场作为媒介，把促进和加强环境保护的责任从政府转交给污染企业，从而使污染企业从被动到主动促进环境的改善。

市场化工具有如下的优越性：第一，作为命令控制型进路模式的有益补充；第二，灵活性及应用领域的广泛性；第三，有比较高的效率；第四，节约信息；第五，政治上的可接受性较高。市场化工具同管制性工具进行比较，通过对比的方式来发现其优势，也有学者从经济效率的角度对此问题进行说明。市场化工具在效率上更具有优势，可以节约环境治理的成本，提高资金在环境保护中利用的效率。通过合适的环境政策市场化工具的设计与实施，可以产生推动环境污染持续改善的动力机制，促进企业以及其他污染主体在政策导向的作用下，重视技术、管理等手段来推动环境的改善。

三、生态服务价值市场化工具在自然保护地内的适用规则

20 世纪 90 年代初期，通过经济激励手段逐渐从控制污染领域拓展到对生态系统的综合管理中。1992 年通过的《生物多样性公约》第 11 条规定：“每一缔约国应尽可能并酌情采取对保护和持久使用生物多样性组成部分起鼓励作用的经济和社会措施。”此后，对评估生物多样性价值的方法和如何通过经济手段激励社会主体保护生物多样性的研究成为了热点领域。2001 年联合国环境开发署发布的报告《千年生态系统评估》中大量采用了“生态系统服务”这一概念。“生态系

统服务”的提出使得生态系统的外部性效益可视化，报告中认为对生态系统进行保护的原因在于：生态系统的外部性效益可以被量化，并且应当对个人与公共决策予以考虑。若生态系统服务这一概念中未将市场工具纳入进行管理，则便使运用市场工具成为了可能。在对森林的保护中引入了这一概念，进一步推动了市场工具的探索与应用，此后便发展出许多具有创新性的市场工具。[1] 在自然保护地内适用生态服务价值市场化工具应遵守以下规则：一是保护优先。市场化工具本身带有一定的逐利性特征，在自然保护地内适用应遵循保护优先的原则，即在借助市场化工具实现自然保护地内的生态系统服务功能价值时应首先保有自然保护地的公益性特征，杜绝为实现更大经济利益而忽视自然保护地的生态保护，所获取的经济利益也首先应用于自然保护地的生态保护工作中。二是受益者补偿。长久以来我国的绝大多数自然保护地社区与原住居民并未因其自发的保护行为而受益，相反却面临着发展受限、权益被侵害等困境。故在利用市场化工具实现自然保护地的生态价值的同时，应侧重考量因自然保护地建立而受益的群体（如公众）以何种方式对权益受损的原住居民进行适当补偿，确保原住居民的权益能得到保障，避免其他主体利用市场化工具在自然保护地内攫取更大经济利益而进一步造成对原住居民权益的保障。三是多主体参与。传统的自然保护地建设过程中，以政府为主导，其他主体多被排除在外，但运用市场化工具实现自然保护地内的生态系统服务功能价值需要构建多主体参与的市场化机制，在此过程中，也应当通过一定形式将市场化机制中的各个主体吸纳为自然保护地生态保护的主体力量，使其主动参与到自然保护地建设过程中。

---

[1] Boisvert V, Méral P, Froger G. Market-based instruments for ecosystem services: Institutional innovation or renovation?[J]. Society & Natural Resources, 2013, 26(10): 1122–1136.

第三章　自然保护地社区协调发展之主体：社区——一个特殊的经济区

社区的概念与基本功能，本章首先提出自然保护地社区是位于自然保护地分布区一定辐射范围内的结合社社区。这种辐射范围既包括自然保护地内部以及自然保护地周边所形成的域面范围，也包括与自然保护地保有直接或间接联系的流网范围。自然保护地社区在结合社区本身所具有的经济要素与自然保护地所具备的生态要素后，可作为一个促进自然保护地生态保护与实现社区经济发展同时并举的特殊经济区，具有独特的组织属性、空间属性、文化属性及系统特性。作为与自然保护地具有高度关联性的特殊区域，自然保护地社区具有经济完整性、发展共享性以及高度自治性的特征。其次，由于自然保护地社区承载着社区经济发展和自然保护地生态效益双重职能，因而与一般的特殊经济区不同，其是自然保护地与特殊经济区的特殊融合。自然保护地社区作为特殊经济区即是将社区经济活动建立在自然保护地生态保护的基础上，把握好自然保护地社区经济发展和自然保护地生态系统间的关系，通过职能调试和政策协调打造出一个自然保护地内社会、经济和生态高度和谐的生态经济系统。最后，基于自然保护地社区的特殊性，将其作为协调自然保护地与原住居民之间矛盾的中间场所和协调主体具有独特优势，在自然保护地社区范围内对自然保护地社区协调发展的主导型模式与参与型模式进行探讨具有重要意义。

第一节　社区与自然保护地社区的辨识

一、社区的概念

将社区一词作为社会学科专业术语主要归功于德国社会学家斐迪南・腾尼斯。1887 年，在《共同体与社会》一书中，他将纯粹社会学分割为社区（又译共同体）与社会两种基本形式，并提出与理性社会相对，社区是一种具备相同价值观的同质人口组合而成的友爱互助、关系密切亲近、伴随一种富有人情社会关系的社会团体。[1] 这一定义没有指出社区的地理属性，而更侧重于人际关系属性。1917 年，英国社会学家麦其弗开始提出社区主要包括“在某个地区内共同生活”，强调了社区的地理属性。在我国，费孝通、吴文藻等学者于 1933 年在翻译美国著名社会学家帕克的论文时，首次创设了“社区”的中文译文，并将其界定为“进行某种社会性活动，具备特定互动关系的相同文化维系力的人类生活群体及其活动区域的系统综合体”[2]。

纵观各学者的研究，我们发现涵盖邻里、街区、学校、村落和不同区域的地方各级自治团体等的全部社会构成共同体，均可称为社区。“社区”作为社会学领域的名词，有时被界定为社会群体，有时又被认为是一种社会关系，其本质已经由明确变得含混不清，相关概念甚至多达百余种。综观各种定义，可以从以下三个方面来加以辨析：

（一）在概念界定角度层面

从“地域论”视角出发，可将社区的概念定义为特定区域边界内共同生存的组织群体，着重强调社区的地域性。这种“区域”并非单纯的地理概念，而是附着在地理框架之上的社会人文区位因素，即地

[1]　[德]斐迪南・滕尼斯 . 共同体与社会：纯粹社会学的基本概念 [M]. 林荣远，译 . 北京：商务印书馆，1999:74–75.

[2]　刘视湘 . 社区心理学 [M]. 北京：开明出版社，2013:60.

域与人口的集合体。从“功能论”视角出发，社区是以具备共同利益及发展目标的个体为组成部分的共同体，着重强调社区成员的功能性。事实上，这两类定义在本质上差别不大。社区作为市民生活的基本单元，应当综合具备地域、功能、人情联系以及组织结构等要素特征，并且这些要素在社区成员之中应当形成共同约束，即最终形成一种共同利益、共同价值文化等。只是各个要素的外显程度和表现形式会随着不同社区经济社会发展阶段、历史文化背景的差异而具备动态性和差别性。

（二）在形成与发展层面

社区的形成以及永续发展通常需要具备以下三个要素特征：一是地域性。费孝通在其著作《乡土中国》中强调了社区的“时空错落”，并指出社区就是人们生活的空间坐落。[1] 虽然，地域性的特征会随社会发展逐渐减淡，但对于生态学意义上的社区而言，地域性特征仍然具有其重要地位。二是道德联结。道德层面包括共通的社会观念、历史文化背景、世俗习惯以及归属感，可以成为社区在意识形态层面产生内部联系的根基。此外，道德作为和法律并行的两大社会秩序约束力之一，对于构建和谐有序的社区关系、规制个体行为和减少犯罪起着不可替代的规范性作用。例如，在信奉树木图腾崇拜的社区中极少甚至从未出现森林生态破坏的现象。三是强调参与性。社区参与是社区存在的反映，也是维持社区存在的基础，这种参与不仅包括成员参与集体事务的管理，也包括一定程度上的成员自治及互助。实践表明，只有通过直接参与才能充分调动和发挥社区成员的自主性。

（三）在社区功能方面

完整社区所应具备的功能主要包括互助、参与、约束、供需以及促进社会化。社区共同体的本质是居民间的守望相助，并形成一套完

[1] 费孝通 . 乡土中国 [M]. 上海：生活・读书・新知三联书店，1985:94.

整的互助体制。通过互助及自治推动成员直接或间接参与社区共同管理，并共同制定出一套基于共识达成的社区规范，从而实现安定秩序、惩戒犯罪、提供行为范式的社会控制目标。通过成员物质及文化需求的满足增强社区的凝聚力和稳定性，并在历史文化的共同观念下进行世代传承。

二、社区的基本要素

作为实现社区成员社会化、形成社区文化与制度并且保障社区有效运转的基础，社区要素指导和控制着社区行为，并使之成为一个整体。厘清社区之基本要素有助于判断社区在发挥其保护及管理功能上的定位。结合社区的定义，可归纳社区要素主要有：

（一）人口要素

指在社区中依照特定生产或社会关系靠拢的人群。按照马克思主义的观点，任何人类社会的首要前提即人群的存在，这当然也是社区存在的第一前提和首要构成要素。需要说明的是，这种要素中所提的人口并非独立个人，而是彼此联系并构成一定社会关系、参与同质活动的社会共同体。社区人口作为社区的主体要素，其子要素主要包括人口的质量、数量、分布与流动状况等，并且承担着创造物质财富基础和整合社会关系两方面的功能。

（二）地域要素

即社区人口及文化、生产及生活之承载实体。其子要素主要有地理位置、边界范围以及自然环境等。作为具备地域性的社会集合体，社区经常存在于特定自然与人文的地理环境中，并存有一定边界。自古以来，人类族群的聚居地通常临溪而立，也就是说人类社区的选址与生态环境密切相关。社区从这一角度可以看作是生命与地理、生态的结合体，并且这些地理环境条件在一定程度上对社区成员的社会活动以及社区发展有着不可忽视的影响作用。

在生态经济理论中，特定地域的土地不仅仅是洛克眼中因附加劳动而具有价值的事物，而是生态意义上为人类提供生存所需和安全庇护的地理要素。与国家或行政省市相比，社区的地理界限相对较小，但这种界限通常具有相对性，且因不同社区发展、地理障碍等不同而具备各自特殊性。现代社会学通常选取相对居中范围的社区作为研究对象，例如中小城镇居民区等。

（三）社会经济要素

满足居民基本物质和精神生活之所需自古以来是人们选择居住地并长久居存的必要条件，这是保障人类生存与发展的必要手段。这些基本需求决定了影响社区选址的社会经济要素包括土地、交通、人口及经济发展水平等。社区一般作为人们参加社群活动之基本场所及从事生活活动之基本舞台。同时，人类活动必须依赖特定设施开展，这种基础设施通常由社区来提供。例如，社区成员依赖房屋、交通、商店等设施进行日常生活；依赖厂房、能源、器械以及生产资料等设施进行生产经营；依赖学校、医院、文化站等设施进行教育、医疗和文化事业的开展；依赖办公室、会议室、保安室等的建设而参加管理或社会活动……这些生产、生活所需要的基础设施一方面伴随社区的发展水平而扩大其规模，另一方面又反作用于社区的发展。因此，对社区发达程度的评估一般会参考基本服务设施建设质量的优劣，这与社区成员的生活舒适度以及社区发展都存在紧密联系。

（四）组织要素

社区作为一个集多重功能于一身的社会组织体，其内部存在着纷繁复杂的社会关系以及不同种类的社会事务需要调节和处理。因此，组织要素作为社区重要的要素之一，决定了组织管理机构在其中担任的重要角色，它们主要承担以下五项基本职能：一是社会控制职能，即社区的组织机构动员社会力量对社区成员之行为进行统一管理和制约，使之遵守和顺应社会的既定规则，如居委会一类的居民自治组织；二是社会动员职能，即社区组织机构督促社区成员积极行使各项权利、参加各项团体活动的功能；三是代表社区成员管理和支配社区的公共资源的职能；四是根据社区发展需要制定和实施社区规划、组织社区总体建设的职能；五是贯彻党政方针与政策的职能。[1] 以上功能的落实使得社区组织管理机构能够保证社区共同体的有序化发展。

（五）文化要素

社区文化是社区地理条件、人口分布及居民生活状况的历史与现实的反映，受人口、环境、经济、历史文化及传统风俗等要素的作用，各社区形成了与众不同的独特文化。社区文化要素主要包括地域用语、生活习俗和历史传统等子要素。社区文化对联系社区个体，形成社区共同意识具有重要意义，包括文化认同感以及价值伦理观，以及某些共同的习俗等。通过这种共识，社区文化以有形或者无形的方式发挥着规制社区成员行为的作用，并通过行使社区的管理职能为居民提供社会化支持，是社区精神财富的源泉。

从宏观角度来看，以上诸要素的有机融合孕育了社区这一社会实体，但社区的进步发展程度也有赖于上述各要素之间的协调与整合。社区的不同形态与层次会导致其发展水平各异，如大中型都市的社区基础设施相对完善、居民文化素质普遍较高；偏远乡镇社区的居民受教育程度则相对较低、基础设施较为落后。此外，社区人口数量与该地生态系统的协调程度也决定了社区所处环境的宜居程度。如人口数量严重超出土地承载力会导致生态恶化、资源供应不足等问题；教育基础设施建设落后会间接导致经济的可持续发展以及社区系统的良性运转；管理人员的整体素质偏低会导致无法胜任带领社区有序进步之职责。

---

[1] 郑杭生．社会学概论新修 [M]. 3 版．北京：中国人民大学出版社，2003:274.

三、自然保护地社区的概念与属性

（一）基本概念

在 1992 年我国提出可持续发展原则后，参与的概念逐渐出现在自然保护地管理的研究视野之中，并进化成社区共管理论的核心原则。随后，世界自然保护联盟于 2008 年提出社区保护地（Community-Conserved Areas, CCAs）的定义，即“自然和（或）经过人为改变的，具有重要的生物多样性价值、文化价值与生态服务功能，并被当地社区和原住居民通过传统习俗或其他有效方式自发保护的生态系统”[1]，其本质是一种生态保护区域，包含着对社区和原住居民的社区保护行为以及其参与保护身份的认可与肯定。而本书所指的自然保护地社区则是位于自然保护地分布区一定辐射范围内的社区，这种辐射范围既包括自然保护地内部以及自然保护地周边所形成的域面范围，也包括与自然保护地保有直接或间接联系的流网范围。总而言之，社区保护地与自然保护地社区实际上是同一系统的不同侧面，自然保护地通常并非独立存在，而是与其所在社会系统保持着一定程度的联系与相互作用。社区本身的社会经济要素与自然保护地中显著的生态要素相结合，形成了一个综合的生态—经济—社会要素的复合系统。

结合“社区”与“自然保护地”的概念而言，本书认为，二者之间是互相推动的关系。一方面，从自然保护地的视角看，自然保护地社区在地理上的临近性以及社会文化上的联络性决定了其是能够以自然保护地相关产业作为经济发展主导产业的人群聚集空间，利用社区来进行自然保护地的保护和开发，最终实现两者协同发展。另一方面，从社区的视角看，自然保护地社区也可以看作是那些享用并保护自然保护地资源的社区，强调社区对于自然保护地资源保护和发展的推动作用。由此可见，自然保护地社区的主要特征表现为与其所在系统保持着生态与文化上的密切联系，这种代际相传的生存和生计传统使得

---

[1]　李晟之 . 社区保护地建设与外来干预 [M]. 北京：北京大学出版社，2014:1.

社区成员对于其所处生态系统的保育有着情感归属和经验优势。因此，自然保护地社区的管理与决策与其所处生态系统、生态服务功能与相关文化价值的保护息息相关。事实上，许多生物多样性保护程度相对完好的地区都位于原住居民所有并管理的社区区域，如守护了 11 000 公顷非洲高山草地的瓜萨自然保护地社区，以及保育了 60 万公顷半干旱高地与低地生态系统的西撒哈拉自然保护地社区。一方面，土地为自然保护地社区成员提供了生存所需，与此同时形成了文化、多样性以及身份认同感，为其提供了安全保障；另一方面，不论在地理还是文化层面，原住居民都最了解当地资源分布状况以及如何因地制宜地保护自然保护地。综上，自然保护地社区的最重要功能即是以促进生态保护以及社区经济发展并举为中心开展的生态系统管理与保护。

（二）基本属性

与自然保护区以保护对象和管理目标为分类标准不同，我国自然保护地社区通常将保护主体作为标准进行划分。这种划分方式通常带有区域经济学的色彩。结合社区本身所具备的要素并综合各自然保护地社区的本质特征，自然保护地社区主要具有组织属性、空间属性、文化属性以及系统属性[1]，见表 3–1。

表 3–1　保护区社区的基本属性

自然保护地社区的本质属性	主要表现
（1）组织属性	充分发挥社区网格化管理之作用，对内实行内控性自我管理，对外协调与抵御外来资源利用者，这种自治权力有时将成文法或习惯法作为权力来源的制度依据，有时（且多数时候）是非正式的、社区内部约定俗成的、并未得到法律的认可。这些社区内部的组织管理体制发挥着具体管束之作用，并与政府之宏观调控手段互为补充、良性互动。
（2）空间属性	自然保护地社区的边界和居民分布根据地理因素以及遵循行政区划的划分而相对明确，但通常具有动态性的特点，随着经济社会规划及社区自身的发展而不断变化。此外，由于与相邻社区存在兼并或分立现象，社区对于自身及自然保护地的管理水平也会对其规模产生一定影响。

[1] 李晟之 . 社区保护地建设与外来干预 [M]. 北京：北京大学出版社，2014:2–4.

续表

自然保护地社区的本质属性	主要表现
（3）文化属性	在我国，自然保护区通常有赖于相关法律政策的划定，而自然保护地社区则一般依赖所在地的风俗习惯、宗教信仰等传统生态文化，并由此激发管理与保护的自发动机。另一方面，道德文化作为社会管理在意识形态层面的软约束形式，可以以外在权威力量内化的方式有效推动社区参与自然保护地管护。
（4）系统属性	原住居民对于自然保护地资源的保护和利用具有综合性和系统性的特点，并在发展过程中不断探索和开发新型管理模式，例如生态旅游、生态产业园等。另外，其保护目标通常具有多样性，致力于涵盖所在自然保护地内全部资源种类，发挥着生态系统之整体功能。

四、自然保护地社区的特点

（一）地位特殊

如前文所述，社区本身所具备的地域要素决定了其与“社会”系统的不同，这种地域性划定了社区作为一定区域空间的边界。而自然保护地社区所蕴含的地域性特征则更为明显和特殊，并具有同质性的特点。美国地理学家哈特向（R. Hartshorne）以地理学为视角指出，区域是一个具有具体位置的地区，在某种模式上与其他地区有差别，并限于这个差别所延伸的范围之内。[1] 自然保护地社区作为一类以自然资源高度依赖为生产模式的综合性特殊区域，应当符合哈特向所描绘的具备同质性的有限连续空间单位，即共同具备在地理位置上位于自然保护地辐射圈范围内、在自然资源获取与使用上存在先天区位优势、社区行动对自然保护地生态系统能够产生直接作用力等特质。从空间系统观的角度来看，自然保护地辐射范围内部通常可以分割为生产空间、生活空间以及生态空间三个部分，其相互之间是紧密相关又彼此独立的关系。例如，社区居民的生活空间经常选取地势平坦、临

[1] Richard Hartshorne. Perspective on the Nature of Geography[M]. Chicago : Randand Mc Nally,1959.

近水源以及便于建造交通等基础设施的位置；生产空间一般位于与居住区保有一定间隔，自然资源条件相对丰富的区域，如草场、林地等；因国家划归、生态条件脆弱等因素而主要承担纯生态保育功能的区域则为生态区域，如公益林、国家公园等。我国自然保护地的一大特点即是社区（居住空间）遍布，这种多样化、多数量的自然保护地社区分布也是中华民族固生的历史人文和与自然密切相连的生存哲学的反映。分布区域所造成的地位特殊性也决定了自然保护地社区在自然保护地建设与管理过程中具有特殊且重要的地位。设立自然保护地在全球环境日益恶化的背景下具有“抢救式”保护的性质。以自然保护区为例，出于严格保护的需要，我国《自然保护区条例》设立了分区分级制度，将自然保护区划分为核心区、缓冲区、实验区以及外围保护地带，并禁止任何单位及个人进入核心区。这就使自然保护地社区原住居民不可避免地成了自然保护地建设过程中不可忽视的考量因素，并产生了原本居住在核心区内的原住居民的安置问题，我国在自然保护地建设实践中经常会采取易地搬迁的方式并给予一定补偿。但这并不代表这种在自然保护地建设中完全将社区排除在外的方式是科学的。事实上，代代相传的居住生活以及对周边资源的世代利用使社区与自然保护地之间已经形成了一种天然的共生关系，原住居民在物种识别、资源分布、山区交通、当地野生动物生活习惯等方面，比保护区管理者掌握着更多的信息，积累了丰富的乡土知识，并形成了利于保护的“村规民约”。[1] 根据经济学中的信息边际效益规律，占有信息量越大，每单位的信息量边际效益也越大。因此，这种非对称性信息优势也将自然保护地社区推向自然保护地建设中不可替代的特殊主体地位，能够转化为适宜的潜在参与主体。

---

[1] 张晓妮，王忠贤，谢熙伟．自然保护区社区居民经济利益保障问题探讨 [J]. 中国农学通报，2007(5): 546-549.

（二）发展受限

我国大部分自然保护地位于偏远贫困地区，自然保护地社区经济发展水平较低，原住居民发展机会受限较大，且受自然灾害、政策等外界因素干扰，经济发展波动较大。这主要是由于自然保护地经济基础薄弱、社区原住居民普遍受教育程度不高，资源利用方式简单且对自然资源依赖程度高，自然保护地建立造成了资源保护和经济发展的“双重陷阱”，居民对政策的依赖性导致其自我发展能力偏低。具体而言，自然保护地社区发展受限主要体现在以下三个方面：一是发展能力受限。由于我国自然保护地的建立大多与少数民族分布的边缘山区有交叉重合，语言不通以及基础设施的落后，限制了自然保护地原住居民与外界的市场联系。我国自然保护地社区的贫困类型大多覆盖经济贫困、人文贫困和知识贫困三种。从《2017 年中国农村贫困监测报告》记录的 2016 年贫困地区居民家庭中主要劳动力受教育的情况可以看出，大多居民文化水平停留在初中文化，大专及以上受教育水平者仅占 1.4%。受教育程度的低下导致自然保护地社区发展模式单一、经济增长模式单一、产业结构固化。由于改革开放带来推动了市场的解放，乡村不发达地区向城镇就业大规模转移的潮流加剧了自然保护地社区“空心化”及技术型劳动力短缺、劳动力人口老龄化等问题。我国有学者通过实地调研了解到，扎龙自然保护区居民几乎所有收入都依靠湿地自然资源，是典型的“吃资源村”。[1] 对自然资源的普遍低效运用难以提高其经济溢出价值，导致自然保护地社区经济发展较为缓慢且受自然条件影响呈现出不稳定的特征。此外，自然保护地社区内产业发展动力不足，贫困“结构性”问题突出。这体现在许多自然保护地社区原住居民存在着“安贫、守贫”的落后思想，对国家扶贫政策依赖性较大，缺乏主动获取进步知识的内生动力，导致其对市

[1] 王珊珊，孙佳，赵刘慧．扎龙自然保护区对核心区居民收入影响分析 [J]. 中国集体经济，2008(15): 199-200.

场动态的把握不足，难以运用市场规律驾驭经济发展活动，经常会出现跟风现象、盲目过度输出自然资源等现象。二是发展机会受限。由于近年来国家对生态保护的重视力度不断加大，出于资源保育等需要，自然保护地社区的一些经济发展机会受到了程度较大的限制，而由于我国生态补偿制度实施层面的不尽完善，使这部分原住居民未能或滞后得到适当的补偿。法律的强制性和有责性使得原住居民必须承担“禁止开发利用资源”的机会成本，新的替代性发展措施仅局限于国家聘用的护林员等职位，而这些岗位数量有限且大多限于壮年男性。部分只能以采药、畜牧为生的老龄群体或者女性劳动力则难以得到合适的发展机会。由于部分地区自然保护地社区原住居民对经济、管理知识和技能缺乏，组织化程度低，无法承担起自然保护地管理的全部重担，在与旅游公司等外来主体合作时所分担的发展机会也微乎其微。相对于政府及其他利益相关主体来说，原住居民通常处于被动发展的地位，其主动性往往被忽视。由于我国农村土地权属问题严重，资源使用权规定不明导致自然保护地与社区之间矛盾频发，例如太平洞社区与所在自然保护地之间的林地权属争议就引发了较大冲突。三是发展实践单一。相对固化的产业结构与边缘化的教育水平导致自然保护地社区居民世代靠输出资源为生，加之一些欠发达地区道路等基础设施建设仍然处于不完善水平，许多农户的销售方式仅仅停留在自行进城贩卖商品或是等待商贩来村里收购，而无论是哪一种交易方式，巨大的出行成本都将农户所获利润挤压到最低。这从根本上来说归咎于自然保护地社区低度化的产业结构、消费结构和交换结构以及低水平的社会流动。这种高度分散的发展实践方式使得自然保护地社区的自我发展和财富积累能力水平不足以抵御外部条件的变化风险。

（三）高度自治

我国历史上首次论及“自治”是在《三国志·魏志·毛介传》中：“用人如此，是天下自治，吾复何为哉。”在此译为“自我管理”。

现代汉语中的“自治”（self-rule）一词来源于希腊语“autonomia”，是指某一事物按照自身独有的意识、方法、程序和规则来管理自身。[1]自然保护地社区作为与自然保护地有着高度相关性的综合性特殊区域，具备经济完整性、发展共享性以及高度自治性的特征，其外在表现形式往往是由地缘性聚合为来源自发组织起来的或者由于国家行政区划而圈定起来的自我管理的社区共同体。前者也可以看作后者的历史溯源，由远古时期依水而居、临山而栖等依托自然生存资源为轴心聚集的社会居住团体发展到现代社会国家各类行政机制的基本单位，社区的自治属性始终是占有较大比重的。作为一类利益共同体，自然保护地社区所具备的共同意识取向以及其规模小、结构稳定、同质性强等特点决定了其发展方向与组织形式的相对趋同。例如西撒哈拉自然保护地以及瓜萨自然保护地中的社区就以本土情结为纽带，以保护居住地生态环境、抵御外来破坏者为目的，进行自我治理和自然保护地管理。自然保护地社区高度自治的体现在于以下三个方面。一是管理层面的自我治理。村民凭借对自然保护地生态环境以及自然资源的信息掌握优势制定出村规民约，有的地区形成了不成文的习惯法来进行自我管理，以防止自然保护地资源的过度、不合理开采。生态层面的社区自治是村民自治的政治延伸，既发挥了社区的邻里本质，又调动了居民作为社区主人的主动性。位于我国的广西崇左市扶绥县内的壮族村寨渠楠就探索出了一条以自然教育为发展方式、以习惯法及村民的共同监督为管理途径的自治体系。在屯委会与自然保护地林业部门的统一领导下，通过建立巡护队和相对完善的村民举报制度实现对生态破坏行为的管控，成效显著。2015—2018 年内共阻却捕鸟行为 27 起、盗伐珍贵林木行为 2 起，2019 年至今再未有类似行为出现。以常见自然保护地生态破坏源为依据，渠楠社区制定了四项村规民约：①未经允许，严禁外人进入保护小区界；②严禁捕猎打鸟，毁

[1] 何银娜．朝阳县乡镇行政管理与村民自治有效衔接研究 [D]. 大连：大连理工大学，2014．

林开荒，偷盗自然资源；③严禁在山脚下随意生火；④如有发现以上行为，可向自然保护地巡护队成员举报。[1] 二是决策层面的自我治理。部分社区通过民主化方式推选出村领导者和决策者领导参与区域建设与发展。这种自组织的合作性在自然保护地管理层面可以表现为具备一致目的性以及深层号召力的集体性参与。此举并非通过市场化手段加以推进，也并非利用传统法治压力加以实现，而是依靠原住居民原生的共同意识和高度伦理自觉来推动的。例如，江西婺源生态农业旅游区则通过召集举办村集体会议共同商讨社区旅游项目开展问题，并以民主表决为主要决策方式。三是服务层面的自我治理。自然保护地社区的集体性与村民的社会政治地位、权利与各项基本利益紧密相连。因此，村民的自我服务即包括创造社会性福利、守望相助，以及物质和精神层面的文明建设等内容。通常具备民间性、非营利性、自治性与差异性。这也是现代熟人社会邻里本质的又一体现，即通过邻里沟通加强社区居民的归属感与生活幸福感，进而提升其主人翁意识。不同自然保护地社区对所在地生态保护的共同意识内容的不同，也决定了其村风民俗引导方向的不同，但不论是对所在土地及附着资源的图腾崇拜还是世代营生性依赖都不同程度地促进了原住居民对自然保护地社区的归属与认同。上述提到的渠楠社区就是在非政府组织的帮助下开展社区自然体验服务以及自然教育课程，为村民提供有关生物多样性及保护的相关知识。村民内部组建发展出了儿童青草社、文艺队、木棉花班（自然导赏员）、生态农业先锋队等小团体，并以小团体形式参与自然教育活动。[2]

（四）社区文化

流淌在自然保护地价值体系内的核心构成资源除了生物多样性

[1] 庞国彧，丘琳，吴霜，等．协同培育视角下的乡村营建策略研究——以渠楠屯实践为例 [C]// 中国城市规划学会，杭州市人民政府．共享与品质——2018 中国城市规划年会论文集（18 乡村规划），中国建筑工业出版社，2018:11.

[2] 肖琪．渠楠人的“绿色生计”[N]. 中国环境报，2020-07-22（8）.

外，还存在着丰裕且多元的本土文化、信仰文化以及民族文化等。人类进步基金会研究报告《共同创造地球的未来》中提出了 7 项未来行动的原则，其中之一就是“多样性原则”。它指出：“多样性的文化是人类的共同财产，也是人类能够应对各种复杂情况，迎接各种挑战的力量和智慧的源泉，因此必须全力保存这种多样性。”[1] 自然保护地社区往往是这种多样性文化的高浓度附着区域。对土地资源的依赖、对自然神灵的信奉、对外宣传所秉持的文化定位以及民族归属感的世代传承使原住居民的血脉与所在土地紧密相连。受藏族文明“众生平等、万物有灵”思想的影响，三江源自然保护区社区秉承着敬畏、尊重自然以及人与自然和平共处的观念文化，并禁止一切破坏生态的行为。据调查，70% 以上的社区原住居民表示投身三江源环保事业的积极性较高。云南黎光村社区的居民尊奉“自然神灵”，认为万物皆为神明管束，甚至以自然资源名称作为村民的主要姓氏。此外，设立民族特有节日并以祈福仪式作为特殊庆祝方式，如傈僳族的立夏“臭水节”，流传资源利用的工艺经验、音乐作品以及习语俚语等，由此推动了资源的相对科学、可持续的利用。广西渠楠社区将白头叶猴作为主要的文化符号，利用自然教育的方式强调对其的保护。壮族传统文化与宗教体系也体现在社区对喀斯特石山林地资源的保护上，具体来说，各个村庄都会设立“风水林”作为自身福祉的占卜体，并以林地景观的健康状况作为主要指标。大面积的植树造林和精心保育使渠楠社区在水源涵养、防风固沙以及防止山体滑坡等方面起到了积极的生态服务功能作用，也为野生动物提供了更加广阔和优质的栖息地。这些以历史人文情怀、本土古老文明以及传统民俗为内容的社区文化丰富了自然保护地的含义，并在社区参与的过程中将生态保护与文化传承接轨且充分相融，而这正是自然保护地建设的价值所在。

---

[1]　何中华 . 从生物多样性到文化多样性 [J]. 东岳论丛 , 1999(4): 73–76.

第二节　社区功能的变迁

社会学功能理论代表人马琳诺夫斯基将功能的定义表述为某种事物或方法所发挥的有利效用。换句话说，功能也即对象能够满足主体需求的某种属性。结合社区的概念，可以将社区功能定义为社区对其居民、事务以及发展所产生的能够满足居民发展需求影响的作用。相较于社会而言，社区功能主要具有补强性、快捷性、福利性以及多元互动性的特点，即能够弥补社会功能缺位之处，组织体小而作用力强，能够聚集社区居民以及政府、非政府组织等多方主体的力量为居民提供获取跨度最低的功能发挥作用。而社区功能的变迁即由于年代、社会背景等变量之不同而促使社区性质和功能在一定程度上的变化，多数社区大规模变迁可能会导致对社区成员甚至全社会结构造成影响。

自从我国政治体制改革愈发完善以及社会主义市场经济体制建立以来，我国的社会结构经历了巨大变迁，社会形态逐渐由传统式过渡为现代式，社区成员对其的依赖度逐渐加强，社区的重要性不断加强，并最终演变为成员安身立命的重要依托以及完成社会整合的基础单元。从宏观上梳理社区发展，大体可以分为以下三个阶段：一是前工业社会时期，此时社区处于传统孕育阶段。由原始社区通过自然演进、生存纽带、血缘与地缘关系以及共同利益等因素联结各成员。二是重建阶段。原始社区与族群的天然纽带很快被工业化和城市化进程所稀释。随着市场化的普及，社区建设开始追求福利待遇以及社会救助，因此该阶段的社区建设主要以政府为主导。如社区睦邻组织运动等。三是自 20 世纪 90 年代起逐步推行的居民自治阶段。该阶段的社区建设通常由政府同民间组织以及互助合作组织等合作调动社区成员参与社区自治建设的积极性、责任感与主动性。最终做到自我管理、自我服务、自我监督，并使社区功能逐步发展为集政治、经济、文化、社会保障和为民服务于一身的完整范畴。

一、经济功能的变迁

社区的经济功能主要是指其在社会经济发展过程中所发挥的功能。社区作为社区经济功能发挥的实体内核，主要指在一定地域内，将社区成员作为服务和组织的主要个体，通过调动一切有效资源，并科学运用灵活、丰富的运行机制以完成资源的配置，以社区成员福利最大化为主要目的推进的有关利益与成本计算的全部行动。[1]社区经济的发展能够直接推动其所有成员的工作、生活质量，满足其日常所需。社区经济是一种优质资源配置方式，它以社区为中心，打造出一种以服务业为主的崭新生产方式。这种资源配置的结果是经济要素的统一集合，并系统化为能够创造就业、提高居民生活水平的利益共同体。

由于社区场景天生具备社交的属性，较容易建立和维护团体关系。因此，社区对市场需求较为容易地具备天然地理优势以及超强经济关联。社区的经济功能主要体现为：首先，社区组织以直接的方式通过多样化形式参与、推动社区经济发展；其次，社区通过发挥其政治、文化、服务以及社会保障等功能间接推动经济建设，创造出有利于发展的外部环境。理论及实践皆表明，社区共同体的发展与经济水平紧密相连。因此，社区经济作为社会经济的基本单元，其发展与人民幸福和美好生活的创造有着最直接的联系。

在计划经济时期，我国大面积实施的生产体制主要表现为“政社合一、政企合一”。随之应运而生的是以“单位”为基本单元的“单位社区”经济类型，加速了国有、集体经济的发展。同时，此时的单位承担着生产单元、生活单元以及社会分配与管理单元三重身份，并被不同程度地赋予了行政级别的身份色彩，成为政治管理的延伸与载体。随着社会主义市场经济的建立，各类市场主体活力被激发，私营

---

[1]　柯红波 . 走向和谐“生活共同体”: 城市化进程中的社区分类管理研究——以杭州市江干区为例 [M]. 杭州 : 浙江工商大学出版社 , 2013:197.

经济飞速发展，城乡结构迎来了根本性的变革。与政治户籍以及行政身份等紧密联系的单位社区经济模式逐渐被瓦解，社区经济转型为以契约精神和利益衡量为导向的新型阶层分化机制，并体现出“还经济于市场、还社会于社区”的经济发展趋势。在社区管理机构的配合和带动下，社区居民的服务意识、风险意识、竞争意识和市场意识被充分调动和发展起来，开放式的社区经济得以繁荣。此外，国企改革必然会带来涉及产业结构、经济结构以及组织结构等方面的矛盾，社区作为社会的基础单元，必然是上述矛盾的集中地和外发地，因此，及时有效地处理和化解矛盾对维护社区稳定以及社会安定起着重要的作用。社区经济功能的转型为市场经济的有效、全面推进提供了必要载体，为进一步的经济体制创新开拓了广阔空间。

二、社会功能的变迁

社区的社会功能是指其作为社会系统的基础单元所具有的在整合、交流、导向以及继承发展方面的功效和作用。社会生活的组织结构以及生活方式等各方面表现都会在社区单位中最先暴露出来，以城市社区为例，其主要发挥着以下四项社会整合功能：一是满足人们日常生活需求。社区作为基础设施集中程度最高的社会组织，以多种类服务设施的建设以及专业化、分工详细的社区服务满足居民日常生活的各项需求。其中包括面向不同群体如残障人士、老幼及优抚对象所提供的涉及文化、安保、社会保障、家政教育和环保等多样化内容的社区服务体系。社区组织通过举办丰富多彩的社区活动，提升了社区成员的生活质量，创造出优美宜居、安全舒适的生活环境，从而加深对“社区共同体”观念的依赖情结以及认同感。二是落实居民广泛的社会参与意愿。我国实行的基层群众自治制度是以人为本的体现，居民委员会以及社区业主委员会组织的设立有效调动了居民广泛参与公共事务的积极性和主动性。市民学校、老年大学、社区读书会、社区联谊会等兴趣团体和有益活动的建立促进了社区交往良好的人际氛围，增强了居民的归属感、参与感及当家作主的积极性，最终推动社区成员对公共事务的自觉守护。三是提供人们开展社会互助的渠道。通过孕育社区公益性福利机构为邻里互助提供具有公信力和感染力的公开平台，并由此吸引和整合志愿者团队以及专业人士等社会资源提供协助，真正实现社区生活中难有所求、困有所助、贫有所济的和谐健康的道德环境。四是推动居民实现社会化的协调功能。作为个体与社会产生交互作用的最原始单位，居民广泛而频繁地参与社区所举办的各项社会活动的过程，并在这个过程中将社会道德、行为范式内化于心，形成一种共同的群体价值。社区组织可以有效优化居民的社会参与途径，以地域及文化优势创造多样化和社会化的社会参与网格结构，从而促进居民实施民主管理、民主监督和民主决策，推动社区“自然人”转变为“社会人”。此外，社区管理组织可以推动制定规范社区秩序、调整成员关系的规范制度，并以自治的权限规制越轨者、确定容忍边界，发挥以自主参与和自觉认同为特征、以基层自治为根基的社会整合功能。[1]

20 世纪 90 年代以来，市场经济体制的建立和发展推动了社会分工的细化以及社会组织功能的进步，社会福利设施及保障手段种类日益繁多，社区的社会功能也由高度集中的行政职能演变为具备公益及互益性、高效多彩的社会化、精准化、特色化组织职能。以志愿者组织、各类行业协会、社区自治组织为代表的新型社会化组织应运而生，辅以更加高效、专业的方式满足社区居民在逐渐成为“社会人”的进程中日益增长的对物质和文化的各类需求。随着科技的发展、居民社会化进程不断加深以及参与社会活动的组织形式不断创新，社区中的群众性组织以及社区社会功能的种类也必定会不断拓展。

[1] 万仁德．转型期城市社区功能变迁与社区制度创新 [J]. 华中师范大学学报（人文社会科学版），2002(5): 33-36.

三、生态功能的变迁

古语有云："靠山吃山、靠水吃水。"这种直白的表达背后蕴含着自古以来社区对生态资源的依存、依赖与利用。居民的生产与生活都离不开周边生态环境所供应的资源要素，并在世世代代与自然相处经验的共享与传承中归纳出一整套社区实现生态利益、创造生态价值的规则体系。早在1948年，联合国出于促进世界经济整体发展的目的，强调贫困地区的经济进步应当同全社会发展相同步。1952年，联合国经济社会理事会为了增强社区凝聚力、激发社区经济活力，出台了"社区开发计划"方针，充分动员了社区居民的积极参与。1955年，联合国出台《通过社区发展促进社会进步》专题报告，强调发展经济的最终目标在于培养和带动内部成员积极参与社区及社会建设，并调动其创造性以协助政府发展经济。1960年以后，世界范围内重大环境公害事件多频发生，人类的生存本能以及环境危机的逼近驱使人们逐渐意识到生态保护与资源有序利用的重要性并开始反思自身与自然界相处的协调性问题。但生态问题与工业化、市场化进程息息相关，信息不对称使得仅凭政府管制无法高效落实治理目标。因此，社区本身所具有的本土性与延伸性优势使其能够充分发挥其生态功能。作为政府和市场治理环境的补充力量，社区力量汇集各生态主体的智慧及能力，将治理触手伸进社区服务等相关范畴。实践结果表明，社区组织能够充分落实生态文明建设号召、调动居民广泛参与社区环境整治、如实施"干部包区域、党员包大街、巷长包胡同"三包措施等制度不仅丰富了居民的业余活动，还创造了社区门前的"绿水青山"。可以说，社区所发挥的功能在环境与资源保护领域可以同宏观调控手段、市场运行手段相提并论。正如早在1963年联合国报告中就有所强调的："可以广泛认可的是，社区对国家战略目标的达成具有显著的促进作用。"

自然保护地的设立本质上来讲是"先污染、后治理"背景下实施的"抢救式"保护行为，自然保护地社区自身所具有的生态保护功能往往得不到有效发挥。这源于我国许多自然保护地都采取一种以行政手段为核心、自上而下的、封闭式和强制性的管理体制，并且政府通常将自然保护地社区视为对立势力，认为自然保护地社区居民是自然保护地的资源不可持续利用的直接破坏者而将其排除在自然保护地体系之外。实际上，受“靠山吃山”的传统观念影响，自然保护地居民的生计维持需要进行资源采伐。“乱砍滥伐”现象屡禁不止主要源于原住居民文化观念的落后以及替代经济来源缺失两方面的因素。这种因素可以通过社区规约治理以及生态教育等方式进行消退。另一层面，自然保护地社区居民在资源分布、物种识别、乡土知识以及适应性方面都具备天然优势。能够比外来干预者掌握更多信息，有的地区的村民甚至可以与野生动物进行良性沟通，并熟知各种类动植物的生活习性、濒危程度。例如，2014 年中国水电顾问集团新平开发有限公司在已经通过环境影响评价的前提下修筑戛洒江一级水电站建设项目，却在数年后由调研学生从当地居民处得知，水电站淹没区实际上位于国家一级保护动物——中国原生孔雀绿孔雀的最后一片完整栖息地。此外，上千株极危珍稀植物陈氏苏铁、国家二级保护植物千果榄仁、红椿、多种兰科植物等资源分布的调查都是在当地居民的协助下完成的。愈来愈多的实践表明，仅以法律规范来约束和管理自然保护地的成效并不乐观，有效地调动自然保护地社区居民的配合与帮助往往事半功倍、成效显著。诸如此种基于政府主导的自然保护管理实践总结出的一系列包含社区参与在内的自然保护与资源管理理论，其核心理念在于强调自然保护地社区原住居民与保护事业的相关性，并提倡人性化的互动管理。自然保护地与社区紧密相关，必须将社区囊括进自然保护地的规划之中，让自然保护地社区参与进自然保护地的管理和建设之中。

四、自然保护地建立对社区功能变迁的影响

自然保护地的建设是一个系统工程，通常包括生态保育、生态保

育支撑建设以及社区基础设施建设等部分。由此看出，自然保护地与社区之间是高度相关、对立统一的关系。在自然保护地建立初期，这些附随的基础设施建设也给农牧民的生产生活上带来了快捷和便利。如我国三江源自然保护区建立之初，就通过争取国家财政项目投资以修复保护区河道、整治矿山、植树育林、回填表土等，不仅为自然保护地生态功能之发挥创造了适宜条件，也为社区居民的日常生活带来了便利福祉。有的地区为了自然保护地核心区的生态恢复，政府会通过生态移民、易地搬迁等方式减少人类活动对自然系统的影响。移民措施使居民在国家资金的保障下得以寻觅更加宜居和发达的家园，但有时也会因补偿措施落实不到位导致其社会权益的受损。建立中后期，自然保护地社区的生态功能被迅速放大，随之带来的是社区政治功能的强化和教育功能的有效发挥，如制定更加严格和密集的村规律令。自然保护地建立改变了社区的生产生活方式，进而带来其思维方式的转变，这种转变是社区教育功能发挥下的观念主动转型。法律的预测、教育和指引作用之发挥使以贩卖林木营生的社区居民开始规束自己的行为，违法成本的提高以及人性的避害本质使居民的生态观念被动转型。这种转变带来的通常是生态效益的递增以及居民经济权益的减损。为维护自然保护地的生物多样性，许多自然保护地全面禁止资源的开发利用，对于依赖保护区所在土地维持生计的周边社区来说，便是被切断了经济来源。而我国自然保护地大多与社区呈交错状分布，农田、房屋、畜牧地与集体山林都与保护区存在或多或少的交织，有的自然保护地社区原住居民就居住在自然保护地的核心区域。建立自然保护地使原住居民必须改变其采药、伐木等传统生活及生产方式，进而阻碍社区经济的发展，使社区居民贫困度增强。另外，由于地处偏远、交通不便，许多村民的文化和技术水平较低，使之短时间内无法找到替代工作机会。因此，自然保护地的生态效益在负影响上引发的是原住居民的贫困化。具体来说，自然保护地建立对社区功能变迁的影响有以下几个方面：

（一）生态功能强化

建立自然保护地体系对于推动和实现生物多样性就地保护、执行落实“2020年全球生物多样性目标”(简称“爱知目标”)有着重大作用。而自然保护地只有在有效管理的前提下才能发挥其环境效益、社会效益和经济效益，其有效性主要表现为管理有效性、保护成效、连通性三个方面，以此来判断自然保护地在多大程度上实现了当初预期的保护目标。[1]我国自保护地体系建立以来先后出台了《中华人民共和国自然保护区条例》《风景名胜区条例》等多部法律法规以促进管理有效性的实现，且管控面不断扩大，违法处罚力度不断增强。[2]除此之外，生态工程建设的大量实施、人地和谐的宣传教育、生态破坏事件的威胁警示等都推进自然保护地社区生态功能的进一步强化。从“三江源区民众参与环境保护的意愿”调查中可以看到，大多数被调查者都愿意参与三江源生态环境保护活动，其中很愿意的247人，占调查人数的28.16%；愿意的432人，占调查人数的49.26%。[3]另一方面，通过推沙填坑、封育围栏，天然林保护和人工林种植等生态项目的落实，社区享受自然保护地生态系统服务程度越来越高，在此条件下向下传递的生态功能价值也随之增加，包括供给功能、调节功能、文化服务功能等功能价值。部分地区实施的生态移民政策也使社区发挥调整和优化生态系统之功能，一方面减轻自然保护地承载压力、加速自然恢复效率，另一方面移民安置工程为居民带来更好的基础设施、转变生

---

[1] 王伟，李俊生．中国生物多样性就地保护成效与展望[J]．生物多样性，2021，29(2)：133-149.

[2] 《中华人民共和国自然保护区条例》（2017年修订）第三十五条：违反本条例规定，在自然保护区进行砍伐、放牧、狩猎、捕捞、采药、开垦、烧荒、开矿、采石、挖沙等活动的单位和个人，除可以依照有关法律、行政法规规定给予处罚的以外，由县级以上人民政府有关自然保护区行政主管部门或者其授权的自然保护区管理机构没收违法所得，责令停止违法行为，限期恢复原状或者采取其他补救措施；对自然保护区造成破坏的，可以处以300元以上1万元以下的罚款；《风景名胜区条例》（2016修订）第二十四条：风景名胜区内的景观和自然环境，应当根据可持续发展的原则，严格保护，不得破坏或者随意改变。

[3] 张立，等．三江源自然保护区生态保护立法问题研究[M]．北京：中国政法大学出版社，2014:41.

活方式，缓解贫困化问题，实现了生态效益和社会效益的双收局面。

（二）政治功能民主性不强

党的十六届三中全会提出“以人为本”，作为科学发展观的核心内核，这是为了改变旧有的盲目唯经济中心主义的短视发展观而提出的可持续发展理念。以人为本，就是要将“人”这一主体作为社会一切活动的成功资本，不仅是在经济活动中，在对生态效益的追求中也不应忽视人民主体的权益。其中，政治权益是指我国宪法所分配给社区公民所应拥有的政治方面的各项权利及相关利益，主要包括参政权、决策权、知情权以及在国家中的政治地位，包括结社权、选举权等。政府作为公共利益的代表应当合理利用执政手段保障居民权益的落实，促进人地关系和谐发展，而非借其强势地位以地方经济发展为借口侵害居民政治权益。往往在从提议到批准建立自然保护地的过程中，自上而下的政治模式使组织者通常忽视社区居民的知情权与参与权，无视对社会影响的评估，无视对产权问题的明确。导致自然保护地社区政治功能难以得到有效发挥。此外，自然保护地管理组织往往存在人员资质和培训背景不够、能力经验不足、态度简单粗暴、决策缺乏听证程序等问题，从而导致自然保护地与自然保护地社区之间缺乏平等协商和良性沟通，安抚与搬迁工作问题频发，原住居民相关利益及基本权利无法得到切实保障。许多原住居民对自然保护地的生态价值以及建设情况全然不知，只晓得自己已被排除在家乡之外，不能进山采药，不能种田放牧，社区信息传递与促进民主参与的功能难以落实。

（三）经济功能弱化

1. 对社区居民土地权的保障缺位

自然保护地体系是全球生态质量恶化背景下建立的带有“抢救式”意味的滞后性措施，时间的紧迫性使得土地权属问题得不到优先解决，我国《宪法》第十条赋予农村集体的土地所有权以及村民的土地使用权因自然保护地的建立而被限制甚至剥夺。[1]1992年，草海自然保护区晋级为国家级自然保护区，为扩大草海的水域面积，淹没了附近社区农民的田地，自然保护区的管理水平较20世纪80年代中期有了很大的提升，反盗猎的力度也空前加大，也因此形成了草海自然保护区与农民新的冲突。土地权属混乱主要会带来以下两方面的现实困境：一是此社区与彼社区间的利益争夺；二是社区与政府间的权属冲突。这种困境会进而演变成“公地悲剧”和“搭便车”问题。经济学家指出，由于公共财产产权界定不清，每个使用者都会极力追求个人利润最大化，导致公共财产被过度使用。[2]社区作为社会经济发展的基础单元，其经济功能的调整弱力会进而引发社会生态环境所有权的模糊化，降低社区居民参与自然保护地保护的积极性，进而产生大规模的经济问题和生态问题。

2. 对原住居民资源使用权落实不足

自然保护地社区的原住居民世代依赖于其脚下的土地和头顶的森林从事生产和维持生计，主要类型包括动植物资源、土地资源以及景观资源等。纵观我国所建立的河北小五台山国家级自然保护区、江苏盐城湿地珍禽国家级自然保护区、山西五鹿山国家级自然保护区等自然保护地的共同特点，自然保护地的建立通常会选取资源丰富、物种多样、自然状态原始却面临生态破坏边缘的地区，也就是说管理组织必须全面禁止资源开取、停止生产经营活动以保护生态，这在我国2019年修订的《森林法》以及2017年修订的《中华人民共和国自然保护区条例》中都有所体现。[3]例如，在云南大山包黑颈鹤自然保护地内，有几个村庄就位于该自然保护地的核心地带，居民的生产生活的物质资源主要来源于自然保护地的自然资源，村民们通过开垦那些

---

[1]　《中华人民共和国宪法》第十条：城市的土地属于国家所有。农村和城市郊区的土地，除由法律规定属于国家所有的以外，属于集体所有；宅基地和自留地、自留山，也属于集体所有。

[2]　张立，等．三江源自然保护区生态保护立法问题研究[M]．北京：中国政法大学出版社，2014:99.

[3]　《森林法》第五十五条规定：自然保护区的林木，禁止采伐；《中华人民共和国自然保护区条例》第二十六条：禁止在自然保护区内进行砍伐、放牧、狩猎、捕捞、采药、开垦、烧荒、开矿、采石、挖沙等活动。

位置较好的草甸地区以及在大山包的草甸放牧以维持生计，自从大山包成了国家级自然保护地并成立了专门的自然保护局后，村民们的生产生活等活动受到了严格的限制甚至禁止。那么，如何平衡保障原住居民权益和维护生态安全之间的关系成为首先需要解决的问题。另外，许多地区的自然保护地与社区矛盾激化，一方面，原住居民因丧失土地及山林使用权而生活困窘，因缺乏沟通及有效教育而丧失对生态保护工程的理解与肯定；另一方面，自然保护地为了发展旅游等附属产业又披着合法外衣砍伐必要数量的树木以修建民宿、餐馆等基础设施，对自然保护地社区原住居民的补偿或就业岗位的提供安排不到位，最终导致二者间矛盾的加剧。

3. 无视发展权及经营收益权被侵占问题

根据我国《森林法》第二十条之相关规定，农村居民在其房前屋后、自留山、自留地上所种植的林木归个人所有。作为农村集体经济组织成员，也作为山林承包户，社区居民对自留山和责任山所植林木理应享有经营权、流转权和收益权。但自然保护区的划定使得保护区管理组织侵占了部分农民所有的或集体所有的资源，导致社区无法解决农户收益权丧失，生产发展权受限，生活来源被切断等问题。而由于大部分自然保护地社区居民长期以来发展方式单一、对资源依赖度高，导致其可替代性发展方式不足、经济转型难度较大。例如，太白山自然保护区自古就有“太白山中无闲草”的说法，是我国西部药用植物最重要的分布地，其中有食用和药用真菌 22 科 55 属、92 种、2 变种，如野生食用菌类、各类野菜和食用植物枝叶等。山林归农民经营管理时，这些资源都可以进行养殖栽培，成为农民生产生活和经济收入的来源，山林划入自然保护区，这些资源都被禁止采集，导致农民经济来源被切断，增加社区的贫困化程度。

4. 社会功能缺失

在自然保护地建立以前，自然保护地社区原住居民通常以经营和管护土地、山林为业，自然保护区的覆盖使其被排除在原来的“工作场所”之外，失去了林地就丧失了在该片林地上所产生的劳动就业权，并因此剥夺了农户的生活保障。护林员、园林管护员等自然保护地能提供的就业岗位十分有限且对年龄、体力等劳动条件要求较多，无法满足所有原住居民的就业需求，促使其为了谋求生计而不得不进城务工。由于部分地方政府就业政策失衡，进城务工人员就业权利得不到肯定和保障。而进城务工人员自身法律意识较为淡薄，他们还经常面临被拖欠工资的风险。加上许多进城务工人员岗位缺乏稳定性，经常调动工作，也很难有足够的资本和知识能够自主创业。种种困境使进城务工人员群体在劳动力市场当中的地位越来越趋于边缘化。

5. 社会福利及生态补偿落实不到位

我国《自然保护区条例》第二十七条对政府予以妥善安置自然保护地迁出居民的义务。但条文规定的宏观性与概括性使得实践中对原住居民的安置与补偿难以得到合理化落实或是滞后严重。按照规定，国家给予的资金补助仅用于自然保护区建设，自然保护地社区原住居民的安置和生态补偿的责任主体为地方政府。在缺乏专项资金支持的情况下，地方政府试图将对自然保护地社区原住居民的安置和生态补偿责任转嫁给自然保护区的管理机构，加剧了自然保护区社区原住居民和自然保护区管理机构之间的冲突。通常情况下，自然保护地会联结当地政府运用行政权力征用自然保护地社区原住居民的土地和山林，从而提供公共产品、加强社会保障水平。山林资源原本承担着原住居民全部生活保障的角色，金钱替代给付作为征收补偿往往本就具有暂时性，他们需要承担成为“无田、无岗、无社保”三无人群的生活风险。但为了生态效益和社会整体发展而愿意接受这种带有妥协性的经济补偿时，许多村民仍然要面临落实不到位、不完全的困境。营生负担加之自身的机会主义思想使部分人继续冒险实施盗伐、偷采行为，一旦被发现，所应承担的行政处罚等更加重了其家庭的经济负担。在对三江源保护区“退耕还林还草以及生态移民政策对农牧民的影响”

的调查中，37.2% 的样本对象认为对自己的实际收入产生了负面影响，自然保护地内经济发展与生态建设冲突严重。[1] 社区功能的内核即是对居民权益的认可与保障，而这种权益保障并非社区管理组织凭空臆想而生的，其需要法律规范予以表达，以转变为安全、可预测的保障。由于自然保护地立法体系的不健全以及政策落实的缺陷，使得社区社会保障功能发挥效果不佳。

第三节　自然保护地社区的功能定位——一个特殊的经济区

一、特殊经济区模式的提出及发展进程

作为商品经济的产物，在全球经济进步、国际经济贸易、科技与国际分工的不断演进过程中，各类特殊经济区逐渐形成和发展起来的。所谓特殊经济区即是一国为实现特定的引进技术、吸收外资、发展经济等目的，于一定范围之内所设立的实行灵活措施及特殊政策的经济性区域。广义的特殊经济区还包括跨国经济特殊区域。我国目前所设立的特殊经济区主要包括经济特区、高新技术产业开发区、保税港区、综合保税区与自由贸易区、旅游度假区和国家新区等。由于各国社会历史及自然条件不尽相同，其之间产业结构与经济发展程度的差异直接影响了各国设立特殊经济区的具体目的，因此在许多国家中，特殊经济区还有着不同称谓，如科学工业园区、旅游区、自由港、自由工业区、投资促进区、保税仓库区以及自由边境区等。[2]

我国的经济特区是市场化改革的重要地理载体，是由改革开放

---

[1]　张立，等．三江源自然保护区生态保护立法问题研究 [M]. 北京：中国政法大学出版社，2014:38.

[2]　李诒卓．广东对外加工装配业务十年回顾 [J]. 国际经济合作，1991(6): 29–30.

时期的现有市场制度信息与原有计划经济体制之间发生碰撞孕育而生的。这种新生体制与固有经济基础的高度不兼容性是诱发改革发生以及加速改革进程的原始动因。而特殊经济区即是在其改革进程中承载着计划经济转型为市场经济的制度试验田，其独特性在于在对外经济贸易之中实施特殊于其他地区的开放政策，从而拥有先于一般区域实行市场经济制度的先天优势。而我国经济特区的成功实践证明制度转换可以产生制度替代效应。40 多年前，我国经济面临制度落后、资本匮乏、市场活性不足三大困境。经过充足的调研准备，1979 年 7 月，中共中央、国务院批准了福建、广东两省的省委委员会关于“在对外经济活动中实行特殊政策和灵活措施”的报告，并决定率先在珠海和深圳某些地区试点建立出口特区，试点有所成效后，再计划在厦门、汕头设立特区。[1] 这种试点就是一种“先破后立”和“先试后闯”的过程，经济特区为资本要素以及有效的经济制度供给困境提供了一种开放策略，通过打造制度条件——建立市场化企业——特区功能转型三步走，进而通过先富带动后富、以经济特区之“点”带动沿岸地区之“线”，再辐射内陆之“面”，最终实现共同富裕的路径完成“渐进式”改革开放的伟大目标，形成全方位、宽领域、多层次的对外开放格局。

特别经济区主要具备以下特点：一是目的性。政府通过自上而下的推动力使市场制度的信息内化为一种新经济制度，主要目的在于搞活经济。不论是发达国家还是发展中国家都是为了经济发展而设立经济特区。二是区域选取的特殊性。从 20 世纪 80 年代我国建立的首批经济特区来看，珠海、汕头、深圳和厦门皆位于我国东南沿海对外贸易门户区，并且各自之间都具备明确的合作指向性：深圳紧靠香港、珠海毗邻澳门、厦门与台湾遥望、汕头衔接众多潮汕移民的海外地区。精准而科学的地理空间选址是我国特殊经济区取得“开门红”的关键

[1] 李文蔚 . 华南地区集装箱港口布局规划与区域经济发展协调研究 [D]. 天津：天津大学 ,2004 .

条件之一。此外，经济特区与一般区域的地理界限往往十分明确，部分地区设立关卡或屏障以保持其独立性。三是具有政策特殊性。传统经济制度是资本和市场的制度藩篱，习近平总书记指出，改革开放 40 多年的实践启示我们：制度是关系党和国家事业发展的根本性、全局性、稳定性、长期性问题。制度的改变不仅仅是指改革计划经济制度下的不合理部分，更是一种新的经济制度即市场制度的建立。[1] 经济学家库兹涅茨也曾强调制度对于一国经济增长的正向作用，包括政治与法律制度、经济结构政策以及经济体制等。我国经济特区所实行的不同于一般区域的特殊政策，其核心内容就在于为了引进外资和优化经营、克服资本与市场问题。四是经济开放性。市场制度具备财富效率的根本因素在于市场经济体制的竞争属性，而自由的企业和开放的贸易是竞争活力的主体因素。经济特区的开放发展范式提供了市场制度运行的基本前提，也为先进经验的流入敞开了大门。随着 2000 年以后喀什、舟山等特殊经济区以及成渝城乡统筹发展试验区等的设立，我国特殊经济区所具备的政策功能也越来越具有开放性。其合作对象不再具有专门指向性，且各个特区开始呈现出多样化问题导向，如成渝全国统筹城乡综合配套改革试验区主要以城乡统筹发展为原则，武汉、长沙 - 株洲 - 湘潭试验区侧重以资源协调发展为导向等等。

二、自然保护地社区作为特殊经济区模式的提出

（一）必要性

与我国提出并建立的特殊经济区相较而言，自然保护地社区是可以作为以建设生态经济为中心并在国家特殊政策的支持下被赋予具备一种探索性、实验性以及成果辐射性的经济发展方式的区域，可以作为在试点及改革进程中承载着将原有的粗放式经济发展方式转型为生

[1] 袁易明，袁竑源．经济特区成为中国新经济制度的“拓荒者”[J]. 中国经济特区研究，2020(0): 8–14.

态、绿色、环境友好型的现代化经济发展方式的制度试验田。并且这种经济定位的转型发展是具有必要性的。通过充分发挥自然保护地社区在地理位置、发展方式、政策导向、发展目的等的特殊优势，以实行一种有别于其他区域的环境保护政策，并以试点自然保护地社区之“点”带动同流域/区域自然保护地社区之“面”，最终实现全国自然保护地社区经济新发展之渐进式生态经济改革。自然保护地社区可以看作是一类特殊的经济区，并在较大程度上契合前文所述的特殊经济区之特征，这种自身具备的特殊性以及自然保护地生态环境的亟须保护、人地矛盾的亟须调和决定了自然保护地社区以特殊经济区模式发展之必要。

一是目的特殊性。即自然保护地的建立具备特殊的推动生态保育与经济发展的高度辩证结合之目的。将自然保护地社区原住居民与生态环境之依存关系与代际传承关系纳入考量而非排斥在外。打造社区“造血”与“血液循环”功能，通过打造特色文化与生态旅游项目、创新环境友好型经济发展新模式，以激发更高的社区原生文化辐射效应，维护自然保护地生态效益和遗产遗迹完整性，促使人地关系和谐，推进地区共生、共建、共赢，实现可持续发展。这种绿色社区经济既舒缓了自然保护地建设引发原住居民贫困化的难题、提升其物质和非物质生活质素，还为社区经济在精神层面的生活意义与劳动价值增墨添彩。这与我国提出并建立的以广东、福建两省为代表的特殊经济区有异曲同工之妙，即在经济活动中实行特殊政策和灵活措施，以实验一种以特殊目的为发展方向的新型的经济发展模式，当时是致力于推进市场经济建设，而自然保护地社区则是探索生态经济的建设。

二是区域选取的特殊性。自然保护地社区本身所具有的地域性特征及空间属性决定了其作为特殊经济区的选址标准。发展生态经济，周边及内源的生态要素是不可或缺的组成要素。如前文所述，自然保护地社区是位于自然保护地分布区辐射圈内（包括自然保护地周边及内部）的社区所在。这种地理上的直接或间接联系决定了自然保护地社区发展生态经济的区位优势，即自然保护地所提供的资源获取便捷性、由自然保护地价值定位所衍生的文化吸引力、由生态质量之严峻形势倒逼相关经济圈转变发展方式之必要性，由此赋予自然保护地社区以特定的区域功能，践行区域功能耦合资源优化配置以打造社区以绿色生态经济发展为中心的多功能综合产业区域。也就是说，无论这种生态经济采取何种创新发展方式，其都无可避免地保留着与农村文明不可割裂的历史地理相关性，且生态保护之目的是不可缺失的考量因子。

三是政策特殊性。2013 年，我国首次使用“保护地友好”一词来描述一种尊重和维护生态系统承载力与自净力、通过运用生态经济学原理与系统工程之建构视角以提高资源利用效率及利用充分率、最终推进自然保护地社区经济发展绿色转型的新的人类生态相处观。2019 年，我国《关于建立以国家公园为主体的自然保护地体系的指导意见(中办发〔2019〕42 号)》再次强调生态为民与全民共享机制的探索。[1] 在地方层面，2020 年黑龙江省政府常务会议公布《黑龙江自然保护地整合优化预案》，提出自然保护地整合优化要兼顾地方发展，并且遵循自然资源部和原国家林草局 71 号函的精神，在整合规划中为地方经济发展预留空间。从我国涉自然保护地及自然保护地社区相关政策的发展进程来看，我国对自然保护地这一综合性系统的建设已经逐渐从单纯强调空间规划与游憩开发到注重保护生态环境同心圆与区域经济发展同心圆耦合的思路转变，在此过程中，流淌着生态经济伦理观的萌生、充实与成熟。

四是经济发展方式的特殊性。以保护倒逼转型是合理回应社区发展期望的最佳途径。作为特殊经济区的经济发展方式应当是独创的、探索的、与农村文明息息相关的，主要表现为在自然保护地社区内部培养新的经济增长点。如适度发展自然体验、开发生态商品、生态友

---

[1] 中办国办印发《关于建立以国家公园为主体的自然保护地体系的指导意见》[J]. 绿色中国，2019(12): 26–32.

好型畜牧业、生态文旅等，而非仅仅局限于传统的种植畜牧、初级资源产品贩卖等。这些新型经济载体可以统称为生态经济的产物。生态经济主要通过寻求经济发展与生态建设同步发展，实现在经济腾飞中保护环境、在物质和精神文明共同发展中关爱自然，最终达到自然生态与人类生态的高度统一。[1] 具有时间维度的长期发展性、空间维度的共建共享性以及利用方式上的高效低耗的特点。这种生态产业化与产业生态化的具体实践方式已经在地方实践中积累了许多成功经验。如“雨林联盟认证产品”、“鸟类友好认证标准”、山水伙伴打造的熊猫森林蜜品牌、三江源河谷农业区等。三江源国家公园还实行了“一户一岗”政策，鼓励政府购买社区居民的保护服务。另外，近年来不少学者提出“环境保护地役权”的新概念、加之生态补偿、生态服务付费等旧制度，都可以为社区经济提供多样化的生态经济发展新路径。另外，还在各地方广泛试点中收集实践经验、汇集有益成果，所谓“摸着石头过河”，即在实践中为自然保护地社区经济制度孕育提供原真性和完整性评估。

（二）可行性

为了明确自然保护地社区的地位、规范生态经济的建设与管理，各国已经构建有较为体系化的法律法规结构。我国各地方为配合试点工作有效实施，也纷纷出台了地方性法规予以规范。我国自 20 世纪就开始着力发展自然保护地社区经济，在 30 年的地方试点进程中已经有足够的经验和成果显现出来。通过学者们的田野调查发现，我国大部分自然保护地社区民众对社区经济发展的愿望较为强烈，在接受自然保护地生态教育以及长期环保宣传的耳濡目染之下对生态保育举措接受度有大幅提升。改革之有效性以及制度运行之流畅性需要以广泛的民意基础为支撑，符合最大多数人利益的法才可称之为良法。在

---

[1] 刘涵 . 习近平生态文明思想研究 [D]. 长沙：湖南师范大学，2020 .

物质及科研基础层面，“十四五”期间，我国对生态经济的重视程度进一步提升，生态建设投入力度不断加大。电商交易平台与物流技术的飞速发展为乡村特色产品打通了销路、有效缩减了运输费成本。我国自然保护地社区作为特殊经济区模式之运行已经具备了一定制度基础、民意基础、物质基础以及试点调研基础。

1. 制度基础

我国关于自然保护地立法之体系框架已经初见眉目，但是对自然保护地社区之经济发展的法律规范还在萌芽时期，多散见于地方性立法部分条文中。虽没有单行立法，这些地方性试点所设立的法律法规体系以及相关政策已经为全国自然保护地社区探索特殊经济发展模式提供了积极参照、奠定了制度基础。从第一层面来讲，以落实生态补偿和扶贫工作为主线国家主要从野生动物禁食后的补偿工作、林草扶贫工作以及特色产业发展等维度进行展开，主要成果见表 3–2。从第二层面制度确定生态发展原则来讲，各地方立法为配合自然保护地社区生态经济发展试点工程顺利实施，以原则规定的方式从宏观整体维度加以引导，主要规范见表 3–3。

表 3–2　2020 年度以落实生态补偿和扶贫工作为主线的重要工作成果

序号	名称	主要成果	牵头单位	主要配合单位
1	野生动物禁食后续工作平稳有序	认真落实全国人大常委会《决定》，对 42 424 家养殖户落实补偿工作，补偿到位率达 100%	动植物司	办公室、规财司、服务局、各专员办、中动协
2	林业草原生态扶贫任务基本完成	选聘 110.2 万名生态护林员，带动 300 多万贫困人口脱贫增收。扎实推进生态补偿扶贫、国土绿化扶贫、生态产业扶贫，带动 2000 多万贫困人口脱贫增收	规财司	发改司、科技司、人事司、服务局、经研中心、规划院、中南院、西北院、林科院
3	油茶、竹产业发展迅速	出台《关于科学利用林地资源促进木本粮油和林下经济高质量发展的意见》，召开全国油茶产业发展现场会。起草《竹产业发展指导意见》，竹产业年产值近 3 000 亿元人民币，从业人员近千万人	发改司	生态司、规财司、林场种苗司、竹藤中心

图 3–3 涉及生态发展原则的法律法规汇总

序号	法律法规名称	效力级别	相关内容	发布主体	发布时间
1	广东省森林公园管理条例(2020 修正)	省级地方性法规	森林公园的建设、管理应当坚持持续发展原则，促进生态效益、社会效益和经济效益相统一	广东省人民代表大会常务委员会	2020 年 9 月
2	陕西省森林公园条例(2019 修正)	省级地方性法规	森林公园发展坚持合理利用原则，促进生态效益、社会效益和经济效益协调发展	陕西省人民代表大会常务委员会	2019 年 7 月
3	贵州省森林公园管理条例(2017 修正)	省级地方性法规	森林公园的建设、管理应当坚持保护优先和合理利用森林资源,统筹规划、科学管理的原则，发挥森林资源的生态效益、社会效益和经济效益	贵州省人民代表大会常务委员会	2017 年 11 月
4	武夷山国家公园条例(试行)		武夷山国家公园保护、建设和管理应当遵循改善民生、可持续发展的原则	福建省人民代表大会常务委员会	2017 年 11 月
5	青岛市森林公园管理条例(2017 修正)	设区的市级地方性法规	森林公园的管理应当坚持以人为本、保护优先、统筹规划、合理利用的原则，发挥森林资源的生态效益、社会效益和经济效益	青岛市人民代表大会常务委员会	2017 年 12 月
6	安顺市虹山湖公园管理条例		虹山湖公园的保护和管理应当坚持永续利用的原则	安顺市人民代表大会常务委员会	2017 年 8 月
7	南宁市西津国家湿地公园保护条例		湿地公园的保护、利用和管理，应当遵循合理利用、持续发展的原则	南宁市人民代表大会常务委员会	2016 年 10 月

续表

序号	法律法规名称	效力级别	相关内容	发布主体	发布时间
8	国家林业局关于进一步加强国家级森林公园管理的通知	部门规章	各级林业主管部门应牢固树立“绿水青山就是金山银山”和以人民为中心的发展理念；坚持合理利用的原则；以更优质的自然资源和更美好的生态环境服务社会，造福一方，惠及群众	国家林业局（已撤销，现为国家林业和草原局）	2018 年 1 月
9	国家林业局关于印发《国家沙漠公园管理办法》的通知		国家沙漠公园建设和管理必须遵循合理利用、持续发展的基本原则	国家林业局（已撤销，现为国家林业和草原局）	2017 年 9 月

在政策层面，“十四五”规划中规定了农业农村发展的优先地位，以及全面推进乡村振兴事业，努力实现巩固拓展脱贫攻坚成果同乡村振兴有效衔接的美好愿景。进一步增强了农产品质量效益与核心竞争力。推动种养加结合和产业链再造，提高农产品加工业和农业生产性服务业发展水平，壮大休闲农业、乡村旅游、民宿经济等特色产业，进一步丰富乡村经济业态。此外，对生态文明的重视力度进一步加强。不仅在生态系统质量、自然保护地体系构建、生态补偿机制健全等领域提出更高要求，而且对加快促进绿色发展方式绿色转型更是以单章列出，并提出国家对发展绿色经济的决心和态度。其中，构建市场导向的绿色技术创新体系，实施绿色技术创新攻关行动，建立统一的绿色产品标准、认证、标识体系等指导目标的提出都为自然保护地社区绿色经济发展提供了详尽的政策引导。

此外，部分试点地方还制定了自然保护地社区经济发展的具体实施方案，有组织、有规划地落实了试点建设项目，为绿色经济事业积累了有效经验成果。例如，大古坪村委会和佛坪自然保护区管理局共同编制了《大古坪村基本状况与经济可持续发展规划》，并为秦岭项目提供了符合社区村民项目意向的经济实施形式。再如县政府印发《洋县绿色种养殖业基地建设发展规划》，促使合作商双亚粮油公司为绿色认证扩大了生产规模等等。综上，这些地方立法以原则为总体导向，以具体项目发展为具体指挥，具备因地制宜、可操作的优势，为自然保护地社区探索生态友好经济发展道路树立了指路牌。

2. 民意基础

伦理道德观念是社会治理的另一把利刃，也是社会参与的润滑剂。自然保护地社区原住居民对待自然保护地事业与绿色发展事业的观念确立能够有效内化为生态友好型世界观与行为观，从而在内在追求与外在压力的激励下将道德观念落实为自觉行为。曹玉昆、刘嘉琦、朱震锋、梁昶基于东北虎豹国家公园周边 269 份居民调查样本数据，采用二元 Logistic 模型对居民参与公园建设的主观意愿及其影响因素进行实证研究。结果表明：参与意愿方面，88% 的居民支持和参与公园建设、野生动物保护管理等工作的主观意愿十分强烈；公园建设的基本认知方面，认为禁止保护区内人畜活动、禁止野生动物狩猎、坚持人与野生动物和谐平等相处的居民分别占到 64%、89% 和 93%。[1] 实际上，各个涉及自然保护地发展的地方立法都离不开原住居民的普遍参与，从执法到法律监督全过程也都应具备良好的民意支持，这种道德民意基础奠定了自然保护地社区生态经济立法与发展的民主性。例如在我国三江源保护区的社区中就存在着数量庞大的藏传佛教徒，他们通常秉持着自然主导的思想，其价值观认为人类是自然界的子女甚至奴仆，人类应当与芸芸众生平等地被宇宙自然所管理和支配，向自然索取生命所需并心怀感激，向动植物同伴表达关爱并予以保护。这种“非人类中心主义”的习惯法基础使得三江源保护区社区主动参与度极高。在保护策略调查中，30% 的人选择退耕（牧）还林（草），45% 的人选择建立生态保护区，这意味着当地民众对国家的生态保护

[1]　曹玉昆，刘嘉琦，朱震锋，等．东北虎豹国家公园建设周边居民参与意愿分析 [J]. 林业经济问题，2019, 39(3): 262–268.

措施的认同以及该政策深厚的群众基础。[1] 同时，这也意味着社区对经济发展转型之必要性以及生态机遇把握之时效性能够有较强的认知潜能，只要政府引导到位、文化宣传持续，当地文化则会逐渐向生态友好型转化。由此才会减少法律实施的刚性，得到最广泛的民意支持。将上述政策以及地方性立法塑造为符合最大多数人利益的“良法”与“善法”，是促发展之法，是科学富民之法。从大量的数据来看，通过长期以来循序渐进的环保宣传与国家引导，我国大部分自然保护地社区已经具备了这种良好的民意基础。

3. 物质基础

中共中央、国务院《关于全面推进乡村振兴加快农业农村现代化的意见》中明确指出，全面建设社会主义现代化国家，实现中华民族伟大复兴，最艰巨最繁重的任务依然在农村，最广泛最深厚的基础也依然在农村。“十三五”期间，我国生态文明建设成效显著，森林覆盖率由新中国成立初期的 8.6% 提高到 21.66%，森林面积达到 2.08 亿公顷，人工林保存面积达 6 933 万公顷。2019 年全国 337 个地级及以上城市空气质量年均优良天数比例达到 82%; 我国城镇集中式地下水饮用水源水质总体保持稳定，水质达标率稳定保持在 90% 以上。生态友好型农业得到广泛重视和大力发展，为全国农业发展提供种养结合循环农业工程的优秀示范，促进和带动了农业可持续发展。以合作联社为中心的农业生产管理体系已经建立，现代农业科技的发展水平不断提高，生物育种、农机装备、绿色增产等技术快速发展，农业信息化程度不断加大。此外，国家扶贫战役顺利告捷，实现全国 832 个贫困县全部摘帽，并且因地制宜地解决了贫困地区道路、用水、用电、网络覆盖等问题，建设了 15.2 万千米通建制村沥青（水泥）路，宽带网络覆盖 90% 以上的贫困村，还加大以工代赈投入力度，支持贫困地区中小型公益性基础设施建设。经济日报社对 16 个省份的 125 个

[1] 张立，等 . 三江源自然保护区生态保护立法问题研究 [M]. 北京 : 中国政法大学出版社 , 2014:59.

村庄调查结果显示，当前我国乡村基础设施建设和公共品服务日趋完善，村民基本生活保障得到极大改善，村民参与乡村建设的热情高，为我国实现从脱贫攻坚向乡村振兴平稳过渡打下坚实基础。调查村庄的主干道路宽度平均为 5.59 米，村内硬化道路占全村道路总长度的比重平均为 59.9%；村内通客运班车或公交车数量平均 5 辆，有 90.4% 的受访者认为与过去相比，近 5 年来村里公共交通越来越便利。调查样本中有 88.8% 的村庄用水充足；全村用电照明户户数占村庄总户数的比例平均为 84.5%；村民家庭做饭主要使用的燃料中，71.0% 的村庄使用煤气；全村通宽带网络（家中能够联网）的户数所占比例平均为 54.6%。[1] 为自然保护地社区经济发展提供了良好的生态基础、物质经济基础等等，比如道路的畅通为社区经济“引进来”和“走出去”创造了交通和物流条件、网络和电力的覆盖为发展“互联网 +”经济创造了平台，拓宽网络直播带货等新经济发展模式。

4. 试点调研基础

在三十多年来的自然保护地地方探索中，我国各自然保护地社区已经计划并实施了大量绿色经济发展项目，以居民参与、平等受惠为导向，以收入成果及影响力为衡量，积累积极经验、落实积极成果，为其他地区经济转型提供全面有效范式。例如，2002 年 6 月秦岭项目于厚畛子大熊猫走廊带区域发起的“周至黑河森林公园可持续旅游发展项目”以及在厚畛子镇实施“南太白山社区滚动发展项目”，属于早期自然保护地社区生态友好型旅游项目的先锋试点。通过探索天保工程实施后林场转制中保护与发展的途径以及退耕还林工程落实后建立持续有效的生态保护，与当地社区发展的示范点实现了生物多样性保育与社区特殊经济发展互利共赢、相得益彰，对保护该地区大熊猫及其栖息地、对外宣传珍稀动物保护文化具有言传身教性的软教育意义。此后，大古坪村委会联合佛坪自然保护区管理局又在秦岭项目西

[1] 经济日报社中国经济趋势研究院．我国村庄基础设施建设日趋完善 [N]．经济日报，2021-03-23(12).

安办的资助下对大古坪村进行经济本底调研，并将结果落实为《大古坪村基本状况与经济可持续发展规划》文件。其中以社区居民之真实意愿为根、以客观资源生长条件为基，以生物多样性保护与科学可持续发展为指导，为当地经济发展提供了项目清单，如养蜂、开办农家乐、种植魔芋和雪莲果等。2008 年 7 月，在中欧生物多样性保护项目的支持下，秦岭项目启动了长江上游生物多样性丰富区内药用植物资源可持续管理示范项目，陕西平河梁省级自然保护区及其周边的大茨沟村社区被选作项目示范点之一。据调研结果显示，作为世代以采集自然保护地中草药为生的大茨沟村村民，在项目对药用植物资源可持续利用管理的示范作用下，学会了科学可持续采集的规律方法，一方面实现了人类采集栽培活动对自然保护地生境地有效减损，另一方面有温度、有效率地提升了社区经济收入水平及组织化程度。在秦岭项目开展的众多成功示范的带动下，全国范围内自然保护地社区也不断开始自己的特殊经济探索工程。2006 年，作为福建武夷山自然保护区社区的桐木村依托保护区打造的红茶研究所品牌，在江元勋等茶农的技术创新贡献下成功研发出了红茶的新品种——金骏眉，并作为社区品牌在市场上推广而出，为社区发展因地制宜的绿色经济提供了机遇。虽然在探索中局部地区出现了茶园侵蚀林地的负面效应，但经过自然保护区管理局的积极引导及实施项目改造工作，最终实现了茶产业的生态友好转型。位于陕西省汉中地区的朱鹮自然保护区为调和保护朱鹮及社区经济发展之矛盾开辟可持续发展道路，通过扶持农户开展绿色水稻种植、稻谷精制加工以及助力农户打开销路，形成产销一体化帮扶项目，顺利打造兼具环保价值与社区群众共同参与的经济增长模式。此外，吉林省珲春市敬信镇自然保护地社区的大雁米、海南省五指山市水满乡毛纳村友好村寨规划、四川省大熊猫生态旅游线路、武夷山自然保护区黄柏村社区茶园计划等都是社区生态友好型农产品经济的优秀案例，为我国走上特殊经济发展道路提供了丰富的试点调研经验。

三、自然保护地社区作为特殊经济区的职能含义

美国城市规划家芒福德·L(Mumford·L,1961)于20世纪初创立“区域整体论”的概念。他提出，区域作为城市的上位概念，二者是整体与部分的关系，一个成熟的城市规划必然应当首先是区域规划。这一表述与城乡一体性较为相似，实现区域整合的关键即是城乡间的协调发展。由于城市与周边地区存在各种物质及能量交换使其具备高度统一性，因此我们必须从整体区域（包括周边乡村区域）的角度研究城市。[1]从区域整体论的视角来梳理自然保护地与自然保护地社区之间的关系不难得出，自然保护地社区承载着社区经济发展和自然保护地生态效益双重职能，因而与一般的特殊经济区大有不同，是自然保护地与特殊经济区的特殊融合。自然保护地强调生态环境的保护，特殊经济区重在经济的发展，社区作为特殊经济区就应该着力平衡好生态与经济之间的关系。当今世界，生态环保越来越成为可持续发展的首要任务，建设自然保护地社区特殊经济区，是对传统协调发展观的理性摒弃，是对在生态保护的基础上发展经济的平衡模式探索。

生态经济系统是由经济系统和生态系统两个子系统构成的二维结构面，其主要包括由社会经济发展及自然生态两个要素间互动协调、相互依存和制约而组成的有序关系系统。生态经济系统主要具备以下四个特征：第一，生态经济系统首先是整体的、不可分割的。以生态协调为手段的经济发展和具备社会经济效益的环境治理共同构成对立统一体，二者缺一不可。第二，生态系统的内部协调比例具备动态性，随着社会发展阶段的不同目标以及各地域环境承载限度的不同，经济对生态治理的投入量也随之波动。第三，生态经济系统具备环境保育利益和维持人类生存及生产利益协调共生的核心功能性，并通过绿色

[1]　丁志伟．中原经济区“三化”协调发展的状态评价与优化组织 [D]. 开封：河南大学，2015:52．

政策的实施以及公害事件的警示使人类认识、承认并重视生态为最高利益。第四，生态系统的建立及运行具备人为可控性。区域经济系统运行机制理论认为，在一定区域内的各项子系统之间存在着网状的立体关系，每一子系统元素的变动都会导致牵一发而动全身。人类作为处于社会经济系统中的决策者，有能力选择尊重生态圈中的全部元素以创造人与自然和谐共生的最高利益。

自然保护地社区作为特殊经济区的含义，就是要把社区经济活动建立在自然保护地生态保护的基础上，把握好社区经济发展和自然保护地生态系统间的关系，通过职能调试和政策协调打造出一个小区域内社会、经济和生态高度和谐的生态经济系统。

四、自然保护地社区作为特殊经济区的职能调适

自然保护地社区的经济发展区别于传统的特殊经济区，但二者之间仍有可借鉴之处。从特殊经济区的性质特征角度看，社区作为生态功能具备特殊性的区域生态经济系统，被国家以环保目的圈划为独立地理区域并实行特殊发展政策和灵活经济措施，本质上可以被归属为是一种特殊经济区域。从特殊经济区的制度改革角度看，新生的自然保护地制度是生态意识觉醒后的理性衍生，可能与原本经济高速发展需求不相兼容而产生矛盾冲突，以此激发自然保护地社区经济改革的原始动因，并由制度的转换产生制度的替代效应即生态效应。从自然保护地社区体系扩展的角度来看，部分批次，如青海玉树藏族自治州措池村自然保护地社区、西藏昌都东巴圣地自然保护地社区、云南迪庆藏族自治州哈木谷自然保护地社区等试点的设立与成功经验，是自然保护地社区以点带面向全国推广辐射的典型。从社区内部来看，可借鉴生态经济系统之相关理论，用系统的观点和视角推广保护政策，先确立符合生态创新的制度体系，再通过发挥区域系统的整体功能最终实现生态经济系统的内部协调和可持续发展。

（一）建立经济与生态相互协调的制度体系

从我国经济特区的成功实践中可以得出，制度作为理论基础对宏观系统规划和统领改革全局起着至关重要的作用。自然保护地作为特殊经济区域是制度与路径的有效结合，不同自然保护地因其所保护的资源种类不同、稀缺程度不同，其问题导向也各自相异；并且，在区域内部所期实现的目标也呈多端模式，集社会协调、经济发展、生态治理等多目标于一体。生态经济学理论强调经济与生态间的外在协调与内在融合，并旨在启示人类充分吸收发达国家“先污染、后治理”的错误经验，建立起当代社会经济进程中经济利益与生态效益并举的迫切愿望，产生一种经济生态化的先进生态意识。E.D. 基鲁索夫认为，生态意识是根据社会与自然的具体可能性，最优地解决社会与自然关系的观点、理论和感情的总和。[1] 因此，自然保护地制度作为一种上升至上层建筑的生态意识，其主要目的就在于获取人类经济与生态系统有机统一的最优路径。

具体而言，制度的适配性是减小改革阻力的重要基础，因此自然保护地社区建设目标的设定应当以所在自然保护地资源开发利用水平以及受损害程度为必要参考，并与现有经济基础的发展规模、发展速率以及预期环境承载力相协调。并且，这种协调应当是动态的、系统性的、在系统内部各要素之间以及外部与不同系统之间都应当是协调的，系统地运行使内部各要素协调步调、互为支撑的制度机制。如美国黄石国家公园出于对自然保护地游客承载力的考量，采取特许经营的制度，并规定园内实施的各项旅游项目都必须以生态保育为前提，防止其因片面追求经济效益而造成土地破坏。又如宁夏沙湖自然保护区十分重视生态化比率的协调性，其人均各类自然资源蕴藏量与消耗量、人均经济资产比之间始终维持在可控占比范围，以保证自然保护

---

[1]　杨莉，张卓艳．基鲁索夫“生态意识”理念的重现及对我国生态文明建设的现实价值研究 [J]. 前沿，2015(12): 15–18.

地经济发展与保护区环境治理水平处于相互作用的积极关系。

（二）健全生态补偿机制

与自上而下实施的特殊经济区改革相同，由于我国国民对于生态保护价值的觉醒程度以及自觉性、主动性不足，生态补偿措施往往同样以自上而下的强制手段加以实施。前文提到，自然保护地的资源治理通常会将自然保护地社区原住居民排除在外，政府组织往往通过自行规划的方式统筹资源，进行封闭管理。这就导致自然保护地与自然保护地社区原住居民缺乏有效沟通而产生矛盾、缺乏争端解决机制。原住居民既被切断了生计来源，知情权无法得到保障，又难以参与自然保护地治理获得替代工作岗位，更难以获取因征地补偿和预期获得的潜在利益，许多文化程度不高、难以主动理解占地圈划的生态意义的原住居民只能以暴力方式为自己“申冤”，从而在自然保护地生态经济系统中崩解了社会系统的协调稳定性。此时，生态补偿机制便体现出其制度优势。根据相关部门制定的措施，一是对自然保护地社区原住居民提供补偿，并为其提供再就业机会发挥制度替代效益，通过聘用其担任景区售票员、向导/讲解员、护林员，或在一定限度上允许一定数量的商业经营活动，使其充分参与家乡工作，以头衔增强其积极性和主人翁意识、以补偿金或工资增加其家庭收入，充分保障了原住居民的知情权和参与权。二是对自然保护地生态系统实施补偿，即通过将资源维护费编制进景区门票等形式将补偿金用于自然保护地基础设施的建设以及资源的维护。但由于部分地区经济水平发展不均，对于一些落后贫困、对自然保护地资源依赖程度过高的区域，应当灵活调整生态补偿标准。管理组织应当通过实地调研、听证会协商交流等方式合理评估补偿需求，以创建有利于生态经济系统的协同机制、为自然保护地有序发展提供保障。在此过程中需要综合考量的理论因素包括四个方面：一是生态系统服务理论。量化生态服务的价值是为自然人提供预期可能性指标，通过可期利益吸引自然人转变为生态人，从而达到正向引导和激励作用，使人类合理科学地开发利用自然资源及转变清洁生产方式以谋求可持续发展。二是生态正义理论。这一理论认为，在全球生态危机的大背景下，个人与社会集体应当以遵守生态平衡以及物种多样性之原则的方式处分行为，这是全球利益和代际利益所要求的。大型公害事件的频繁发生使人类在生存本能的驱使下开始反思自身与地球相处的协调性问题，生态正义应运而生，它将全人类整体、远视的利益作为根本价值尺度以期实现整体公平。三是公共物品理论。在自然保护地作为国家公园景区等过程中，需要避免旅游资源等公共产品过度供给或供给不足的问题，最好的方式是通过调研和充分协商以确定各类补偿主体及其各自不同的实际需要，并据此制定出适当的补偿标准体系。最后，管理者还应充分考量制度的实施问题，确定相应的生态补偿实施配套保障制度，防止决而不行或虎头蛇尾的现象发生。四是外部性理论。生态理论中的外部性主要指某一生态主体对另一生态主体产生的一种外部影响，难以用市场经济手段加以调和，如生态破坏和资源开发者过度支取或滥用。因此，如何避免生态问题外部性成为首要问题。首先，自然保护地应当充分认知资源的巨大生态价值，并将其转化为符合生态意义的经济价值，如征收排污费、租赁费、土地恢复费等。

（三）建立自然保护区生态保护红线制度

2011 年出台的《国务院关于加强环境保护重点工作的意见》中明确指出，我国在重要生态功能区、陆海生态环境敏感区、脆弱区等地实行生态红线制度。生态功能，即在生态系统中通过保育生态环境之效用以供人类生存和发展的功能，例如水土保持、防风固沙、水源涵养以及维护生物多样性等。我国的生态功能区典型代表有大小兴安岭森林、长白山森林等。生态敏感区主要包括盐渍化敏感区、石漠化敏感区、冻融侵蚀敏感区、沙漠化敏感区和土壤侵蚀敏感区等。生态脆弱区主要指位于不同类型的生态系统地理边界所交叉之处的、易为人类活动所干预破坏的区域，因其地理特性又常被称为生态交错区。由此可以看出，按照主体功能区定位推动区域发展，该制度可以应用于生态敏感区及脆弱区、生态功能区等区域内，作为一种预警机制，严格把控并限制社会各主体资源开发利用力度，可以有效进行环境承载力的监测管控、强化区域生态系统监管力度，从而保卫国家各地方生态安全、应对环境风险、改善环境质量等。这同样是以实现生态正义为最高价值的具体体现，是党中央、国务院站在对历史和人民负责的角度所作出的重大举措，体现了“在发展中保护，在保护中发展”的战略方针，对推进生态文明建设具有十分重要的现实意义。

从实施层面来讲，我国已经建立的各类自然保护地仍然存在着布局不科学、空间重叠、监测不到位等情况。由于自然保护地资源所产生的生态效益是政府直接供给的特殊公共物品，因此还应注重防范公共物品自身所带有的非排他性以及非竞争性所引发的“搭便车”困境。目前，我国大部分自然保护地的各类管控主体较为单一，政府全数包揽的情况导致供给主体单一、其他主体参与积极性不高、生态系统保护效率低下等问题时有发生。如何完善生态保护红线制度顶层设计、优化自然保护地生态经济系统布局成为新一轮改革中需要首先解决的问题。

五、自然保护地社区作为特殊经济区的体制创新

在设立特别行政区时因动机不同而产生的类型也呈多样性，随着功能的细化不同特别行政区间差别愈益扩大。但从管理体制这一角度来看，可将管理模式划分为两类。一是行政机构管理模式，也就是通过国家行政权力来成立管理局或者管委会对特别行政区实行管控。在此模式下，管理机构仅从宏观方面和基础设施方面对特别行政区进行管理。形式可以采用制定规章规范、订立宏观战略目标以及发展计划

等。利用行政管理机构的职能优势为特别行政区提供治安、水电通信等层面的管理服务。管理机构一般不对日常经营中的经济活动进行干预。二是公司管理模式，此模式下进行管理的机构权力并非来自行政权，而是按照法律规定成立的一般公司，其特殊之处在于公司股权结构或者成立方式。公司管理模式下主要采取两种形式，分别为由国家控制所有股份的国企或依法批设的有限责任公司。除此之外，此模式下管理机构董事会或理事会成员一般由政府安排决定。董事会或监事会并不具有专业性，从从属关系上来说，一定程度上独立于监督控制此区域的政府行政机构。因此，在选择董事会或监事会成员上通常从多个领域中进行选择，以便为特别经济区的长期发展制定高质量的战略决策。目前，采用公司管理模式的国家主要有菲律宾和爱尔兰等国。

对特别行政区进行管理的两种模式形式不同，有各自的优势，但从本质上来说，这两种模式均与政府紧密相关，共同点为由中央政府管辖或者设立管辖机构，而两者区别在于前者由政府负责，后者通过管理机构向政府负责。自然保护地本质上也是一类特别行政区，但有其特殊之处，其体制创新大致有以下几点：

（一）建立权责分明的管理体制

我国的国家公园在诞生之初并没有清晰明确的直属管理部门，参与管理部门包括林业部门、环保部门、草原管理部门及环境相关部门。在这类自然保护地的管理中缺乏相关法律依据，职责分工模糊，在处理相关问题中涉及经济发展、环境保护、人员安置及其他涉及环境因素问题，有必要成立一个专业的管理部门。2018 年“国家公园管理局”由我国林业和草原局共同建立并挂牌，在此之后，由其负责全国国家公园的成立和管理。国家在三江源和祁连山国家公园设立了专门的国家公园管理局，行政管理上规定省级管理局受国家公园管理局和省级人民政府双重领导，管理局在工作中紧抓我国特殊国情并参考以往管理经验。管理局的成立不仅适应我国的行政管理机制，也能更好地解决国家公园区域跨度大、涉及要素多、治理内容广所带来的管理上的困难。[1]想要解决国家公园管理中的问题，必须首先将自然保护地建设及管理摆在国家层面，其次系统建设中央与地方相协调的科学管理体系，在此体系下，中央负责战略制定及统筹规划，地方政府和自然保护地管理局负责当地具体的区域事务管理。明晰职责和不同机构的权利义务，同时划分不同管理机构之间的职责，包括对这些机构如何监管等问题。不同的管理机关在条例、规范的制订上要有所区别，以便于更好地发挥职能机关和人员的积极性。

（二）社区协同共管

在特别行政区中存在多个利益主体，每个主体都更加关注自身利益，例如旅游服务供应商（酒店、餐厅、纪念品商店）将自身目光集中在经济利益中；政府公共部门和社会环保组织更多地关注环境保护与资源利用问题；地方政府与所在社区则兼顾经济利益与环境资源保护问题。因此能否将多个利益主体的利益协调好成为资源保护的一个关键点，在多个利益主体冲突中，自然保护地与所处地区的矛盾最为突出。不同利益相关者之间应当建立起一种协同信赖关系。本质上来看社区参与和国家公园保护双方互为需求，设立国家公园的目的之一是提高当地居民的收入，主要是通过法律方式确立正当性，利用协商机制解决矛盾。在低收入国家中，社区参与是成功管理国家公园的必要因素。

公众参与进行自然保护地管理的重要对策，从法律角度来看也是自然保护地的基本原则，此外，要使行政行为合理公正，公众参与是必要保障。当前形势下，资源产权和管理政策是自然保护地与当地社区产生碰撞冲突的根本原因。解决以上两个问题的出路在于引入公众参与制度，通过经济政策为当地社区带来经济利益，同时管理模式也

---

[1] 余梦莉 . 论新时代国家公园的共建共治共享 [J]. 中南林业科技大学学报（社会科学版）, 2019, 13(5): 25–32.

亟待转变，改变以往依靠强制性手段进行保护的方式，大力发展协调性保护。社区共管是落实公众参与的重要手段，同时也是其重要表现形式。我国目前主要采用行政手段来管理自然保护地，这就意味着政策方法带有极大的强制性。过度依赖行政权力对环境违法进行纠偏会导致自然保护地的管理效率较低，无法有效保护资源环境，必须依靠非政府组织、自然保护地社区、自然保护地资源使用者等利益相关者的力量，让这些主体参与到自然保护地管理中，实现自然保护地与自然保护地社区的协调发展。

（三）创新经营机制与财政机制

自然保护地的建设可以建立起“政府领导、特许经营、经管分离、多元参与”的经营机制，在保证自然保护地公益性的前提下，通过特许经营方式，充分调动社会各界参与自然保护地保护、管理、开发和运营的积极性。[1]试点的自然保护地，其工作重点首先是厘清各类资源产权的归属，探索新型管理模式及内容，推动社区协调发展。在这个过程中最重要的是将资源确权问题放到中枢地位。尤其是对于各项资源的所有、管理以及特许经营等层面进行科学确权及严格保护，进一步完善产权结构。其次，生态保护本质是创新方式。探索新型管理机制应当建立在尊重自然保护地环境承载能力以及自净能力的基础上进行。例如，采用景区分流机制，通过门票线上预约的形式核算游客数量并将其限定在景区可承载的范围内；采取收支脱钩、分别核算的方法，以严谨的态度和机制构建生态服务相关的经费体制；依靠国家的力量，以中央财政为主导，地方财政为补充。此外，还应积极接纳国内外民间组织、企业及个人的捐款赞助。既要加大开源力度也要做好节流工作，让志愿者参与工作可以大幅降低人工成本。正确管理自然保护地经营中的门票收入，须知“收支两条线”这一方法应当作为手段而不是目的。“分类管理”是成功管理的关键点之一，对于具有

[1] 邹统钎，郭晓霞．中国国家公园体制建设的探究 [J]. 遗产与保护研究，2016，1(3): 30-36.

不同条件的国家公园不能忽略异同点统一看待，在资金投入方面，应当做到根据保护地的不同建设阶段来细化比例。最后，秉持一切措施都是为了保障和促进居民满足基本生活条件、促进就业并充分调动其参与社区决策的积极性的目的。

第四节　自然保护地社区功能的实现核心——社区参与

一、自然保护地社区参与的内涵及其理论基础

据统计，世界上所设立的自然保护地有超过半数其中原本包含着原住居民。19 世纪，许多国家偏向于用驱逐原住居民的暴力方式进行自然保护地建立与管理。过于严格和封闭的生态资源保护模式与民众居无定所、无生活来源产生的经济发展需求碰撞，便会导致社会暴动与官民冲突。例如，1877 年美国黄石公园管理阶层因不当迁移肖尼族的印第安原住居民而与其发生暴力冲突，致使三百多人罹难。这一流血事件使得本以维护生态和谐为目的的自然保护地制度却需要以生命损失为实行代价而变得愚蠢至极。此后，人们开始思考将自然保护地与社区之间统筹联结进行政策考量的重要性。首先，从意识形态角度而言，政府与外界保护组织通常没有与该片土地形成自然上和精神文化上最直接的联系，他们只关心目标，所以与环境之间是一种线性的关系。而原住居民作为世代仰赖自然保护地而生存、繁衍的“大地之子”，其对自然保护地的情感甚至被其表述为“信仰”“圣地”等，在族群文化层面他们是最能够虔诚参加保护的不二人选。此外，许多国家公园对自然保护地资源的标签定义都蕴含着特色地方文化的色彩，而自然保护地原住居民未尝不是地方区域文化价值中一抹不可或缺的重要元素。吸收原住居民进入公园的向导讲解、才艺演出、工艺演示等环节不仅能够促使公园景观增添精神价值方面的吸引力与文化

输出，而且提高了社区居民的收入水平、归属感和积极性，最终调和了自然保护地涵养与社区发展之间的矛盾冲突。这就是一个参与的过程。即社区的参与程度越高，社区管理中的阻力越小。[1]

参与的概念于 20 世纪 80 年代传入中国。世界范围内关于参与的定义不胜枚举。联合国经济委员会于 1929 年提出，参与需要民众自愿为社会进步而奉献力量以及民主参与决策过程并平分收益。澳大利亚国家发展援助局认为，参与的实质是期待得利人对涉己事项进行的自愿介入。世界银行强调参与是一个利益相关者能够掌控发展进程及主动权的过程。20 世纪 90 年代，经济学界开始从干预效率的层面引用参与的概念，也表述为是社会群众的赋权过程。社区参与主要是指充分尊重社区成员的知情权和参与权，使社区主体被公平赋权以利用其经验知识与技能通过各种形式平等介入社区发展的过程。其价值取向是社区发展以及人与自然的全面协调发展。社区参与的理论基础主要有以下两种：

一是参与式发展理论。该理论的基本原则在于友好协作、尊重认同以及注重过程。其核心思想在于推动发展进程的参与主体应当是自愿、主动的，并且这种原动力在参与过程中能够得以强化。首先，参与式计划监测与评价体系是指，参与是决策的直接前提，它表示参与主体能够介入发展过程中的决策、监督与评价等环节。其次，参与还体现在主体在特定条件下对于资源的把控及受利益的权利。最后，参与主体向社区居民扩展体现了民主管理对弱势群体的侧重保护，是为政治经济权利边缘主体提供的享有并行使正当民主磋商权利的过程，是社会角色趋于平等与受尊重的伙伴关系的体现。参与式发展理论是有效益的、可持续的发展。有效的参与可以通过抚平矛盾以及提高主体热情的方式以提高发展效率、优化参与成果，既是一种手段，也是一种目的。所谓“授人以鱼不如授人以渔”，一次性的赔偿金可能无

[1]　杨金娜，尚琴琴，张玉钧．我国国家公园建设的社区参与机制研究 [J]. 世界林业研究，2018, 31(4): 76–80.

法支撑一个受教育水平不高的原住居民家庭存活太久，但通过参与培养却能够使整个族群自立自强。

具体而言，在自然保护地建设的实施过程中应当充分吸取西方国家流血的教训，科学引进参与式发展理念，切实衡量群众利益和发展需求，平等赋予弱势群体以参与自然保护地建立、规划、改革体制的建设以及资源管理等具体工作的权利，使其能够贡献自己的宝贵力量，用以辅助管理人员进行物种勘探、边界圈定以及自然保护地宣传工作的开展等。同时，通过各种形式的教育培训工作使其认识到生态涵养工作的紧迫性、必要性和重要性，减少改革阻力，推动建立自然保护地与社区发展和谐一体化格局。

二是协同治理理论。德国物理学家赫尔曼・哈肯于 20 世纪 70 年代初创立协同学理论，本是用以推进系统的激光理论研究。他指出，协同是指在普遍规律支配下有序的、自组织的各子系统之间协作完成某一目标的过程或者能力。[1] 这一概念同样适用于公共事务的治理中，即社会经济系统中各子系统之间相互作用、共同协调耦合生成整体效应。并且这种耦合可以使得协调后产生的系统功能远超各子系统单独相加之和，这被许多社会学家称为“系统管理的协同效应”。联合国全球治理委员会将协同治理的概念定义为是个体以及不同种类的公共或者私人组织处理共同业务的各种手段的总称。各种利益相关个体在某种特定力量的聚拢下摒弃冲突而得以互相调和以采取联合方式行动的过程。这种特定力量既可以是法律规范等具备强制约束力的正式制度，也可以是包括磋商、调解等在内的非正式制度。群众作为协同治理社会的多元主体之一，可以在关乎影响人民生活的管理项目中积极全面地介入决策等过程，并承担相应的责任和义务，形成民主社会平等参与、利益共享的协作新格局。

具体到自然保护地建设的实施过程中而言，社区协同治理应当蕴

[1] 周定财．基层社会管理创新中的协同治理研究 [D]. 苏州：苏州大学，2018:61．

含着治理主体的多元化、组织形式的多样化以及各要素的协同化。其主要包括以下三个方面要素的协同：

首先是资源的协同。一方面抛开所有权权属的确定问题，自然保护地内可使用的自然资源可以看作不同共管主体所共同保护的对象，对建设基础设施所必需的资源的合理使用应当经过各管理主体共同的批准才可进行。另一方面自然保护地内的社会资源主要包括人力、物力和财力，其被合理分配调动可为共同治理目标而奋斗。如联合森林管理就是一种联合调动社区群众共同参与森林资源管理的组织形式。各类自然与社会资源被予以全局性的协同妥当安排同样是一种从无序到有序的动态相变过程。

其次是信息的协同，或者称为“共享”。信息不对称理论告诉我们，不论是在交易场景下还是社会政治经济活动中，不同成员所掌握的信息数量和内容都会不尽相同。作为市场动态信息相对灵通的政府职能部门等管理机构，以及资源分布位置等基层需求信息掌握较完全的群众阶级，可以通过协同治理平台建立起信息沟通与共享机制。既可以使生态治理知识及国家政策动态相对匮乏的社区群众通过受教育等信息接收方式提高自己的生产力水平，也可以使政府职能部门在生态分布情况勘探难度较大时寻求村民发挥经验予以配合，以节约生产资源。

最后是技术的协同。自然保护地社区原住居民基于长期居住和生产经营活动的世代探索对资源分布的勘探较为深入和频繁，对野生动植物等自然保护地资源的生长习性、存在情况能够及时掌握，并且在狩猎、畜牧和采药等旧生产方式的经验探索中成为最了解如何因地制宜加以保护和管理的人群。政府及其他自然保护地管理机构或者专家顾问等则从管理学和生态科学等角度发挥其知识效用和管理技巧，并可以利用其高度指挥地位的优势从宏观、整体和长远角度为自然保护地制定出以科学监测数据为基础的合理规划。自然保护地社区原住居民的微观技术与自然保护地管理机构的宏观技术统一构成自然保护地协同治理的技术支撑，同样也是区域生物多样性保护和自然保护地社区原住居民生活水平保障的重要密钥。

综上所述，自然保护地社区参与主要包括以下两方面内容：一是自然保护地社区原住居民共同参与自然保护地管理中的决策和监督；二是自然保护地社区原住居民在民主参与或是协同治理的过程中与其他主体共创成果、共担责任、共享利益。

二、自然保护地社区参与的主体

社区参与的本质是集体行动，对集体中各相关主体进行利益分配贯穿自然保护地确立参与模式的全过程。在这个过程中，各利益相关者会在共同生态利益目标驱使之下就各自权利义务及职责进行磋商和谈判，最终达成协同合作。为了尽量减小合作阻力、有效化解各类矛盾问题，有必要在此之前对各利益相关者的主体范围、各方利益需求以及生产力类型进行界定。

从我国自然保护地实践的改革发展进程来看，社区参与模式实行之初，由于传统观念改革并未实际跟上制度改革的步伐，自然保护地社区原住居民仍然被旧的传统“自上而下”式管理体制的观念所束缚，因而并未形成具备积极性、主动性的主人翁意识。管理者往往会采用人力资本以及金融资本的激励来促成原住居民参与，但由于基于管理成本的束缚往往不如旧的生产方式经济利益丰厚，加之法律实施力度不足，因此原住居民滥用资源现象屡禁不止。另外，外来干预主体也会受传统管理观念的影响，将自然保护地社区视为管理对象而非与之平等的管理主体。社区共管权力难落实导致社区参与沦为一种“假性参与”“象征性参与”。因此，在这一阶段，社区参与的主体具有单一性、被动性、低效性特征，实际参与者往往只有自然保护地管理机构。随着改革的深入、社区参与的意识不断普及以及自然保护地生态价值被广泛认同，参与主体不断拓展。社会资本的流入能够有效弥补人力、经济资本的缺乏；环保组织中基于共同观念信任、生态保护目标、共同规范与制裁等核心机制为自然保护地协同管理机制磋商制度的制定和实施提供了有效范式。因此，这一阶段协同参与主体主要包括政府机关、自然保护地社区原住居民、非政府组织、企业或其他项目投资者、专家及环境保护组织等。由此可见，自然保护地共管主体构成具有动态性和特殊性，自然保护地的类型不同、发展规划、发展阶段不同，其主体身份也会随之匹配。但政府和原住居民始终是两类不可或缺的核心主体。

（一）社区及其原住居民

自然保护地社区原住居民在担任参与主体的身份上的天然优势不仅是地理上的，也是文化上的。他们对社区生态系统变化的认知敏感性决定了其自主经营管理的可操作性。香格里拉雨崩藏族村社区在主动参与自然保护地管理过程中创造出了实现参与决策、管理以及共享利益等部分增权的可行范式。他们沿用固有传统民俗作为旅游特色，并通过村民公平轮流管理经营方式有效预防了社区管理中的恶性竞争矛盾、增强了群众参与管理的积极性和创造性，体现出自然保护地社区原住居民作为管理主体的特色优势。自然保护地社区及其原住居民在参与过程中主要具有以下权利和义务：

一是自然保护地部分资源所有权或使用权。明确的资源权属是减少因制度不确定而产生争议及无意识损害的前提条件。经济人所具备的天生逐利性驱使资源的所有权人必然会尽其所能将资源效能之利用最大化，因此，与公共物品相比，由私有财产所有权人管理财产的方式成本最低、效率最高。此外，资源权属的频繁变动会导致自然资源的不稳定与对利用方式的不适应，同时也不利于原住居民合法权益的保护。从谈判博弈学角度看，资源所有权作为一种谈判筹码甚至直接影响原住居民作为管理主体的决策地位。因此，建立长期稳定的所有权体系意义重大。

二是自愿迁移权。在某些情况下，因功能区的边界划分需要调整自然保护地社区居住地的位置，如果暴力驱逐或者完全排除对其生计补偿的考虑则会导致资源的可持续保护受到民生、经济矛盾的阻碍，一旦发生暴力甚至恶意破坏事件，其损害后果是不可逆的。在社会发展和进步史中，改革推进阶段通常是公共利益与私人利益冲突的高发期，与自然保护地管理机构注重关注自然资源保育、生物多样性维护等生态效益不同，居民往往更关心家庭生计、经济保障、教育医疗等民生利益，二者间相协调的本质路径在于对社区居民自由权利的尊重。首先，这是对公平主义的遵守。尊重公民自由权利并非是要放弃区划结构的调整，而是方式的转变和一定保障财政的投入。濒危物种以及超载土地的自然修复紧急度要求社区必须选择迁移以维护生态安全。优惠且富有保障性的迁移条件可以使自然保护地社区原住居民的迁移决定趋于自愿性，既是征地矛盾的灭火器也是保护居民权利的助燃薪。其次，个人行动对于自然保护地的影响是最具直接性和必然性的。自然人的情绪动机对个人行为具有激发、维持和调节作用，而个体需要的内外平衡是动机产生的根本原因。使最具有天然优势的自然保护地社区原住居民成为有资格、有意愿参与自然保护地合作管理的主体能够继承和发展自然保护地文化、创造人与自然的和谐相处典型范式。

三是其他权利。如磋商权，即原住居民与自然保护地在设立、决策、管理制度以及发展规划制定等推进全过程参加平等协商的权利。知情权，是原住居民所依法享有的，获知自然保护地建设各环节必要信息的关键权利。同时，磋商权是保障知情权实现的重要途径。而参与权，其中包括管理决策权以及监督权等。即原住居民作为参与自然保护地管理的平等主体之一，依法享有参与重大决策、监督制度实施等民主权利。社区应当承担的义务主要包括：维系生态系统稳定以及资源合理管控的义务；保护区域资源不被滥用的义务；协助提供各类信息的义务；依照共管协定应当履行的其他义务。

（二）政府

亚当·斯密创设的“两只手”理论，主要阐释了市场和政府之间的关系。从经济学角度上讲，市场的不完全性以及外部性决定了政府适当干预的重要性和必要性。缺乏政府主导的自由市场可能会由于信息的不完全性导致最佳结果实际上也只能达到次佳结果，且经济主体天生的利己需求可能会产生正外部性、负外部性等非市场化结果。公共政策的意义便在于提供信息获取的可能性以弥补不完全。具体来说，由于自然保护地及社区的经济活动可能对环境产生负外部性影响，且自然保护地建设无法避免需要一系列公共物品由政府提供，政府作为自然保护地管理之参与主体具备其必要性、合理性。此外，政府作为社会保障体系的建设主导人，应当将为生态保护成果作出牺牲的自然保护地社区原住居民囊括进保障体系中，并建立明确的配套补偿支付体制，这是许多发展中国家所忽略的问题。

从历史与现实角度来看，我国建国初期很长阶段中都实行以政府-公民、国家-社会一元从属为核心的传统计划体制，受其深远影响以及由于政府职能转变未彻底，政府职能主导社会各主体行为的思维观念仍然根深蒂固。在社会总体层面，政府负责主导核心公共物品的出资、生产与提供；负责社会秩序的管理和维护，以及权利的分配与监督等，其权力触角蔓延至社会各个角落。在自然保护地层面，参与式发展模式中依法实施管理、政策引导、制定总体规划、统筹和监督各主体职能实施以及基础设施建设等工作的开展需要政府的主导实施。即便是在社区主导的自然保护地管理模式中，政府也在秩序调整、提供管理范式等方面负有义务，成为资金、技术和信息等的提供者与保障者。例如，广西桂林遇龙河景区早期受社区自发的无序化参与影响，出现景观质量和游客体验度不高等问题，在社区参与内部的分配问题上也存在男女分工歧视、居民文化水平不足、参与方式单一、经营风险、管理秩序混乱等问题。政府介入以后，虽然经历了几年的摸索阶段，但最终为景区旅游的开发工作提供了资金支持和统筹规划，具体体现在景区基础设施的完善和社区经济社会效益的提升。原住居民在不同程度上受益于此，女性弱势地位得到改变，参与度显著提升且获得科学分配；景区经营状况转好使贫困家庭生活水平得到改善。这也推动形成了经济、效益及环境效益三者之间的良性循环，创造了良好的生态保护条件，为其他模式的发展创造有利的基础。

总而言之，由于参与自然保护地协同管理的其他主体自身发育尚不完善，如非营利组织认可度不高、中介机构市场化不完全等，政府尚处在除社区以外的自然保护地管理核心主体的地位。在社区参与模式中发挥其主导作用以及在社区共管模式下发挥其协同服务作用。这需要政府做到灵活性与科学性的职能转变，即能够从传统的治理型政府过渡向服务型政府转变；由自上而下的决策与命令型向自下而上的协商型转变。在此两种模式下，政府在参与过程中主要具有以下权利和义务：

一是管理决策权。即政府直接参与自然保护地划定、设立、实施以及监督等每个环节的决策全过程的权利。我国《自然保护区条例》第十二条[1]、第十四条[2]以及第二十条[3]等分别赋予地方政府以自然保护区建立申请权、界限划定权、监督检查权等决策权力。作为国家政权机关，科学分配政府各项职能能够有效避免腐败、防止行政权力的冲突。由于不同国家政治体制、自然保护地生态条件和受保护程度以及社区参与能力的不同，政府参与的力度具有各自特殊性和动态性特征。在我国，许多自然保护地环境条件相对脆弱、受破坏程度较高，加之自然保护地管理受行政区划管理体制的历史影响较大，由政府在宏观管控层面继续担任参与主体具备合理性和实践有效性。

---

[1] 《中华人民共和国自然保护区条例》第十二条：国家级自然保护区的建立，由自然保护区所在的省、自治区、直辖市人民政府或者国务院有关自然保护区行政主管部门提出申请，经国家级自然保护区评审委员会评审后，由国务院环境保护行政主管部门进行协调并提出审批建议，报国务院批准。

[2] 《中华人民共和国自然保护区条例》第十四条：自然保护区的范围和界线由批准建立自然保护区的人民政府确定，并标明区界，予以公告。

[3] 《中华人民共和国自然保护区条例》第二十条：县级以上人民政府环境保护行政主管部门有权对本行政区域内各类自然保护区的管理进行监督检查。

二是立法制规权。在环保工作中，政府作为主要责任主体，其环境职责的落实质量与环境质量的密切相关。根据《中华人民共和国环境保护法》第二十八条[1]之规定，政府应当对自然保护地建设实施领导管理。具体而言，政府可以通过立法或制定规章办法、行业标准等形式从宏观角度具体实施自然保护地管理，使各项工作有法可依。如制定自然保护地生态规划；监测、评估技术标准以及行业标准、资质等级标准、突发事件及自然灾害应急处理办法、自然保护地准入制度和资源权属及恢复制度等。

三是其他权利。如监督权，即政府具有跟进和监督权力下放主体之职权履行情况的权力，以保证权力体系的有效运行。此外，由于充分吸取部分地方政府违法管理的经验教训，为了杜绝政府实行地方保护主义或者执法不严、违法不究而成为环境犯罪的庇护伞、保证环境质量健康有序发展、确保责任落到实处，我国《环境保护法》还规定了考核评价制、环境保护目标责任制以及向人大报告制度等配套措施；执行权，即政府参与执行各类自然保护地项目、落实国家政策措施，做到“指挥有效、运转协调”；审查权，即政府享有自然保护地设立资格的正当性审查权力，确保自然保护地设立、变更和撤销符合正当程序要义，促进社会生态目标的有效实现；依照共管协定应当享有的其他权利。

同时，政府应当承担的义务主要包括必要出资义务、提供必要技术支持义务、权利合法行使义务依照共管协定应当履行的其他义务。

（三）其他利益相关者

一是非政府组织。生态保护工作是一项复杂繁琐的系统工程，仅靠政府单一力量往往会力不从心。非政府组织一词于 1945 年在联合

[1]　《中华人民共和国环境保护法》第二十八条：地方各级人民政府应当根据环境保护目标和治理任务，采取有效措施，改善环境质量。《中华人民共和国自然保护区条例》第七条：县级以上人民政府应当加强对自然保护区工作的领导。

国宪章第 71 款被首次提出。[1] 现主要包括环保团体、科研团体、项目资助者等种类。环保组织在参与生态保护与治理工作中能够发挥整合社会力量、充当政社桥梁、利用新媒体宣传促进公民参与、推动政策的制定和实施、监督其他主体环保职责的履行以及促进国际交流与合作等方面的作用。此外，环保组织及环保主义者们因其内在公益性和自发性而具有高于社区及政府的生态参与原动力，他们对自然保护地生态环境的关注动机单纯地来源于促进环境质量的保育和改善以及对美好和谐环境的不竭追求，是环境正义的代言人。因此，他们通常被称作为环保最新资讯的提供者、环保创新形式开辟者、优秀生态文化的宣传者以及政治个体生态意识认定者等身份，其作为自然保护地参与主体名副其实。实际上，世界最早的自然保护地——美国黄石国家公园的设立最初被提上议程便源于环保主义者的推动。我国青海省三江源生态环境保护协会作为藏区第一个在省民政厅登记在册的民间环保组织，利用其生态环保宗旨、生态意识文化宣传等方式共集结了 54 家社会团体、13 家民办单位、2 家基金会以及众多环保人士为推动改善三江源环境质量，促进青藏高原区域可持续发展，组织动员全社会参与生态文明建设，建设绿色美丽中国贡献了巨大力量。在国际上，许多非政府组织的兴起也打破了一直以来主权国家垄断国际关系的格局，推进国际关系的多维度、多层次、多主体式发展。如美国非政府组织“野生救援（Wildaid）”利用现代科技的发展和自媒体时代的进步，为提高自身社会影响力提供了新的发展空间。截至目前，这个以终结濒危野生动物非法贸易、减缓气候变化为宗旨的非营利性国际环保组织已经取得了我国新华通讯社、包括中央电视台在内的 37 个广播电视媒体、包括人民日报在内的 18 个平面媒体、新浪网等新媒体、户外媒体、合作基金会等众多国内及国际合作伙伴的支持和合作。为减少人们对野生动物制品的消费需求、树立绿色环保的消费观、减少碳排放行为、节约和保护资源作出了巨大贡献。

---

[1] 李俊义．非政府间国际组织的国际法律地位研究 [D]. 上海：华东政法大学，2011:13．

二是企业或项目投资者。美国生态学家、著名思想家莱斯特·布朗在其著作《生态经济革命》中指出：在全球以笃定的脚步走向可持续发展之时，所有企业都负有其应尽之责。自然保护地生态保护框架可以借鉴网络治理理论相关精髓，采取政府、公众、企业、环保组织、科研团体以及新闻媒体六元主体结构进行协同共治。由于许多环保组织存在着与政府合作地位不对等、资金匮乏、内部管理制度不健全等，自然保护地参与主体体系需要吸收一定的资金投入者，而企业作为市场经济活力的代言人，可以以项目投资、旅游公司开发等途径获得自然保护地管理的参与权和决策权，并在对资金流动的合理性进行监管的过程中实施其监督权。由于资金往往是项目成功之源，这使得企业具有天然的磋商优势地位。例如，贵州天龙屯堡即是采取了“政府＋旅游公司＋农民旅游协会＋旅行社”四位一体的经营管理模式[1]，为贫穷的自然保护地社区注入了新的活力。此外，由于经济人的天生逐利性特质，其他参与主体必须监督企业树立绿色的生态经营观，限制其表决权分量，以防止私人经营性质对自然保护地的超负荷渗透，同时增加政府的外部干预，落实生态补偿制度等，推动自然保护地系统的有序化发展。综上，企业或项目投资者在参与自然保护地协同管理中可以享有知情权、监督权以及协商权，同时依照共管协定的约定承担各项义务。

三是科学专家团体或个人。由社区主导的自然保护地管理在实践中往往会出现经营风险以及管理问题，这在一定程度上暴露了社区治理能力上的缺陷。为避免“公地悲剧”再度上演，政府需要做到明晰产权权属，此外也需要赋予专家咨询顾问以发言权。根据我国《自然保护区条例》第十二条以及相关规定，自然保护区的建立申请应当经过评审委员会的评审通过才有资格履行后续程序，而环境科学专家通常占据委员会成员主体之多数。此外，科学技术与环境保护密不可分，

[1]　陈志永，李乐京，梁涛．利益相关者理论视角下的乡村旅游发展模式研究：以贵州天龙屯堡“四位一体”的乡村旅游模式为例 [J]. 经济问题探索，2008(7): 106–114.

不同种类的自然保护地保育工作所需要的专业学科知识通常具备复杂性、多样性以及特殊性，使得专家团体的作用不可替代。

三、自然保护地社区参与的方式

我国对于自然保护地的管理最初秉持“早划多划，先划后建，抢救为主，逐步完善”的观念[1]，管理模式上依靠行政命令和法律等强制性手段，通过一刀切的方式对自然保护地的资源环境进行保护，封闭自然保护区、禁止周边居民进行开发利用，具体管理政策主要贯穿于划定自然保护地边界、资源勘探、机构及人员配置以及物种监测等工作，这种一刀切的管理模式使得保护区生态效益减少，社会与经济效益更是被忽略，难以依靠本身的资源禀赋进行发展。在很长一段时期内，这种管理模式在全国自然保护地内都得到广泛采用，当前我国仍存在一些落后的自然保护地采用此模式，这种模式一定程度上对资源和环境起到了保护的作用，然而伴随时代进步与技术发展，这种管理模式的弊端日益凸显，难以起到推动保护区发展的作用。

伴随社会进步，一刀切封闭式的管理模式使得自然保护地的存在与所在地社区居民的经济、生存和文化方面的权利产生冲突，使得破坏自然保护地的行为频繁出现，导致保护环境的目标难以实现，是保护还是发展成为自然保护地发展的矛盾，显然依靠行政强制力进行管理的模式已不合时宜，自然保护地的出路在于建立自然保护地与所在地社区协调发展的管理模式，目前已发展出多种创新性的发展思想，自然保护地与当地经济协调发展、生态经济理论及自然保护地可持续发展均是对新管理模式的探索，其核心思想在于既实现自然保护地资源与环境的保护，同时又重视自然保护地与当地经济协调发展。在具有以上思想支撑后，自然保护地的管理进入了现代管理阶段，新的阶段中重新强调在保护自然资源和生态环境的同时，注重协调自然保护

[1] 印红，高小平．国家生态治理体系建设：基于自然保护的实践[M]．北京：新华出版社，2015:6.

地建设与区域经济发展的关系。在这些思想的指导下，我国重新认识了自然保护地与当地社区居民的关系，在制定发展规划和管理中，社区居民成为必不可缺的关键因素，使其成为保护与管理的主体之一，通过调动积极性使其加入自然保护地的管理之中。四川省卧龙国家级自然保护地是最先采用这一模式的例子，不仅取得生态效益，同时也获得了经济效益，这一管理模式随后又在九寨沟自然保护地、草海自然保护地、盐城自然保护地等地得到采用。伴随新兴管理模式的实施，数个自然保护地在注重保护的前提下，积极探索配套产业建设，包括养殖种植、加工以及生态旅游等产业，既实现了对自然保护地资源环境的保护，又从中获得自然保护地发展的经济效益。

在对自然保护地传统管理模式进行发展后，公众参与即社区参与到自然保护地的管理地位变得极其重要。借助生态经济理论、区域经济协调发展理论等的指导，我们不难意识到社区居民参与自然保护地的管理是发展的重要动力，共管管理方法被用于自然保护地的经营中，在不破坏自然保护地资源的条件下，对资源进行合理开发利用，通过发展社区经济，既达到保护的目标，也在保护中发展，形成了“双赢”局面。这一期间主要形成了两种管理自然保护地的模式：“社区共管”和“协议保护”。

（一）社区共管模式

西方国家最早提出“社区共管”模式，此模式的初衷在于在自然保护地中既实现对生物多样性的保护，同时也强调与社区的可持续发展。这种管理模式最早用于解决加拿大当地土著居民和国家生态公园的关系问题。我国将此种管理模式纳入到森林资源管理中，其内容为原住居民、当地社区以及政府共同对自然保护地资源进行管理。此种管理模式接近于合作管理以及圆桌式管理等模式，主要指由多个参与主体共同参与管理的形式。通常情况下主体进入管理所需路径可以是谈判、磋商会或是协议等，并在此过程中确定彼此权利义务及职能分配。尽管名称不同，但其本身的含义却基本一致，目的均是实现社区与所在自然保护地间的共生协调发展。目前我国已进行社区共管的实践，主要形式有共管委员会、项目共管和协议共管。协议共管指自然保护地、管理机构及社区通过签订协议对自然保护地进行管理，通常不建立共管组织。共管委员会与协议共管不同，通过成立共管组织，共管领导小组的形式对自然保护地进行管理，其中自然保护区管理机构的领导担任小组组长，与此同时成立管理委员会。共管会成员结构以村委会成员为主，自然保护区中同样抽调人员负责共管委员会的工作。项目共管则以项目作为中心来连接多个主体，目标是完成不同的发展项目。以上三种管理形式在我国均得到实践。

社区共管模式概念指以自然保护地为中心，将与其利益相关者（包括经营者、自然保护区管理部门、周边社区居民以及地方政府等）联合起来，参与到与自然保护地发展相关的资源保护与管理、管理战略方针的制定、实施与评估反馈过程、科学规划自然保护地发展方向以及实现社区经济发展和社区居民生活水平提高中。国务院办公厅在2010年发布的《关于做好自然保护区管理有关工作的通知》（国办发〔2010〕63号）中将社区参与自然保护地共管机制上升至制度层面，赋予了居民以参与权。[1]在《国家级自然保护区规范化建设和管理导则（试行）》第三部分第九项中，原环境保护部确定了社区共管的主要形式及其职能要义。社区共管模式是对传统封闭式管理模式的改革创新，是具备科学性的发展理念对利益相关群体关系的有力改善，是有计划、有目的且以保护为前提的创新开发利用有效方式，是由“输血式”转化为“造血式”扶贫的新鲜血液。

社区共管作为一种管理自然保护地资源的创新管理模式，相较于传统自然保护地管理模式，无论是在参与主体数量上、参与方式上抑或是在经济利益分享中均具有较大的优势，其主要特点概括如下：第

[1] 《关于做好自然保护地管理关工作的通知》第五项：要积极划建自然保护地，建立当地居民参加的自然保护地共管机制，妥善处理好自然保护地管理与当地经济建设及居民生产生活的关系。

一，共管主体多元化。参与社区共管的主体一般共享自然保护地建设的管理权能，并共担职责。他们既可以是像科研专家、项目投资者等个体，也可以是如原住居民、环保组织、政府及企业等组织团体。由于政府及社区与自然保护地有着天然的或是行政上的长期联系，因此其共管主体身份几近顺理成章，而其他主体要参与自然保护地管理必须经过共管前的协商程序，经其他主体认可后方可加入。这种确定共管主体的程序的优势在于灵活性，针对不同地区和不同环境，参与社区共管的主体也不同。第二，互利性。社区共管模式的实施将极大地提升社区居民生态保护意识，使其认识到保护自然保护地与当地经济发展具有一致性，有效调动社区成员的参与热情，自觉投入到自然保护地建设事业中，摆脱“输血”，加强自身“造血”。如此一来，自然保护地与社区居民便实现了“双赢”，自然保护地生态资源得到修复，环境得到改善，不仅改善了社区居民的居住环境，同时也获得了经济收益。第三，高度合意性。社区共管的基本精神在于“决策基于高度合意”。各方共管主体的高度合意贯穿于自然保护地设立、管理以及监督之决策全过程。在共管模式提出以前，我国受计划经济体制的影响，通常采用行政单方决议的传统方式进行各环节管理，而在共管模式下，作出决策的前提是数个主体彼此认同，以谋凝结在决策之上的高度共识而非决策本身。而彼此认同优势在于能够有效缩减由偏颇或者曲解而产生的矛盾概率，因此可以大大降低自然保护的管理成本。

（二）协议保护模式

协议保护是指一种于社区的经济发展及自然保护地的生态保育二者间动态联系中追求协同平衡的一种新型保护机制。协议保护机制是政府和包括专家团体、企业、社区等在内的各类非政府团体或个人基于协议而确立的一种制度性契约关系。并通过协议条款的设置对相关主体保护和管理自然保护地进行赋权。[1] 按照此种协议机制，国家政

[1] 陶文辉，孔令红，智颖飙，等．资源 – 环境双重约束下我国环境政策工具的选择 [J]. 经济研究导刊，2011(35): 14–19.

府和实际资源使用者就保护生态系统达成一致，投资者按照协议中商定的比例向国家政府或实际资源使用者支付资金。协议保护机制也存在其他形式的实践方式，例如，制定协议明确社区主导地位、促进资本流入使保护活动转变为经济活动、动员社区公益活动等，协议保护机制为资源所有者带来一个机会，不但能够保护自然保护地也能利用其资源发展经济效益。协议保护机制建立的一个重要目标便是既保护生物多样性，同时也推动经济发展，这样的机制是多个主体均追求的一个结果，得到提倡自然资源保护的机构、以发展为目的的机构、政府部门和当地社区的共同支持。目前看来，协议保护机制已经在很多国家得到实施并颇有成效。对于发展中国家来说，由于国家财政资金有限，难以抽调资金对自然保护地进行有效保护和管理，沦为表面文章。协议保护机制对于发展中国家来说是一个好的选择，能够为现有各类自然保护地建设提供一个具备可行性、科学性的融资及管理范式，为现有自然保护地体系提供良好补充，强化对具备巨大生态价值的自然景观的保护。作为土地利用与永久保护之间的折中方案，协议保护机制是一种介于传统自然保护地管理模式和开始全面建设自然保护地间的过渡选择，适合政府力量不足但必须对自然保护地进行管理的情况。

协议保护机制形成的前提是多个主体达成共识协议，其中包括政府部门、投资者和资源所有者。协议主要内容包括以下几点。一是补偿：协议保护机制通过周期性偿付的方式来保护特定地域。首先，为了实现保护的目标必须放弃自然资源的使用，这便产生了机会成本，主要包括丧失就业机会以及缩减政府税收，根据这些成本确定补偿金的数额。此外，对于生态资源的保育并非只产生成本，也会产出生态效益，因此补偿金的赔付也应该考虑此要素。例如，通过对资源进行可持续利用以及流域保护可以产生较大的生态效益，借此缓和与所在地社区的矛盾冲突。除此之外，很多地区协议保护机制商定允许对已有资源进行合理、有效的利用，这必然会产生一部分利润。二是期限：协议保护机制诞生的初衷便是永久地对生态系统进行保护。协议保护机制以不同的方式来实现这个目标。首先，虽然单次签订的保护协议约定了固定期限，但在协议期限结束后通常默认自动续约，这样便达到永久保护的目标。其次，部分保护协议的存在是一种调和开发与保护、经济发展与生态保育矛盾的润滑剂，在空窗时期对于较大区域的土地保护工作可以采用特许保护作为过渡性措施。对土地及生态系统原始状态的维系为后续自然保护地新建以及扩建工作提供了选择空间。三是保护标准和指南：在制定保护协议时必须对标准和指南进行明确界定，为具体地监测和执行保护协议提供坚实的基础。制定标准中应当找到协议各方均认同以及保护与发展间的平衡点，标准的内容范围可以涉及资源的可持续采集、传统使用方式的沿用等，指南应当对采取何种措施对生态进行保护作出确切规定，内容包括监测标准和突发事件应急方案等。

协议保护制度虽仅仅产生于一个理论概念，但在国内的应用中不断适应于国情，目前已大力发展并在实践中颇有成效。但由于其发展动力主要来自于民间力量，所以依然有着较大不足，其问题概括如下：

一是可持续发展问题：①协议保护机制过度依赖环保组织，这导致协议保护的实施效果基本由环保组织的情况决定。权力的过度集中则会导致监督不力的弊端出现。具体来说，环保组织通常决定着各社区进入保护协议主体的选评权、自然保护地项目策划及实施权等。但其自身的资金短缺以及身份地位不明确等弱点则会间接导致协议保护机制的成效大打折扣。②政府对协议保护机制的态度不明确，未来发展前景模糊。协议保护机制虽然在实践中被证明有效，但缺乏一个合法的法律地位，对于不同地区的兼容性有待证明。因此尽管协议保护机制在许多地区的实施获得了政府认可，但政府对于环保组织的容纳度仍然不高，合作主动性往往较为低迷。政府对协议保护机制的模糊态度使得其发展前景并不明朗，其至今仍然停留在项目运作阶段，很难在实践层面进行发展。③社区成功难以持续，呈现推广难题。协议保护制度产生效果的前提之一便是当地社区具备持续、有效的保护能力，这不仅需要科学管理制度作为保障，更需要源源不断的资金作为支撑。目前，许多协议保护项目都以社会资助及奖励作为资金主要来源，这种方式往往具有暂时性及不稳定性。理想中通过发展绿色经济项目来实现自给自足的社区仍处于萌芽阶段，这就导致协议保护机制难以在社区中进行大范围推广。

二是制度化问题：制度化具有促进群体组织系统完备和规范统一的作用，通过控制人的行为并提供行为范式，能够推动社区治理秩序和谐稳定。首先，由于协议保护制度在实行和推广进程中需要探索适应中国国情的实践道路、应对实施环境的多变，这导致协议保护的制度化进程可持续性较低。其次，由于各试点区域之间具备地方特殊性、多样性、多变性的特点，制度化落实过程中差异性较强。尤其是各地环保组织的偏好、当地政府的态度、社区居民的能力等因素存在差别。同时，因缺乏有力领导、制度保障、先进理论指导及配套措施等，协议保护制度化的具体内容往往难以确定。[1]最后，外围保障力和内部推动力的不连贯也会导致制度化的推进动力不足，更会进一步致使规范本身的调整弱力。

目前我国对自然保护地采取“社区共管”和“协议保护”两种管理模式，这两种模式共同点在于强调“参与”，主张除政府参与自然保护地管理外，当地社区、非政府机构和科研机构这些主体也应纳入到管理之中，这就是现代管理模式相较于传统管理模式的不同之处，根据这一本质要点，现代管理模式在我国也被称为参与型管理模式。

四、自然保护地社区参与的激励

由于我国一直以来对自然保护地都实施封闭式的传统管理路径，理所应当地将其他利益相关者视为被监管的目标客体。尽管社区共管模式得到实施，由于社区居民对自己的身份一时无法转换，难以主动

[1] 吴菲．我国协议保护制度的行政法探究 [D]. 苏州：苏州大学 ,2013:26．

高效地参与管理自然保护地。目前我国许多自然保护地发展落后，区域内生活的居民生活水平较低，还依靠“靠山吃山”的低效生产方式，其中一大原因便是居民缺乏环保意识。可以从两方面着手来解决这一问题。第一，在对当地社区居民宣传环保知识时应当做到因地制宜，既要结合当地社区的生产生活实践，也要采取多种形式教育和动员居民，提升他们的环保意识、增强他们的环保动力，让他们认识到对自然保护地进行社区共管的重要性和积极意义，争取获得社区及社区居民的支持。第二，丰富完善现有激励制度，激发各主体参与自然保护地管理的热情。激励机制的完善不但可以提高当地社区居民参与的积极性，获得可观的经济收益，也可以使生态系统的保护受到普遍关注，改善环境质量、尊重环境承载能力和自净能力，最终实现环境与经济的协调发展。对于自然保护地中社区共管激励机制的方式应当采取多样的形式，既要有基于成员参与生态保育力度而核算的生态补贴，也要有让社区居民参与管理经营的浮动收益，在制度中激励应当一分为二，不但进行正激励，也要有负激励，在保护不力或者生态环境变差时对社区居民进行针对性的惩罚。自然保护地管理员是社区共管激励制度的重点对象，因此对其进行的激励形式可以采用公务员考录制度作为任免机制、改革工资制度及领导机制，增强人员工作驱动力，加强决策效能、提高工作水平。

激励机制的本质为“分配权力”和“共享利益”。虽然自然保护地社区成员对自然保护地内各类资源的使用权被一定程度上限制甚至剥夺，但通过参与自然保护地共同管理使其获得了替代权力即主体权力。这种合理的赋权过程促进了自然保护地与原住居民的良性交流。国情与地方政治、经济和文化等要素决定了所赋予权力的大小。经济利益是社区共管考虑的重要因素，但并非唯一要素。社区共管模式下应当保证社区居民对重大决策的发言权，这样才能够使得“参与”真正具有广度与深度，让“参与”主动且可持续。赋权是保证“参与”的关键，社区居民的参与权、决策权以及主体利益是保障的重点，针对赋权进行立法，规定赋权的具体内容，这可以为居民参与提供法律保障。

“分享利益”是指对自然保护地经营的经济收益应当在自然保护地管理机构和当地社区间共享，其形式以及具体表现为就业岗位的提供、出资援助以及技术援助等。例如，印度的社区林业便是一个分享利益的典型案例。其采用了社区林业的管理模式，让当地社区居民参与到自然保护地的经营中，并将收益分享给居民，最终形成良性激励机制。早在1990年印度政府便制定了联合森林经营制度，制度中明确说明社区居民通过参与森林保护和造林来获得收益，其中特别指出动员社区居民和非政府机构的重要性。到了2002年，印度政府对联合森林经营制度进行了完善，补充了冲突管理机制。联合森林经营制度在印度所有联邦中都得到采用，并补充完善相应内容。发展和管理林业是一项复杂的系统工程，其中涉及社会生活的各个侧面，因此必须要求社会各主体参与其中，联合森林经营制度产生并得到印度政府采纳并应用的根据就在于此。这项制度的实施使得政府和所辖社区在森林资源经营工作中共享权益、共担责任、联合管理以及互为监督。此外，印度各联邦会根据自身情况差异做出部分调整，如各联邦在主体参与和利益分享等方面做法不同，其中尤以利益分配差异最大。在努力做好森林保护和经济发展平衡后，能否持续发展成为建设的关键，因此该模式也被融入乡村发展项目中。印度的这一激励制度是通过与当地社区居民和社会力量共享利益实现的。[1] 这为我国发展社区共管激励制度提供了参考，有利于我国激励制度的进一步完善。

激励机制并非简单的经济援助，自然保护地社区原住居民可以通过参与管理和经营来获得利益。我国可以参考印度联合森林经营制度管理模式，一边通过赋权激发原住居民参与的积极性，一边对自然保护地经营产生的经济收益与自然保护地社区原住居民进行分享，这不仅能大大激发自然保护地社区原住居民参与保护和管理自然保护地的动力，也为社区共管模式的进一步完善创造了机会。

---

[1] 张晓彤．论我国自然保护区社区共管的法律规制 [D]. 长春：吉林大学，2016:36.

第四章　自然保护地社区协调发展之依据

我国自然保护地的建设面积十分广阔，在自然保护地内既要维护生物多样性，保护生态环境，也要兼顾原住居民的生存与发展，自然保护地社区管理模式无疑发挥了重要作用。但从实际情况来看，我国传统的自然保护地管理模式（如社区共管模式）虽然在一定程度上缓解了自然保护地保护与自然保护地社区、原住居民发展权利之间的矛盾，但并未从根源上解决保护与发展之间的冲突，治标不治本，也对自然保护地原住居民的生存、经济、文化等方面的权利造成了一定损害，也由此引发了一些不必要的矛盾冲突。综合考量自然保护地社区协调发展的理论基础与现实因素后，本章认为应对传统的自上而下的自然保护地社区管理模式进行修正，将以往作为管理对象的自然保护地原住居民与自然保护地社区作为主体，从原住居民参与与社区主导两个维度对自然保护地社区协调发展模式进行重新构建，从而从根本上协调好自然保护地保护、自然保护地社区发展和原住居民权益保障之间的激烈冲突。

第一节　社区发展之历史回顾

在现代社会中，人们总是在一定的地域空间内与他人共同生存与发展的，在社会学中，相关的范畴是社区。20 世纪 80 年代中期以来，特别是随着深化改革的推进和社会经济的转型，单位制度逐渐解体，原本由政府和企业承担的社会职能逐步向社区转移。与此同时，人们的生活水平不断地提高，人口数量也在不断地增加，这对社区功能的增强提出了新要求。越来越多的人开始认识到，推动社区建设与发展，改善社区环境，切实提升社区服务功能，提高社区生活质量，培育居民的社区意识对我国现代化建设的重要性。社区发展的内涵极其丰富，涉及社区乃至整个社会的方方面面。在此，本章对社区发展的概念、社区发展的定义、特征以及社区发展的社会学意义作历史的回顾。

一、社区发展的概念、特征及模式选择

（一）社区发展的概念与特征

1. 社区发展的缘由

“社区发展”这个概念的真正实践，发源于19世纪末20世纪初期的英国、法国和美国等地区出现的“睦邻运动”。这个运动的宗旨是通过培养社区居民的社区意识、社区自治精神和社区生活共同体的归属感，在充分利用社区的各种资源（人力、物力、财力等方面），来动员社区居民集体参与社区改造和生活条件优化的活动。“社区发展”的概念最早在1915年由美国社会学家弗兰克·法林顿（Frank.F）在他所出版的《社区发展：将小城镇建成更加适宜生活和经营的地方》中提出。社会学家德怀特·桑德森（Dwight Sanders）、罗伯特·阿诺德·波尔森（Robert Arnold Polson）在1939年出版的《农村社区组织》等书中，也对社区发展的概念、理念及实践方式进行了论述。此时社区发展概念同现在相比尚有较大差别，但他们为后来该概念的发展与广泛运用奠定了基础。

第二次世界大战结束后，许多国家（尤其是农业国家）面临着贫困、疾病、失业、经济发展缓慢等一系列问题，要解决这些问题，仅仅依

赖政府力量是远远不够的，因此运用社区民间资源、发展社区自助力量的构想应运而生。联合国成立之初的1948年，遂提出落后地区经济发展须与社会发展同步进行的方针，并采取实际步骤援助以社区为单位的社会发展。1951年，以联合国经济社会理事会通过的390D号议案为标志，“社区发展运动”的倡议正式发出。该议案的主要设想是通过在各基层地方建立社区福利中心来推动经济和社会的发展。后来制定的更为行之有效的“社区发展计划”指出要以乡村社区为单位，由政府有关机构同社区内的民间团体、合作组织、互助组织等通力合作，发动全体居民自发地投身于社区建设事业。1952年联合国正式成立了“社区组织与社区发展小组”，来具体负责试行推广世界各地的社区发展活动。1957年，联合国开始研究社区发展计划在发达国家的应用，试图通过社区发展解决后工业化与城市化带来的诸多社会问题，并得到了一些发达国家和地区政府部门的重视。此后，联合国还在世界各地举行了多次研讨会，探讨社区发展理论与方法，先后发表了《社区发展与有关业务》（1960年）、《社区发展与国家发展》（1963年）、《都市地区中的社区发展与社会福利》等报告。从此，社区发展作为一个重要的理论概念在全球得以迅速推广和施行。

2. 社区发展的趋势

伴随着各国、各地区社区发展的实际进程，“社区发展”的外延已不再局限于发展中国家，逐步覆盖了发展中国家、发达国家以及所有新兴的工业化国家及地区；“社区发展”的内涵已不再局限于落后国家的扶贫助弱工作，已拓展至所有国家之社区的经济、政治、文化、教育、卫生、环境、服务、管理等各个方面，综合性与全面性已成为社区发展的趋势。具体来讲，其扩展过程主要表现为：

一是从农村地区的社区发展扩展为城市地区的社区发展。社区发展正式作为一种发展实践的方法来运用，最先是在广大发展中国家的农村实施的。20世纪60年代以后，联合国开始讨论在城市地区推行社区发展的可能性和必要性。1962年联合国在新加坡举行了“亚洲都市地区社区发展研讨会”，并提出了印度新德里市的实验报告。此后的几十年间许多国家或地区的城市社区发展得以普遍开展，且日益成为城市社区工作的重要内容和方法。时至今日，社区发展除了因社区结构及当地需要不同而使工作内容有所不同以外，已基本没有城乡之间的差距了。

二是从发展中国家的社区发展扩展为全球性的社区发展。在传统的社区发展规划的制订中，人们更多地把注意力放在发展中国家，甚至认为社区发展只是发展中国家的事。然而，80 年代以来，随着全球化的迅速扩展和深化，全球的整体性和相互依赖性日益增强，越来越多的人已经认识到，发展中国家的贫困绝不只是在发展中国家发生的贫困，它也是影响世界安定的重要原因。可以说，任何一个发达国家都依然存在着一个不断完善自身、发展自身的任务，如美国政府所制订的“反贫困作战计划”，就是一项致力于社区发展的“行动方案”。当前，对社区发展的重视已成为世界各国的共同特征。

三是社区发展的科学性与系统性不断增强。社区发展运动开始出现时，联合国及各国开展这项工作，对有关原理、方法问题的认识也不成熟，世界各地的社区发展事实上主要是凭经验办事，实际工作者与理论研究者的联系不甚紧密，造成工作上缺乏科学性、严密性和系统性。这种局面随着专业社会工作者的介入和日益密切地同实际工作部门相结合而得到改变。经过社区组织和社区发展工作理论与方法训练的社工人员，凭借其对社区发展问题的深刻、透彻和全面的理解，运用自己的熟练技能使社区发展工作更加科学化和专业化。当今世界很多国家，在开展社区发展实践时都邀请社区工作专家参与指导，以系统化的理论作为工作指南和理论依据。

四是从应时性的社区发展逐步变为可持续协调的社区发展。传统意义上的社区发展被认为是解决现实困境、摆脱贫困和失业的应时性举措。而今天，随着社会发展观念的不断改进，可持续发展观已成为世界各国普遍接受的观念，其在社区发展中也得到了相应的体现。现代意义上的社区发展更多侧重于发挥社区居民的发展积极性和强调社区居民的参与性，以保障社区走上可持续发展的道路。

五是社区发展与社会发展越来越趋向融合和协调。社区作为一种地域性社会，是连接个体与社会的桥梁与纽带，是社会的微观化和重要组成部分。同样，社区发展作为社会发展的一个重要组成部分，也与社会发展有着内在的融合性和协调性。正是通过将整个社会发展牢固地建立在一个个社区的发展之上，并不断地保持它们之间的一致性、协调性，我们整个人类社会才会走向良性且持久的发展之路。

3. 社区发展的概念及特征

社区发展这一概念所蕴含的实际内容，可以说是随着社区的产生而产生的。但是，关于社区发展的定义却众说纷纭，在不同地区、社区，人们赋予它不同的目标和含义，不同的服务机构、团体、政府从不同的价值角度、利益角度来理解它、推行它。美国社会学家桑德斯（IrwinT.Sanders）在其《社区论》（*the Community:an Introduction to a social system*）一书中概括出对社区发展的四种不同的界定：（1）“过程”说。该观点认为，社区发展是一个“过程”，通过这个“过程”来实现社区变迁的一般目的。该定义属于抽象工具理性范畴，它把社区发展概括为能够促进社区变迁的民主参与过程。（2）“方法”说。该观点认为，社区发展是实现一种目的的“方法”，凭借这种“方法”完成社区发展过程的各个阶段，实现每一个阶段的特定目的。该定义属于具体工具理性范畴，它把社区发展视为实现一般变迁过程的方法、步骤。（3）“方案”说。该观点认为，社区发展是由一个个项目计划即“方案”构成的，每一个“方案”都是根据社区的实际需求制订出来的，通过完成这些“方案”来达到需求满足或问题解决的目标。该定义属于具体目标理性范畴，它把社区发展目标化为有计划地解决社区所面临的实际问题的行动、活动或工程。（4）“运动”说。该观点认为，社区发展是一种社会运动，它致力于社区的整体发展，其理论基础是哲学—社会学的，涉及不同社会制度的文化价值选择和社会理想。该定义属于抽象目标理性范畴，它把社区发展制度化为实现理想和信念的一种社会运动。

目前，大多数国家接受联合国对社区发展所作的界定：“社区发展是一种过程，通过这个过程，社区居民共同努力并与政府权威人士合作，以促进社区的经济、社会和文化发展，并进一步协调和整合社区，使它们成为全国人民生活的一部分，进而使社区发展成果为全国繁荣和进步作出积极的贡献。”在此过程中，包括两个基本要素：一是由人民自己参加、自己创造，改善自己的生活水准；二是由政府提供技术协助或其他服务，以鼓励社区居民自动、自助、互助的精神，并使这种精神更能发挥效力。

从联合国给社区发展的定义中我们可以看到社区发展有以下几个特征：

（1）主体性。社区发展的主体是社区的全体成员，因此，它强调居民的共同参与以及在此基础上的居民的自助、互助和自治，是社区力量的总体开发，而不是单纯依靠政府和他人来提供服务。同时，社区发展也必然要求少数人的决策转变为广大社区成员的决策，少数人的参与转变为大多数人的参与，以促使社区发展从依赖外部人力物力资源的“外源型”发展转变为“内源型”发展。而这些都必须充分发挥社区发展主体的积极性。

（2）目标性。社区发展的目标是代表一个社区发展的方向和未来，是一个社区前进的路标和灯塔，它可分为直接目标和间接目标、远期目标和近期目标、计划目标和实施目标、任务目标和过程目标等。从直接目标上来看，社区发展就是协助社区认识其共同需要，增加其居民对社区事务的参与，改善社区生活质量，促进社区的整体进步。尤其重要的是，社区发展并非在于解决所有的社区问题，而在于其活动过程之中，社区居民增加了对活动的了解和认同，在共同意识和归属感上得以加强。

（3）动态性。社区发展是一种有组织的、有计划的、经济和社会并重的动态过程。社区的发展，无论是从其整体的角度来看，还是从其各个部分的彼此关系的角度来看，都不是一成不变的集合体，而是一个动态集合体，即任何一个社区的发展都有它的发生、发展和成熟的过程。因此，我们必须把社区发展放在运动和变化之中加以考察和研究。

（4）建设性。社区发展说到底是靠社区建设来实现的。社区建设是社会工作学和社会学在社区工作中的有机结合和具体应用，是社区工作的总体概括，因此，具有重要的理论意义和实践价值。但是，社区发展不是仅仅搞几项物质建设或实行几项福利措施，而是通过社区的全面建设，来改善社区的经济、政治、社会、文化、环境等状况，以促进社区的发展。

（二）社区发展的模式选择

社区发展模式，也被称为社区发展模式理论，是社区工作方法中的一种模式，有理论模式和实践模式之分。少数观点认为社区发展模式是一个纯粹的理论模型，例如何雪松教授认为社区发展模式“是与社会发展紧密联系的一个理论概念”[1]。社区发展的理论模式又分为存在模式和功能模式。前者主要有社会体系模式、社会冲突模式和社会场域模式三种类型；后者主要有计划变迁模式、政府授权模式、社会参与模式和文化创新模式四种类型。但目前人们更倾向于视社区发展为一种具有理论指导意义的社区社会工作实践模式。本书亦认为社区发展并非仅具有理论意义，它更大的价值在于其实践性。这些具有代表性的社区实践发展模式主要有四种，学界对其名称虽表述不同，但在本质上都是一致的。

1. 以需求为本的社区发展模式

“需求为本”，指寻找社区存在的各种问题，例如贫困、失业、犯罪等，从问题中探究其形成原因。寻求能够最大化地满足社区居民

---

[1]　何雪松 . 社会工作理论 [M]. 2 版 . 上海 : 格致出版社 , 2017:119–120.

的现实需要，以获得需要来解决问题。但随着时代的发展，也滋生出许多的问题：一是社区居民在向外界寻求帮助的时候，往往被认为是“有问题的”和“需要帮助的”，久而久之就会形成固有标签，打击了社区居民的自尊心，也阻断了社区居民的自由、独立发展。二是过分依赖于外界的帮助，会导致自身能力的下降。

2. 以资产为本的社区发展模式

资产为本的社区发展模式（Asset-Based Community Development，简称ABCD模式）的理论，初见于1993年约翰·P. 克莱兹曼（John P. Kretzmann）和约翰·L. 麦克奈特（John L. McKnight）出版的《社区建设的内在取向：寻找和动员社区资产的一条途径》一书。其内涵，张和清将其描述为“杯子里还有半杯水”他们摒弃了传统以需求为本的社区发展模式，强调从社区本身的资产、优势和能力为基础而不是着眼于社区发展当下存在的问题为导向来促进社区的发展。同时将社区资产分为个人资产、社区组织资产、社区团体及部门资产、自然资源及物质资产四种类型。与以需求为本的社区发展模式相比较，资产为本的社区发展模式强调社区本身所拥有的资源、能力与技术，强调社区的优势及资产，而不是聚焦于本身的不足与问题，让社区中所有的成员都能够获得保证其良好生活的所需资源。

3. 社区营造模式

社区营造是指居住在同一地区的人们共同处理社区生活议题，他们通过集体行动的方法，解决问题的同时也创造共同的生活福祉，逐渐地在居民和居民之间以及居民与生活环境之间建立紧密的互动与联系。[1]社区营造模式是在社区治理模式上的新的进步，相较于社区治理，社区营造强调居住在同一地区（主要是该社区内的）人们的主观能动性，以社区居民为主体而不是诸如政府机关等自下而上开展社区各项事务。党的十九届五中全会指出要完善共建共治共享的社会治理制度，

[1] 吴海红，郭圣莉. 从社区建设到社区营造：十八大以来社区治理创新的制度逻辑和话语变迁 [J]. 深圳大学学报（人文社会科学版）, 2018, 35(2): 107–115.

其中的关键是必须加强社会治理制度建设。构建和完善符合新时代社会发展需要、人民群众对美好生活向往所必需的社区发展模式是题中应有之义，是共建共治共享模式在社区发展实践的具体应用。

4. 社区企业模式

社区企业模式着重强调企业在社区发展中的作用，不同学者对其有不同的称谓，典型的还有"企业推动型"模式。由于在实践中形成了不同的治理结构，不同的治理结构当然意味着治理机制的差异。[1]如"企业主导型"社区发展模式强调企业是社区治理的主导者与推动者，社区发展体现着企业的组织化运作方式；在"社区企业联建型"社区发展模式中，社区发展机制又具有自身的特定的机制。

社区和企业管理一体化是企业主导型社区发展模式的治理机制，它体现为社区发展的企业化管理模式，将企业管理和社区治理融为一体。企业的发展和社区的建设和公共管理密不可分，企业的发展就是社区经济的发展，企业工资收入就是社区居民生活的保障。此举实现了社区和企业领导班子的高度合一，社区发展本身体现着企业的功能与价值。

合作式治理，是指企业与社区通过建立特定的协议关系，共同维护社区治理，维护社区秩序。在此种模式下，企业位于社区的地理范围内，企业的员工也多数是社区的居民，社区由此与企业形成了密切的联系，企业在社区发展中占据着重要地位，是不可忽视的主体力量。一是以社区的党组织为核心、社区居委会为主体，社区内的各企业的党组织为补充，互派党员干部挂职，提升党的基层自治能力和影响力；二是在服务上加强协作，构建一个由社区提供平台、企业充分施展拳脚、社区居民和企业员工共同参与的服务型社区。三是针对外来企业员工多的特点，重点开展劳动法、治安管理条例、人口计生条例等普法教育，开展法律咨询、开辟法治宣传长廊等，构建法治型社区。

[1] 李增元，宋江帆．"企业推动型"农村社区治理模式：缘起、现状及转向[J]. 甘肃行政学院学报，2013(2): 12-21+125.

5. 社区治理模式

社区治理模式是指在社区的发展和各项社区公共事务的管理中，由政府以及公民之间，由多个部门所进行的多个主体之间的合作。社区治理模式的理论来源是 20 世纪 50 年代出现的新公共服务理论和公共行政理论，并在 20 世纪末期形成了社群主义和治理理论。珍妮 · V. 登哈特（JanetV.Denhardt）和罗伯特 · B. 登哈特（RobertB.Denhardt）夫妇在其著作《新公共服务》中第一次阐述了新公共服务理论，强调“战略地思考，民主地行动”，为了实现集体的远景目标，在具体的计划实施过程中，需要公民的积极参与。公共行政理论这两种理论都强调政府职能的转变，引导公民有序参与公共事务以维护公共利益。查得 · 博克斯认为，在对地方性的公共事务进行治理的过程中，特别是在社区治理的过程中，公民应该扮演着十分重要的角色而参与其中。在戴维 · 罗森布看来，在进行政府的治理过程中，社会组织所占据的地位也应该得到不断提升，因为通过民间组织的治理以及参与，可以进一步提升公民对政府的认同感。

社区治理模式实践多见于中国大陆地区。2013 年，党的十八届三中全会提出推进国家治理体系和治理能力现代化，这是中国城市社区从服务到建设再到治理的重要转变。紧接着在 2015 年党的十八届五中全会提出“加强和创新社会治理，推进社会治理精细化，构建共建共享的社会治理格局”，2017 年国务院颁布《关于加强和完善城乡社社区治理的意见》，由此社区治理模式在政策上真正落地。

二、社区发展之社会学意义

在人类新的发展观中，社区发展不论是对经济社会发展，还是对人本身的发展，都具有十分重大的意义。首先，社会整体上的各项发展，离开社区是难以想象如何去充分地发育和进步的，没有无数个具体社区的同步发展，那就不能说真正实现了社会的发展。没有社区发展的社会发展势必造成社会的“中空化”状态和无根基的局势，终究是难以为继的。其次，社区发展还可作为促进社会发展的积极手段，往往为许多落后国家实现宏观发展目标提供最有力的帮助，是一条既现实可行又有长远意义的途径。通过社区发展，可以减轻中央政府承受的发展压力，促进整个社会发展。社区发展还可以促进当地人民与政府之间建立有活力的合作关系。倘若地方政府机构在没有当地社区参与的情况下制订计划，这些计划往往无法反映地方的优先需求，从而会降低政府机构的服务与管理效果。实际上，社区发展虽然具有手段性的一面，多数时候人们是把它作为整个发展行动中的一种具体方法来应用，但同时必须深刻认识到社区发展也是目标本身，是以人为中心的发展的必然要求。

而自然保护地社区的建设可以使自然保护地社区内部环境、经济、管理和社会四个方面均得到有效的提高。创建自然保护地社区，可以更好地保护自然保护地生态环境，实现自然保护地自然资源的可持续发展；通过建立自然保护地社区公众参与环境保护管理的新机制，在增强公众环境保护责任感的同时，维护了原住居民的合法环境权益；将自然保护地社区生态环境的保护与原住居民经济的发展相结合，因地制宜发展经济，创造出一种人与自然和谐相处，原住居民既是自然保护地建设过程中的受益者，也是自然保护地的管理者的自然保护地社区协调发展模式。可以认为，建设自然保护地社区是社区发展的绿色转型，是社区发展的新范式。建设自然保护地社区是生态文明建设的重要一环，是实现“人与自然、人与社会、人与人、人与自身”四大和谐的空间载体。因此，自然保护地社区发展在社会学上具有重要的理论意义和实践价值。

（一）从本质上说，自然保护地社区是实现“自然—人—社会”共存共生共荣与和谐发展的基础载体。建设自然保护地社区，既能实现“尊重自然、顺应自然、保护自然”的社会主义生态文明理念，又能够以人为本，满足人生存发展，使人能够享有健康的物质生活和丰富的精神生活，促进人的全面自由发展，同时还能够形成人与人之间诚信、友善，相互关爱的人际关系，遵规守法，建设和谐安全社区。建设自然保护地社区的实质是“自然—人—社会”间的和谐统一与协调发展关系的体现和实践。自然保护地社区的建设既要充分考虑生态环境的保护和自然资源的可持续利用，还要考虑自然保护地社区的社会人文因素，促进自然保护地社区人与自然的和谐，人与人、人与社会的和谐。因此，自然保护地社区的建设与发展，有助于促进自然—经济—社会复合系统的绿色发展。

（二）从理论与实践的关系来说，建设自然保护地社区是实现绿色发展与生态文明社会形态的必然要求。针对最初强制—封闭式自然保护地管理模式的反思，催生了现代自然保护地社区共管模式，该模式以绿色发展理念为指导，建构社区内“自然—人—社会”共存共生共荣的和谐关系，以促进自然保护地社区的协调发展。在自然保护地社区协调发展中，人们必将进行理论创新，其理论成果必将补充、丰富和推进生态文明的内容和形式，厚植绿色发展理念，带动自然保护地经济协调发展，使生态文明建设更具有生命力。

（三）从建设中国特色社会主义的伟大实践来看，建设好自然保护地是实现绿色发展最基本的要求，它也是使中国特色社会主义“五位一体”建设布局落地生根的关键一招。社区是社会的细胞，是社会的基本单元，将社区与自然保护地建设相融合，是实现自然保护地建设目的的重要理念。自然保护地社区的创建，有助于社区资源环境的保护，增强当地居民的绿色文明意识，推动当地特色旅游业的发展，带动当地经济的增长，有助于自然保护地社区居民生活条件的改善，从而实现人与自然和谐发展。

三、自然保护地社区发展的特点

20 世纪 80 年代以来，国际社会日益认识到经济发展与生态保护之间的紧密联系。因此，越来越多的国家和地区将环境保护提上议程。在该国际背景下，“社区自然保护”（community-based conservation）概念应运而生，并迅速在国际环境保护机构中推广开来，成为当今自然保护的主流范式之一。一般认为社区自然保护应该包括两个方面的目标：一是促进包含生物多样性（尤其是濒危野生动植物）在内的自然资源保护，二是促进当地人积极参与自然保护。“社区自然保护”概念的产生与1979年联合国教科文组织“人与生物圈计划”提出的“缓冲区”和“过渡区”概念，以及20世纪80年代末兴起的“综合自然保护和发展项目”(Integrated Conservation and Development Program，ICDP)密切相关，而后者对于社区自然保护理念在全球的推广发挥了极其重要的作用。ICDP强调将社区发展与自然保护相结合，采取的方式包括为社区提供直接经济补偿、发展生态旅游、开发手工艺品、提供小额贷款、开展育林工程、支持基础设施建设等。ICDP的拥护者相信，如果给当地人创造经济机会，就能降低后者对自然资源的依赖程度，减少自然资源管理部门与当地社区之间的利益冲突，促进保护目标的达成。

20世纪90年代后期，随着与新兴保护理念的结合，社区自然保护的模式变得愈加多元。其中，一些理念直接基于市场原则，例如估算生态系统服务功能的金钱价值，然后为当地人提供相应生态补偿；另一些则将社区视作社会－生态系统的一部分，采用诸如景观层面的保护等形式，试图在更大尺度上通盘考虑社会发展与生态保护的关系。这些理念被应用在联合国和众多国际保护组织的项目中，因此得以在全球推广。与此同时，社区自然保护也更多地与原住居民权益、基层赋权、妇女平权、机制改革等社会运动相结合，被不同主体附加了多种多样的想象和期望，因此拥护者甚多。随着社区自然保护理念的广泛应用，自然保护地社区逐渐建立起来，时至今日，建立自然保护地社区已经成为国际自然保护领域最主流的保护范式。

在世界范围内，自然保护地社区具有各种各样的类型、千差万别的形式，因此自然保护地社区发展的内涵也丰富多样，但通常都表现出了一些共同的特点：

（一）保护的自发性。自然保护地社区发展是建立在社区内占据绝对数量群众的自愿基础上的，其所采取的保护行动也是群众自发的。自发保护是自然保护地社区发展的主要特点，自然保护地社区发展往往经历了较长时期的历史沉淀，因而有充分的时间让生物多样性保护成为社区内绝大多数群众发自内心的共识，并能够把这种共识提升到道德或宗教层面以形成代际传承。

（二）管理制度的特殊性。自然保护地社区的存在与发展必须依托于一定管理制度，如习惯法、乡规民约或家规等。这些制度一方面对社区内各个利益相关者的自然资源利用进行管理（约束），即内控性的自我约束；另一方面也管理或排斥外来资源使用者。与管理制度相配合，社区也有相应的组织管理手段和资源，如社区领导、信息机制、资金和人力保障等，来贯彻实施管理制度。自然保护地社区的管理制度通常规定比较具体，因地制宜，对区域内自然和社会经济特点针对性强。自然保护地社区刚性的管理制度通常伴随有被社区成员普遍遵从的宗教或道德。宗教或道德的调控可以为刚性的管理制度创造良好的实施环境，并把需要专门人员和经费支持的保护活动转变为与社区成员日常生产生活活动紧密结合、全体社区成员共同参与，使管理活动能够低成本和可持续地运作。

（三）权属边界的确定性。自然保护地社区通常具有明确的四至界限，这些界限常常和河流、山脊等自然地理边界重合。在自然保护地社区发展的过程中，自然保护地社区的边界通常具有“非正式”和“动态”两个特点。所谓非正式，是指自然保护地社区的管理区域从历史角度看具有合理性，但不一定都受到当前法律的认可或保护，某些情况下甚至与国家的和周边社区的土地权属冲突。所谓动态的，是指自然保护地社区的大小和社区的管理能力相适应的，同一个社区在不同历史时期由于管理能力不同，所管理的社区自然保护地大小也不同。随着相邻社区之间管理能力的变化，一个社区的自然保护地与相邻社区的自然保护地存在此消彼长的情况。自然保护地社区虽然面积较小，但作为有明确的四至范围的、介于大型规划区和千家万户之间的经济单元，潜在地可以与各级政府的各种区划衔接，成为区划实施的有机组成部分，通过区划增进微观与宏观调控手段结合、促进社区和政府合作。

（四）资源利用的综合性。自然保护地社区的发展会强调对自然保护地社区自然资源的综合利用，并发挥生态系统的整体功能，而不是单一、片面地去利用自然保护地社区中的某一种或少数几种资源，并对资源造成过度利用；但也很少有绝对保护不开发利用的情况。自然保护地社区发展历经多年的探索与实践，在处理利用资源方式、保护和发展等矛盾方面形成了适合于社区自身特点的平衡。实际上目前的项目和规划，都力图寻求可持续地解决这些矛盾的答案，而社区自发形成的平衡点与外来的规划人员、开发利用者的平衡点常常不一致，但可以是政府的政策制定的重要参考。

第二节 自然保护地社区发展之功能解读

一、“社会功能”概念在自然保护地社区中的应用

一直以来社会学家们都非常重视对社会结构、要素、行为等进行功能的分析与研究。如今，功能分析已被社会学界“公认为解释社会研究材料最有效的和最有前途的方法。同时，功能分析又是西方社会学者探索社会稳定的重要理论工具”[1]。关于“社会功能”，学界存在不同的看法，概括起来主要有以下三种理解：（1）立足社会成员

[1] 宋林飞．西方社会学理论 [M]. 南京：南京大学出版社，1997：83.

需求的满足程度，考察社会制度、组织、文化等作用和功能，即把“满足需要”作为界定社会功能的尺度；（2）立足人们的社会关系，考察容纳于此种关系之中人际交往的行动、行为的功能；（3）立足社会的结构，考察构成社会结构的诸要素的功能以及诸要素相互作用而产生的整体性功能。

那么，对于当今社会各种不同类型的社区，包括自然保护地社区，其社会功能该如何认定和概括，对此，可以从以下的几个方面来展开论述：一是重视研究社区发展对促进社会经济、政治、文化、生态等全方位发展的重要意义；二是应重视研究社区发展对满足社区居民物质与精神需求及为其提供良好的居住环境的积极作用；三是应重视社区居民参与社区活动与社区管理的积极性对社区建设、社区发展的现实意义及功能；四是重视研究和发掘社区构成的各要素或各个部分对社区整体发展方面的现实功能。根据上述思路去研究和认识社区，可以发现社区的社会功能丰富多样。例如，自然保护地社区的发展有利于促进自然保护地建设工作，能为自然保护地管护提供安定和谐的社会秩序，从而达到生态效益、经济效益和社会效益的统一。

二、自然保护地社区发展的服务功能

社区服务是一个综合性的概念，其基本含义是指在政府政策的扶持和资助下，根据社区居民的不同需要，由社区内的各种法人社团和机构以及志愿者所提供的具有公益性质的社会服务。这种公益性质的社会服务，主要表现为无偿性服务。社区服务的含义有狭义与广义两种区别。狭义的社区服务，主要指面向残障人士、老年人群、遭受家庭暴力困扰的妇女、受侵害的少年儿童、处于困境中的外来人口等弱势群体提供帮助和服务，以及面向那些回归社会的刑释人员，具有不良行为的青少年等社会边缘群体提供帮助和服务。此外还包括为社区中烈士家属、现役军人家属等提供的优抚性服务。广义的社区服务，除上述服务工作外，还包括面向社会全体居民所提供的公益性服务，如公共卫生、生态服务、职业培训与就业指导等。

自然保护地社区服务是指广义上的社区服务，其中包含了生态服务的功能。社区的建立应当追求人类住区与自然生态之间的和谐，从而成为实现可持续发展的目的。自然保护地社区发展的服务功能主要表现为：一是侧重原住居民自主参与社区的环境保护，与自然保护地管理机构合作共同保护当地生态环境和自然资源，以实现社区中人与环境的持续发展。二是强调社区中非物质环境（人的行为、公共参与、社会组织以及社区治理等）在自然保护地社区中所发挥的作用及其呈现出的状态。自然保护地社区目的是解决人地矛盾，保护社区居民赖以生存的生态系统和精神文化不断进步，实现人与自然和谐共处。在自然保护地社区建设的过程中强调社区中的各个组织、团体以及个人能主动关心生态环境的变化，积极地参与维护社区生态环境。三是强调自然保护地社区是社区人与自然复合协调发展的系统，体现人与自然和谐，注重环境保护，提倡可持续发展和公众参与机制，是一个不断演进的、追求可持续发展的过程，具有地域性特征的和谐社区。

三、自然保护地社区发展的民主功能

社区建设、社区管理和社区发展，离不开政府规划、投入、指导、管理等社区行政职能的实现，也离不开广大居民对社区公共事务的社会参与。只有政府单独管理，没有广大居民参与社区公共事务管理的社区难以实现协调发展。现代社区的建设、管理和发展，必须注重居民的社会参与和社会民主精神及实践。

社区的社会参与和社会民主功能，其基本含义是指，社区发展为人们参与社会事务提供了区域社会的场所以及民主建设与民主管理的机会，同时，社区发展也有赖于居民的社会参与和民主管理。积极推动居民的社会参与和社会民主建设，对于提高社区生活质量、搞好精神文明建设，维护社会稳定，从而整体提升社区发展的水平，都是十分重要的。从实践中来看，社区是人们参与社会生活及公共事务的第一场所。人们参与社区的公共事务，实际上在社会领域里开始了民主建设、民主管理即“社会民主”的实践。因此，社区参与社区民主是居民主动介入社区生活与社区管理实践同一事务的不同表述，二者紧密联系,不可或缺。其中,社会民主是居民社会参与的内核与价值要求,而社会参与则是社会民主的实践体现，二者集中统一于居民自我管理、自我教育、自我服务的社区自治实践之中。社会民主是指社会责任与社会权利的统一体，既体现了社会成员对社会发展、公共事务的一种责任，又体现了其享有社会福利与社会保障的权利、劳动与就业的权利、受教育的权利以及参与管理社会公共事务的权利。若将社会民主的概念引用到社区发展中来,则其集中体现为居民对社区责任的分担、对社区公共事务的参与以及对社区发展成果的分享。

首先，自然保护地社区发展应高度重视社区居民的民主权利，即民主化。民选的自然保护地社区领导小组要代表全体社区居民的意愿行事，为全体社区居民服务。其次，还要保障居民能够参与到自然保护地社区管理和决策中,并且社区制定方针政策都要充分体现公正性、透明性和民主性。自然保护地社区居民的民主权利和社区事务的公开性可以集中体现在每月召开的社区会议上，也可以通过社区报纸、文化通讯、年度报告等各种形式向居民通报社区工作的情况和信息。自然保护地社区居民的任何意见、想法、建议都可以直接在社区会议上提出。在高度民主化的社区中，居民不再是被动接受管理的对象，而是真正当家作主的社区主人。

四、自然保护地社区发展的保障功能

社区保障是整个社会保障系统的组成部分。二者在内涵、外延上具有一定的包容性。因此，科学地认识“社会保障”是正确把握和理解“社区保障”的前提。“社会保障”一词，最早运用于1935年美国罗斯福新政时期的《社会保障法》，后被越来越多的国家所使用。现在，社会保障一般是指国家和社会依据一定的法律和法规，通过国民收入的分配和再分配，保障社会成员的基本生活权利和生活需求，以维护社会稳定、促进经济发展的一种社会安全制度。社区在整个社会保障体系运作过程中的地位和作用十分重要。社区不仅可以承接政府和企业事业单位剥离、分化出来的那部分社会管理、社会服务职能，还可以暂时弥补各种非政府社会组织和中介机构发育不全的缺陷，替代这些组织和中介机构承接一部分社会保障的职能。这样，社区作为基层社会的一部分，不仅成为国家保障任务的落实者，而且同各慈善组织、基金会等社会团体一样，成为地位突出、作用明显的狭义社会保障的运作主体。

随着我国社会经济的发展，社区在我国的社会保障体系中的地位显著提高。社区发展的保障功能，主要体现在以下几个方面：

（一）补偿功能。社会保障的补偿功能是指劳动者和其他社会成员在因风险暂时或永久失去收入时必须获得一定程度的经济补偿和物质帮助。由于社区的社会保障组织及工作人员可以详细、清楚地了解社区内居民及其家庭情况，社会保障的具体事务由社区来承担能落实到每个家庭和个人。从这个意义上讲，社会保障的功能在社区保障实践中能发挥得更及时、更到位、更彻底。

（二）调节功能。它首先表现为将社会保障的调节功能具体化。现代社会保障作为国家实施的重要社会政策，是调节收入、缩小贫富差距、缓和社会矛盾的重要手段。现代市场经济在追求效益的同时并不能解决效率与公平的矛盾，社区可以充分发挥其社会保障的调节功能，减少社区中的冲突与纠纷。

（三）稳定功能。社会保障的稳定功能在于通过国民收入的分配和再分配形成基金，用于保障人民的基本生活需要和身体健康，防止出现贫困，提高全社会的就业水平和福利水平，保证经济的稳定发展和社会各系统的安全运行。而社区保障的稳定功能则在于通过社区内具体的保障工作增强保障对象或社区居民的生活保障、心理平衡感、社会公平感、人际亲密感和政治上的向心力，从而达到社会稳定。

第三节　自然保护地社区发展之权利保障

自然保护地社区内的原住居民如何参与到社区事务中来，以保障自身权利，一直是促进自然保护地社区可持续发展的关键所在。自然保护地的建立是通过法律或者其他手段所设定的一定区域，意在维护自然资源以及与之相关的文化资源的永续利用和发展。但该种设定片面强调后代人的长远利益，却忽略了当代人的生存发展权益。因此，如何维护好、保障好当代人，即自然保护地原住居民的权利是必须关注、亟待解决的问题。

一、自然保护地社区发展涉及权利之解读

权利是指在现有法律规定范围内行为人所作的受法律保护的作为与不作为。为了使社区发展真正落到实处，必须赋予社区发展以“真权利”。

（一）惠益分享权

“惠益分享”（Access and Benefit Sharing，ABS）是《生物多样性公约》（Convention on Biological Diversity，CBD）与《粮食和农业植物遗传资源国际公约》（International Treaty on Plant Genetic Resources for Food and Agriculture，ITPGR）规范的一个术语，目前没有统一的界定。《生物多样性公约》第15条规定，“每一缔约国应酌情采取立法、行政或政策性措施，以期与提供遗传资源的缔约国公平分享研究……和开发此种资源的成果以及商业和其他方面利用此种资源所获的利益。这

种分享应按照共同商定的条件。”英国皇家植物园邱园（Kew）认为，惠益分享是“分享利用（无论是否为商业性利用）遗传资源所产生的惠益，并可能包括货币和非货币性回报”。对比发现，惠益分享的主体既包括资源占有者和使用者，也包括当地社区；惠益分享的利益既可以是货币的也可以是非货币的。自然保护地原住居民的惠益分享权则是指自然保护地原住居民对区域内各类资源开发和利用所取得的货币或非货币利益。货币利益是指可以用金钱形式加以衡量的利益，包括资源利用税费、土地补偿费、移民补偿费等；非货币利益指不能用金钱加以衡量和表现出来的利益，主要包括就业机会的丧失、经济收入方式的转变等。

（二）基本人权

1. 生存权

生存权，是一种可持续发展的权利，是个人或者群体维持其存在的最基本的权利，在整体的权利束上处于基础地位，没有生存权利，其余的权利皆属无稽之谈。正如中国政府的第一份人权白皮书——《中国人权的状况》中明确指出：“对于一个国家和民族来说，人权首先是人民的生存权。没有生存权，其他一切权利均无从谈起，这是最简单的道理。”[1]再如《世界人权宣言》第 25 条第 1 款规定，“人人享有为维持他本人和家属的健康和福利水准的权利”，这表明生存权也包含着维持人的生活的水平，当然唯有生存才有生活。但这种权利不是固有和天生的，需要有某些方面的支持与保障，由此发展出消极的生存权和积极的生存权，消极的生存权是说在主体的存续过程中免受外界干预与禁止，使其自然而生，积极的生存权利是指政府等权力部门通过制定和实施一系列积极主动的方针政策来保证生存权不被侵害和妨碍，并且在受侵害后第一时间得到及时的救助与补偿，达到损失

[1] 国务院新闻办公室 . 中国的人权状况 [M]. 北京：中央文献出版社，1991：1.

填平之原则。

2. 发展权

《发展权利宣言》第1条第1款把发展权定义为发展权利是不可剥夺的人权，由于这种权利每个人和所有各国人民均有权参与、促进并享受经济、社会、文化和政治发展，在这种发展之中，所有人权和基本自由都能获得实现。汪习根在《法治社会的基本人权——发展权法律制度研究》中将发展权定义为“全体个人及其几何体有资格自由地向国内和国际社会主张参与、促进和享受经济、政治、文化和社会各方面全面发展所获利益的一项基本权利。简言之，发展权是关于发展机会均等和发展利益共享的权利”。自20世纪70年代诞生以来，发展权的人权价值在国际人权领域存在着重大分歧。主要有三种观点：“否定论”认为，发展权仅具有政治宣言功能，仅是一个国际经济和社会政策，它并不是一项基本人权。“肯定论”认为，发展权是人类所固有的一项新兴权利，与公民权利、政治权利和经济、社会、文化权利并列，并构成人权体系中的基本人权。“折中论”赞同发展权之概念存在，但同时认为其只起到补充作用，不能代替其他人权。[1] 自然保护地居民利用该区域的资源来维持世代的生存与发展，实现了社会稳定与个人增收，千百年来的思维定式，似乎只能“靠山吃山，靠海吃海”。但是这种发展方式对自然保护地及其相邻区域的资源与生态环境影响巨大，对原住居民的可持续发展不可避免地造成消极影响。自然保护地原住居民世代居住在该区域，依赖自然保护地的土地、动植物等资源来实现就业、发展，自然保护地的设立势必会影响其发展机会，因此国家在建立、发展自然保护地的同时，应当保护自然保护地原住居民的发展权益，为其提供包括货币形式在内的多种形式补偿。

[1] 翟红芬．发展权的基本人权价值[J]. 法制与经济（下旬刊）,2009(6):42+44.

3. 环境权

20 世纪 90 年代兴起的国际社会环境保护运动明确了环境权是一项基本权利。多数国家也在宪法中确认了公民的环境权，其主要有两种方式：一是明确环境权是公民的一项基本人权，保护环境也是公民的环境义务，二是确认国家保护环境的职责，政府可以根据国家的经济和社会发展情况，积极保护生态条件，防止环境污染和生态失衡。我国现行宪法并没有将环境权纳入公民的基本权利体系中加以保护，但我国《环境保护法》规定了地方各级人民政府对本辖区的环境质量负有法定责任，必须采取有效措施改善环境质量，维护公民环境权益，促进公民身心健康发展。

从环境权的性质来看，它是一项基本人权。人权发展的历史已经充分表明，人权并不是僵化不变的概念。随着人类历史的发展和人类文明的进步，人权的表现形态会越来越丰富和完善。公民对健康舒适环境的权利符合人权的基本属性要求，它是在人类环境不断恶化的情况下出现的一种新型人权，也是人权的丰富和发展。人人都享有在舒适环境中生活的权利，国家和政府也负有维护公民环境权益的义务。原住居民对自然保护地资源的开发利用给当地的环境造成破坏是不可避免的，在原住居民生存和发展的过程中，森林植被遭受严重破坏，无节制地开发矿产资源造成水土流失、土地荒漠化，生态恶化，同时当地的居住条件也急剧下降。这不仅使利用该资源发展的当地居民环境权益遭受侵害，也使周围人，即那些未利用该资源、单纯享受该资源所带来的好处的游客、居民的环境权益受到损害。

4. 社会保障权

最早在宪法中明确规定社会保障权的是德国 1919 年颁布的《魏玛宪法》，该宪法第 151 条第 1 款规定，“经济生活秩序必须符合社会正义的原则”，而所谓社会正义，则在于保障“所有社会成员能够过上体现人的价值、体现人的尊严的生活”。社会保障（social security）正是保障人的生存权以及发展权的权利。该宪法第 161 条又规定“为了维持健康和劳动能力、保护母性、防备老年、衰弱和生活突变，国家在被保险者的协力下，设置包括各种领域的社会保险制度”。第163条规定“国家给予全体劳动者以通过经济性劳动获得生活来源的机会，如果一时没有这种机会，应考虑给予必要的生活保障，具体实施方法，由国家另外通过立法规定。”我国《宪法》第四十五条规定了退休者的生活保障权、公民的物质帮助权、特殊人员的优抚权以及残疾公民的合法权益保障权，这共同构成了公民的社会保障权利。

而社会保障权作为一项国际人权首先被提出来，是在1948年联合国大会通过的《世界人权宣言》（Universal Declaration of Human Rights）中。该《宣言》第22条规定“每个人，作为社会的一员，有权享受社会保障，并有权享受他的个人尊严和人格的自由发展所必需的经济、社会和文化方面各种权利的实现，这种实现是通过国家努力和国际合作并依照各国的组织和资源情况”。1966年的《经济、社会、文化权利国际公约》（The International Convention on Economic，Social and Cultural Rights）第11条规定“一、本公约缔约各国承认人人有权为他自己和家庭获得相当的生活水准，包括足够的食物、衣着和住房，并能不断改善生活条件；二、本公约缔约各国既确认人人享有免于饥饿的基本权利”。这些国际人权文件的条款表明社会保障权不仅得到各国国内法的承认，而且得到国际社会的公认。现代社会的一项基本人权，是维持公民的生存、平等、尊严、基本自由和发展不受侵犯的基础性权利，是国家基于一定的价值观念、通过立法赋予公民在年老、生病、伤残、失业、贫困等生活风险出现而导致收入中断时，可以从国家获得物质帮助的权利。

社会保障权是与生存权、发展权以及环境权在同一体系范围内的一项基本人权，当公民的这些权益受到侵害时，国家、政府或者社会应当承担起社会保障的责任。社区居民因国家建立自然保护区的需要迁移出世代生存的区域，失去了原有的生活方式和发展机会，威胁到他们的生存与发展，其衣、食、住、行等也受到不同程度的影响，导致生活困难，此时如何保障其社会保障权就显得格外重要。具言之，就是要保障社区居民的社会保险权，保障他们的基本生活水平；保障他们的社会福利，包括职业福利、民政福利、公共福利，例如完善各种公共福利设施、津贴、补助、社会服务以及举办各种集体福利事业等来增进群体福利；保障他们的社会救济权，此举有利于维护社会成员的基本生活，促进社会救济的发展和繁荣，从而稳定社会秩序，实现最基本的社会公平；保障他们的社会优抚权，这是为特殊群体利益所开展的一项社会保障活动。

二、自然保护地社区发展权利侵害之现状

社区发展涉及的权利，实质是社区原住居民的权利。国内外学者在对原住居民进行定义时往往是在民族学的范围内，例如 1989 年国际劳工组织在《有关主权国家原住居民、部落民的条约》中指出，原住居民是指某一地域最早居民的子孙，居住在与自己民族传统或种族不同的国家，其成员不是政府的主体。在法学领域，王诗俊认为原住居民是指在某一个特定领域内比较早定居和生活的族群。他强调的原住居民并不是一味强调民族性，而是体现了一定群体性。自美国第一个国家公园“黄石公园”建立以来，世界各国仿效此模式建立了众多的自然保护地体系。但该模式在建立自然保护地时，未考虑原住居民的权利，而是将他们驱逐出该区域，且并没有合理的政策法规去保障他们的生计。这种否定原住居民权利的自然保护地发展模式招致了当地人的反对，更有甚者，诸多人在权力斗争中因此而丧命。

（一）没有明确原住居民的权益地位

从法律体系上来看，无论是国家法律还是地方政策都缺乏对社区居民利益分配中的地位和应当扮演的角色定位。在自然保护地的建设过程中，原住居民很少有参与的权利，由于自然保护地社区原住居民

在分配中的地位不明确，在现有的法律政策框架中，缺乏中央政府、地方政府与自然保护地社区原住居民、其他群体与原住居民分配关系的制度设计，这导致在利益分配的过程中，分享渠道不规范、不稳定，缺乏必要的法律保护，影响了自然保护地社区原住居民的利益。

（二）缺乏对环境权益的有效维护

1972年联合国环境大会《人类环境宣言》：人类享有自由、平等和舒适的生活条件，有在尊严和舒适的环境中生活的基本权利。同时，负有为当代人及其子孙后代保护和改善环境的庄严义务。我国现行宪法并未规定环境权，但环境权作为一项新兴的基本人权，在社区发展中仍有迹可循。根据环境权内容的划分，在社区发展过程中，对环境权的侵害主要表现在以下几个方面：一是侵害了社区居民在良好、适宜、卫生、宁静的环境中生活的权利。这是保障公民生命健康的首要条件，也是环境权内容的基本组成部分。社区发展必然依赖所在地理区域内的各种动植物资源、微生物资源和各种自然资源，但近年来随着社区范围的扩张、人口的激增、对美好生活的向往，社区资源已远远不能满足需要。这不仅降低了当地居民的生活水平，对资源的过度开发和使用更是破坏了所处位置的环境，各种环境污染要素远超过既定的环境标准、污染物超标排放等环境问题日趋严重，使长期或者永久生活在这种环境里的社区居民的健康遭受巨大侵害。具体包括，清洁空气权，是指一定范围内居民享有的呼吸到清新空气的权利；清洁水权，某流域所服务的居民都能使用无污染的饮用水的权利；日照权，亦称“自然采光权”，在民事法律关系上，指相邻关系人之间有义务保障自己的活动不致损害其他相邻人的日照与自然采光权益；宁静权，社区居民享有的不受环境噪声污染的权利；通风权，是环境人格权的重要组成部分，是土地利用转向立体模式发展出来的权利；眺望权，是房屋的所有权人和用益物权人从其房屋向外眺望一定景观，从中获得精神利益和物质利益的权利。

（三）对原住居民的社会保障的不完善

其一，从宪法视角来看，宪法规定了“中华人民共和国公民在年老、疾病或丧失劳动力的情况下，有从国家和社会获得物质帮助的权利”。在社区发展中，物质帮助的标的范围较小。社会保障权实现的标的除了物质上的，还应该包括精神上的或者其他方面的，比如对社区受灾群众的安抚，对失业公民的培训等，这些都不属于物质范畴。自然保护地社区发展对这些方面的忽视，其实是对宪法中相关权利的侵害。

其二，社会保障立法欠缺平等和公正，主要原因是城乡差异，区域差异和群体差异。在城乡发展上，我国“城乡二元化结构”的发展模式，长期经济发展的不平衡，影响着城乡经济的协调发展，也导致了社会保障领域的不平衡发展，体现在立法、司法等社会保障制度的运行过程中。在区域发展上，我国幅员辽阔，东部沿海地区的经济发展速度快，产业结构转变快，经济实力雄厚，西部地区的发展则相对落后，这样的局面也拉大了社会保障制度在东西部及南北部的差距。在群体差距上，城乡“二元化”格局早造就了社区中“农民工、农村留守儿童、留守老人”等群体，并且由于国家的具体国情、本身的职业等先天性的因素，导致他们的收入不高，由此导致社会保障也长久落后于城镇居民。然而，一些其他群体，例如公务员，却享受着很高的待遇，被老百姓称为“铁饭碗”，尽管近年来政府已经在进行深化改革，创新评价制度，力图破除这种不合理的制度，但在社会保障方面，它仍然是实现社会公平路上的一大短板。

三、消解权利侵害之路径——自然保护地社区协调

协调是指为实现系统总体演变的目标，各子系统或各元素之间相互协作、相互配合、相互促进，所形成的一种良性循环态势。这说明，协调是以实现系统总体的演进目标为目的，是以各有关现象或事物为因素的；是以各有关现象或事物之间的关系为条件的；是以组织各系

统、各现象或事物、各项工作在实现总体目标过程中的相互适应、相互配合、相互协作、相互促进为要求的；协调是动态的，而不是静止不变。[1] 协调发展是以实现人的全面发展为目的，通过区域内的人口、社会、经济、科技、环境、资源等六个系统及各系统内部各元素间相互协作、相互配合、相互促进而形成的可持续的良性循环态势。消解社区发展权益侵害的路径是社区协调，从构建法律保障机制方面来看，关键是寻找社区发展的动力来源，以及如何保障这种动力的持续不断。前者是指培养社区居民参与社区事务的法律意识，后者指构建法律制度加以保障。

（一）培养社区居民参与社区事务的法律意识

法律意识是指人们关于法律以及法律现象的思想、观点，知识和心理的总称，反映了人们关于法律的认识和态度。随着社区经济的发展以及人们法治意识的不断完善，社区居民的法律意识有了显著的提高。大部分居民能够关心并且参与到社区自治规范的制定和修改的过程中，并提高了个人的法律意识。例如农村社区的村民自治法和村规民约，涉及村民事务的村务公开，城市社区的物业管理条例，涉及提高居民生活质量的重大事项，在制定和公布的时间段内，充分保障居民的知情权和参与权，向他们充分征求意见，久而久之，大部分居民的主动性有了显著的提升，法律意识也逐渐被培养起来。树立这种意识的理论来源是参与式发展理论，该理论认为，社区居民有权力和责任参与揭示自己的问题，指出自己的需要，评估自身的资源，并找出解决问题的办法。该理论强调发展过程中的主体的积极性和主动性。

对于当前一些社区发展存在的居民对社区事务的参与度不高，法律意识淡薄的问题，一个最根本的原因是缺乏参与。对于关系到社区发展的重大事务，仅仅由政府和行政部门来进行一元主体的决策，要

[1] 委华．河西民族社区协调发展法律保障机制研究：以阿克塞哈萨克族自治县为例 [D]．兰州：西北师范大学，2008:19.

么是因为政府和有关部门天然地认为对于任何事务就应该大包大揽的参与意识的缺失，要么是因为对于居民的不信任。要建立真正的公民社会，就必须摆脱国家和政府对一切事务“独断”的局限性，尝试依靠社区内部的道德规范和行为规范，建设“有限政府”。尤其社区所在的基层政府，摒弃与社区的各种私利益的纷争，专注于履行公共事务管理职能，将社区的管理职能还予社区，引导社区居民有序地参与和表达诉求，推进民主发展。

（二）构建和改革促进社区协调的保障体系

我国城乡二元结构的社区发展体制，形成了区别于域外国家的社区形态：农村社区和城市社区。《中华人民共和国村民委员会组织法》第二条规定，“村民委员会是村民自我管理、自我教育、自我服务的基层群众性自治组织，实行民主选举、民主决策、民主管理、民主监督”。农村社区的发展依托村民委员会这一基层群众性自治组织，服务于社区建设，实现群众的事情自己办，群众的问题自己解决的状态。“农村社区建设是社会主义新农村建设的重要内容，是城镇化建设的配套工程，是夯实党的执政基础，巩固基层政权的重要举措。”[1]目前农村社区发展仍然是中国发展的短板，因此要以“十四五”规划和乡村振兴战略的实施为契机，创新农村社区发展方式，提高农村社区协调建设水平。首先是要突出基层民主，创新社区管理模式。重点是加强基层党组织建设，选拔优秀的社区党组织负责人，充分发挥党员干部的模范带头作用。其次是建立农村社区自治体制，健全农村社区自治章程，使社区建设有规可依；完善社区党组织议事章程，使社区各方面事务都在党组织的领导之下，落实好党的方针政策；健全社区协商议事会制度和社区居民代表大会制度，发扬基层民主，确保社区居民的知情权和表达权。

---

[1]　白文科．创新基层社会治理模式　加快农村社区建设步伐 [N]. 定西日报，2020-10-29（3）.

城市社区是推进国家治理体系和治理能力的基础性领域，因此必须创新社区治理体制，为城市社区协调提供保障。首先是完善社区非政府组织建设，这些非政府组织包括基层自治性组织、社区中介组织和进入社区的非营利性组织。社区建设关乎人民安居乐业，社会的和谐进步和国家的繁荣昌盛。强调社区非政府组织的作用并不是摒弃政府的职责，而是指在非政府组织规模或实力发展到一定程度时，形成了全部或者部分自治状态，从而使行政组织、社区党组织以及驻街企事业单位之间实现协调合作，通过自身力量解决自身问题。其次是创新和完善城市社区运作机制体系。当前我国城市社区运行的行政化倾向特别严重，因此必须对城市社区运行机制进行创新和完善。一是探索增强市场化运作方式的社区服务能力。市场化的运作机制能够带来竞争，竞争则意味着优胜劣汰，进而提高服务质量。二是加强政府在社区建设的引导作用，转变政府职能，使政府既不缺位，也不越位。当前居民的参与意识仍有待提高，依然需要政府在制定发展规划、政策扶持和保障上发挥主导作用。

（三）通过社区增权制度维护社区协调

社区的快速发展一方面需要政府等公权力机关的保障，另一方面得益于社区居民自身的行为来实现自我发展。增权理论（empowerment theory），又称为赋权、充权、激发权能理论，是指“通过外部的干预和帮助而增强个人的能力和对权力的认识以减少或消除无权感的过程”。将该理论应用于社区发展，能够解决社区发展过程中社区无权、失权的本质问题。具言之，需要在法律和制度层面上进行制度性增权，即以制度增权形式实现“外部增权”，同时也需要充分发挥社区的主观能动性和创新性，即“内部增权”。正如专家研究认为，解决社区参与的不平等问题，需要国家（政府）与社会（社区）之间通过自主博弈来实现：一方面国家让渡公共空间并主动还权于社会，即赋权于民；另一方面社区主动争取公共空间以及权利意识的觉醒，即公民争权。

我国农村社区土地的集体所有制和城市社区土地的国家所有制带来了土地产权的复杂性和多样性，这也极大制约了社区的发展，因此需要解决土地产权界定模糊导致的制度性缺权问题。目前主要有两种解决路径，一是自上而下型，需要通过中央政府等国家权力机关进行制度设计，二是中间扩散型，是由地方各级人民政府根据地方发展需要进行的制度设计。

第一种增权途径，即“自上而下型”，首先是改革土地所有权，由于产权不明晰造成权力缺失问题，需要明确主体、明确土地上附着资源的使用权、收益权和处分权，完善“三权分置”制度，将处分权回归于社区自身。其次是构建社区吸引物权法律制度，社区由于独特的资源，成为了旅游地，由此带来丰厚的经济收入，但该收入是否应当归属于社区自身，目前仍然于法无据，因此需要通过立法予以明确。就我国的法律体系而言，此类对社区资源的利用而产生的收益属于土地产权中的“他物权”，应当在物权的相关条款中予以明确规定。最后是对“社区增权”中的“增权”加以解释，明确其法人地位，以其更好行使集体所有权。

第二种增权途径，即“中间扩散型”。此时地方政府需要充分尊重地方实际，妥善安排地方利益分配机制，同时要与国家利益相协调。内部增权最关键的是确保社区自身决策能力在发展中处于主体地位，目的是实现教育增权和信息增权。社区自身的趋利性以及信息、接触的不全面，文化水平和科学素养的匮乏，导致在发展过程中难免作出不理性的行为，会阻碍社区的长久发展。对此地方政府应完善信息公开机制，进行信息增权，使社区充分知晓和了解政府对社区的发展规划和决策，最大限度地减少信息不对称。同时需要教育增权与信息增权相辅相成，单纯依靠信息增权是远远不够的，社区居民的文化程度和理解能力不能支持他们有效地接受和利用所有信息。通过教育，引进高端技术人才，加强技术扶持，尤其是贫困地区的政策倾斜，提高居民的知识技能。只有通过教育增权，使居民增强信心和能力，才能实现和维护社区发展权利。

第四节 自然保护地社区协调发展之理论基础

自然保护地的建设是建设社会主义生态文明的重要内容。社区共管是对自然保护地进行管理的一种较佳模式，协调发展是社区发展的最佳形态，要把握自然保护地建设与管理的正确方向，必须促进自然保护地社区的协调发展，明确自然保护地社区协调发展的理论基础。

一、可持续发展理论

可持续发展（sustainable development）是 20 世纪 80 年代提出的反映当今世界新文明的一个新词汇、新概念。其最权威且广泛流传的定义是世界环境与发展委员会（WECD）在 1987 年的报告——《我们共同的未来》（Our Common Future）中提出，即“既满足当代人的需要，又不对后代人满足其需要的能力构成危害的发展。”它包括两个重要的概念：“需要”的概念，尤其是世界上贫困人民的基本需要，应将此放在特别优先的地位考虑；“限制”的概念，技术状况和社会组织对环境满足眼前和将来需要的能力施加的限制。[1] 可持续发展有别于传统的发展方式，主要表现在：第一，它强调经济、社会和环境目标的一体化，主张改变环境保护总是要与经济增长和社会发展相冲突的传统观念；第二，在社会经济活动中体现环境资源的价值，实现对资源的合理利用；第三，在伦理、哲学方面体现人与自然的共同进化思想，主张人与自然的和谐共处，维持人与环境系统最和谐的关系、

[1] 蔡守秋．可持续发展与环境资源法制建设 [M]. 北京：中国法制出版社，2003：13–15.

最长久的稳定和最大的生产量；第四，满足人类基本需求，兼顾代际和代内公平，维持适当的发展速度和发展质量。

可持续发展作为一种全新的发展理念已经渗入经济社会发展的各个方面，自然保护地作为人与自然和谐共处的选择，它的建设应当以可持续发展作为指导思想，达到经济、社会和生态全面协调的发展目标。可持续发展的关键是发展，唯有发展才有进步，才有美好的社会、经济和环境，因此自然保护地的建设不应忽视当地经济社会的发展，应当将自然保护地社区发展作为促进自然保护地建设的手段；可持续发展是协调性、整体性的发展，重视利益衡平，因此自然保护地与自然保护地社区应当是一个统一体，在强调保护优先的前提下，要妥善处理保护与发展的矛盾与冲突，协调自然保护地与社区的关系，避免将保护与发展割裂对立起来，关注当地弱势群体的权益；可持续发展是以人为中心，以环境为基础的发展，因此要引导当地社区采用不破坏生境的方式对资源进行利用，满足他们生存的需求，改善当地社区的生活质量，促进人与自然的和谐共处。

二、自然资源管理的代表性理论

（一）公地悲剧

美国加州大学教授哈丁 1968 年在《科学》上发表了《公地悲剧》一文，揭示了当某种稀缺资源不具有排他性使用权时，如一块公共草场，每一个使用者都从自身收益最大化出发安排生产，决定放牧数量，必将导致资源的过度使用，草场被毁，最终上演由个体理性行为引致的社会非理性悲剧。这一典型事例说明了对公有资源的使用难以达到有效率的状态，或者维持公有资源有效使用的成本太高，事实上难以达到。在这个例子中，只要将牧场以某种方式分配给牧民，每户牧民都将非常关心自己所拥有的草场资源的使用效率，过度放牧的情况就可以杜绝，每户牧民都在自己的草场上达到最优产量，整个牧场也就实现了最优产量。这里的关键是每户拥有的土地边界清晰，能有效防止他人使用。这里实际提出了一个产权问题，只要某种资源是稀缺的，就会提出对于资源的产权界定问题。

在我国，自然资源归国家所有的法律地位，决定了所有权及其连带的收益权只能属于国家，但其余各项权力，如使用权、支配权、交易权仍可以有偿转让或以协议方式建立排他性的权力，也就是说，产权作为一种权力可以在不同的主体之间进行分割。实行自然资源所有权与使用权相分离制度，有利于自然保护地社区原住居民参与自然保护地的管理，在维护自然保护地社区原住居民本身权益的同时也促进了自然保护地社区生态环境的保护。从上述“公地悲剧”中可以得出，要克服公共资源所造成的“公地悲剧”，最有效的途径就是建立排他性的产权。因此，自然保护地社区的土地及自然资源权属以及不同社区的界线应当是明确的。

（二）囚徒困境博弈

博弈论是描述现实世界中包含有矛盾、冲突、对抗、合作诸因素的数学模型的数学理论与方法。博弈论诞生至今虽然只有半个多世纪的时间，但它已经广泛地应用于政治、经济、军事和外交等领域。博弈论作为一门工具学科，通过分析竞争与合作的动态关系，增进了对合作与冲突的理解，带来了关于策略选择的革命性思考，为解决社会矛盾，化解利益冲突，实现利益最大均衡提供理论基础。“囚徒困境”是1950年美国兰德公司的梅里尔·弗勒德（Merrill·Flood）和梅尔文·德雷希尔（Melvin·Dresher）拟定出相关困境的理论，后来由顾问艾伯特·塔克（Albert·Tucker）以囚徒方式阐述，并命名为“囚徒困境”。囚徒困境讲的是两个共谋犯罪的人被关入监狱，不能互相沟通情况，如果两个人都不揭发对方，则由于证据不确定，每个人都坐牢一年；若一人揭发，而另一人沉默，则揭发者因为立功而立即获释，沉默者因不合作而入狱十年；若互相揭发，则因证据确凿，二者都判刑八年。由于囚徒无法信任对方，因此倾向于互相揭发，而不是同守沉默，最终导致纳什均衡仅落在非合作点上的博弈模型。囚徒困境是博弈论的非零和博弈中具代表性的例子，反映个人最佳选择并非团体最佳选择。虽然困境本身只属模型性质，但现实中的价格竞争、环境保护、人际关系等方面，也会频繁出现类似情况。

（三）集体行动的逻辑

奥尔森在《集体行动的逻辑》中讨论了关于私利与集体利益冲突的可能性，他以个人追求自身的福利为参照，对促使个人追求他们共同福利的困境进行分析。传统的理论认为：有共同利益的个人会自愿地为促进他们的共同利益而行动。但是，奥尔森认为，组织中的成员有私人利益，他们会把这些利益置于个人对组织的支持之中，或许几个人有共同利益，但是组织的存在也并非是为了其成员的共同利益。尽管他们每个人都能从集体的形成或存在中获益，但他们并不是为了推进共同的利益而行动。同样，这一悖论的关键是集体后果具有公共物品性质。所以，如果组织有效地推进了成员的共同利益，即是提供了具有公共物品性质的结果。在这样的情形下，个人可以享受集体利益却不承担集体成员的成本。奥尔森还提出：“除非一个人群中人数相当少，或者除非存在着强制或其他某种特别手段，促使个人为他们的共同利益行动，否则，理性的、寻求自身利益的个人将不会为实现他们共同的或群体的利益而采取行动”。这是对群体理论的巨大挑战。纵观奥尔森的分析可以看出，他的前提是“如果一个人在公共物品生产出来后，不会被排除在获取这一物品带来的收益之外，那么这个人就不会有动机为该物品供给自愿奉献力量。”奥尔森所说明的“集体行动的逻辑”，实质上是揭示了集体行动的矛盾及其面临的困境。因此罗必良将此称为“奥尔森困境”。

（四）公共信托理论

公共信托的理论构造直接源于普通法上的信托理论，其根源是人民主权原则，认为人民是自然资源的原本所有者，只是为了管理和使用的效益最大化而将自然资源的所有权让渡给了国家。公共信托是将普通法上的私人信托运用到了公共领域。在公共信托关系中，同样存在三方法律主体，即信托财产的委托人、受托人和受益人，委托人是全体人民，受托人是国家，受益人则是当代人（全体人民）和未来世代的人。由于全体人民是一个集合性的抽象概念，全体人民无法联合起来作为一个整体亲自行使自然资源所有权，因此，自从国家产生之后，为了更好地管理和保护自然资源，全体人民将所有权委托给国家，国家必须以自然资源名义上的所有人的角色为了受益人的利益管理公共信托资源。例如美国宾夕法尼亚州宪法规定："人民拥有对于清洁空气和水以及保存环境自然的、风景的、历史的和美学的价值的权利。宾夕法尼亚州的公共自然资源是全体人民包括其后代的共同财产，作为这些财产的受托管理人，州政府必须为全体人民的利益而保护和保持它们。"国家对于公共信托财产的管理既是权力也是义务，国家不得放弃对公共信托财产的管理权力或是义务，除非放弃与公共信托财产的公共目的相一致。因此，公共信托理论明确了国家与自然资源、人民与自然资源以及国家与人民之间的关系，明确了国家作为公共利益的受托人而享有自然资源的所有权，而不是作为私法上的物权主体享有排他的、绝对的所有权。公共信托保护的是公众自由使用自然资源的权利，防止少数人的垄断。自然资源如土地、水、森林等是每一个人保障其基本生活的基础要素，也是保障人的自由和尊严的基本条件。这些自然资源对每个公民来说天生就是如此重要，现代民主、法治国家就是要保障每个公民对自然资源的自由利用，这样才能和等级性的、专制的奴隶社会和封建社会区别开来。

三、参与式发展理论

发展是一个内涵丰富的词汇，基于此的发展学则是一门跨领域的综合学科。在经济方面，发展分析的是经济增长率、基本需求满足、充分就业以及公平分配等一系列关键词：在社会方面，发展着重于社会稳定、平等、民主等美好的词汇；在文化方面，发展表现为多元化和生动性；在政治方面，发展包括适度授权、治理与合作等；在机制与立法方面，发展表现为分权化、法制健全以及规章制度的完善；在人的方面，发展着眼于能力建设、价值观、道德感等；在环境方面，发展表现为可持续性、生物多样性、环境的保护与生产性等。因此，参与式发展是一个系统工程，涉及经济、社会、文化、环境以及人等各个层面，其出发点包括以社区为基础参与和自下而上对话过程以问题为导向行动规划经济增长消除贫困管理的手段与职能与方法论问题。[1]

自然保护地社区协调发展实际上强调的就是社区的主动参与。在国内，诸多学者也都曾对自然保护地社区参与式发展的含义提出过自己的见解和阐释。在其中不难看出这些观点的共同点，即为在自然保护地管理中将社区的“不参与”转变为“参与”，将“被动参与”转变为“主动参与”，矫正和重塑自然保护地社区原住居民的主体地位和在自然保护地管理和社区环境保护的主体作用。社区参与自然保护地管理是一种思路和方法的演进，而让原住居民参与自然保护地的管理活动则是实现自然保护地社区协调发展的必然选择。

在自然保护地设立之初，作为发展主体之一的社区往往被搁置在外，这使自然保护地原住居民的权益遭到了侵害。自然保护地社区原住居民无疑是当地的“专家”，对当地的地理环境、人文历史、民俗风情等十分熟悉。自然保护地社区原住居民更了解当地的生态环境，

[1] 叶敬忠，刘燕丽，王伊欢 . 参与式发展规划 [M]. 北京：社会科学文献出版社，2005: 19–22.

将其作为自然保护地的主体，往往更有利于当地生态环境的保护。当然，社区参与只是自然保护地社区参与式发展当中的基本部分，自然保护地社区的和谐发展必然要求包括社区与政府等各个参与方在合理的制度设计下主动积极地参与到自然保护地的共同发展中去。参与式发展的要点包括建立伙伴关系，重视过程而不只是结果，综合提高人的能力，重视乡土知识和群众的技术与技能以及制度化。[1] 在这个过程中，建立自然保护地与社区的良好互动关系、法律制度的保障以及加强原住居民的能力建设等都是不可或缺的。

四、环境公平理论

环境公平这一概念，源于美国民权运动和环境保护运动，其含义丰富，包括环境权利公平、环境机会公平和环境分配公平以及环境人道主义公平等内容。在时间上，它涵盖代内公平和代际公平；在空间上，包括了国家和区域之间的公平、社会整体和个体之间的公平、社会群体与群体之间的公平以及个人与个人之间的公平；在内容广度上，它既包括资源开发利用、收益的公平，同时也包括环境保护责任的公平等；在伦理道德上，它提倡人类和非人类一样都有平等的生存和发展权利。自然保护地，从时间角度看，其建立是为了保护自然资源，不损害后代满足其自身发展的需要，实现代际公平。从空间角度看，自然保护地的建立和管理，应兼顾各主体的利益，维持自然保护地管理机构、自然保护地经营主体和自然保护地周边居民各主体之间的利益公平。从内容角度看，自然保护地的管理，应对目前的权责不明晰，资源开发利用不公平的状态进行调整。通过环境公平理论，调整各种利益关系，实现代内与代际之间的公平，从而促进生态保护与经济开发的协调发展，保护自然资源的可持续供给能力。

可持续发展是指导人与自然和谐相处的重要理念，构建自然保护

[1] 叶敬忠，刘燕丽，王伊欢．参与式发展规划 [M]. 北京：社会科学文献出版社，2005: 11–15.

地社区是实现人与自然和谐相处的重要模式。自然保护地内的自然资源属于公共物品，由于公共物品的特殊性，管理不当容易发生“公地悲剧”现象。在自然资源管理的代表性理论中，“公地悲剧”理论、“囚徒困境博弈”理论及“集体行动逻辑”理论认识到了集体理性与个体理性的矛盾，为解决实现集体利益时个人所面临的许多问题提供了可行的思路。集体行动理论的成果体现在，在共有产权资源的利用和管理中，如何克服“搭便车”的动机和提供为集体利益作贡献所必需的激励。此外，来自国外的公共信托理论为我国自然资源的管理提供了值得借鉴之处。参与式发展理论，强调社区群众在自然保护地发展中的主体地位，促进社区居民积极、主动地参与，以保证自然保护地和社区发展的可持续性。环境公平理论，强调应该兼顾自然保护地内各主体之间的利益公平，提高自然保护地社区群众参与自然保护地管理的积极性，保障自然资源的可持续供给能力，从而促进自然保护地社区的协调发展。

第五节　自然保护地社区协调发展之现实考量

一、自然保护地建设对原住居民权益的损害

自然保护地与当地社区是相互作用、相互影响，统一而又对立的关系。现代保护理念认为，生物多样性保护主要是对自然保护地重要栖息地和一些重要生态系统的保护，但这个系统并不是孤立的，而是与周边及内在的社会经济系统高度相关的，并通过能量、资源和其他生态因子的交换相互作用，形成一个生态和社会经济的复合系统，并在生态环境和自然资源的生产和利用中不断演进和发展。[1] 由此可以

[1]　国家林业局野生动植物保护司，国家林业局政策法规司．中国自然保护区立法研究 [M]. 北京：中国林业出版社，2007：255.

认识到，生态系统和社会经济系统不仅以其独特的方式对复合系统发挥各自的作用，而且同时进行相互作用。自然保护地当地社区（社会经济系统）通过资源利用和环境改造（很多时候是破坏）作用于生态系统的行为，与保持自然保护地生态系统完好面貌的目标相悖，导致这个生态和社会复合系统内部出现了不同的利益取向，即发展与保护的取舍问题，这就不可避免地使自然保护地的保护与自然保护地社区的发展对立起来，并且这种冲突对立甚至会成为二者关系的常态。下面以自然保护地建设对社区农民权益的损害作为研究的视角，对自然保护地与当地社区的关系进行论述。

（一）土地及自然资源使用权方面

我国《宪法》第十条规定："城市的土地属于国家所有。农村和城市郊区的土地，除由法律规定属于国家所有的以外，其余属于集体所有；宅基地和自留地、自留山，也属于集体所有。"我国自然保护地大多建立在偏远的山区、沼泽地区及滨海地带等，位于农村地区建立的自然保护地所占用的土地是属于农村集体所有，村民享有对集体所有土地的使用权，但是建立自然保护地后，则限制甚至剥夺了当地村民对该片土地的使用权。自然保护地居民的生产生活方式以传统农业为主，依赖自然保护地的资源来维持生计。但我国《自然保护地条例》第二十六条规定，"禁止在自然保护地内进行砍伐、放牧、狩猎、捕捞、采药、开垦、烧荒、开矿、采石、挖沙等活动"，这导致自然保护地居民不能开发利用当地的自然资源。

（二）经营收益权方面

山林的经营收益权是农民作为农村集体经济组织成员，也是作为山林承包户，所享有的农村集体所有山林和自己承包山林流转、经营、收益的权利。自然保护地建立后，限制周边社区农民去砍伐木材等经济林木，表现为政府"剥夺"了划分给农户的自留山和责任山林的经营权，使得农民不再“享有”对林地、林木的收益权。政府未就此向周边社区农民提供任何形式的直接补偿。农民的山林经营收益权一旦被“剥夺”，就会丧失收入来源，提高生活水平更无从谈起。

（三）生存发展权方面

在全面建设生态文明社会的今天，国家追求生态、经济和社会的均衡和可持续发展。但这一目标落实到自然保护地时，却往往分解为对立的两面。国家在建立自然保护地，保护生态利益的时候，不能以牺牲自然保护地原住居民的利益为代价。我国自然保护地的建立过程中有时还会涉及移民搬迁的问题，这迫使自然保护地原住居民改变原来的生产生活方式，甚至会导致其生活质量下降。且搬迁还会带来巨大经济损失，若是生态补偿不到位，还会导致原住居民生活贫困。例如在自然保护地内，当地的居民因丧失对土地的使用而变得更加贫困，难以维持生计，这使他们违反自然保护地相关条例的规定，进入自然保护地内，偷盗、挖掘、破坏自然保护地的自然资源，因而被自然保护地管理人员采取了行政强制措施以及给予相应的行政处罚。有些当地居民还被迫重新寻找居住地，由此增加了自然保护地区域外的自然资源压力。

（四）财产权方面

我国很多自然保护地是以野生动物为重点保护对象的，居住于野生动物自然保护地的居民，其财产容易受到野生动物的侵害。在自然保护地建立之后，有些野生动物繁殖速度增快，数量增多，导致居民财产遭受侵害的频率增加。野生动物跑出自然保护地破坏当地居民种植的农作物、林作物的事情时有发生，甚至还有居民遭到了野生动物的袭击。例如，珲春东北虎自然保护地是我国唯一一个以野生东北虎、东北豹以及它们的栖息地为保护对象的自然保护地，自该自然保护地成立后，区内野猪数量急剧增加，野猪经常进入社区觅食，损毁居民田地，在珲春自然保护地内，每年自然保护地居民因野猪遭受的损失特别严重。

（五）政治权益被忽视

自然保护地本来就是当地居民生养的地方，所有的保护性政策与措施都与自然保护地原住居民的利益息息相关，自然保护地社区原住居民可以说就是自然保护地的主人，制定自然保护相关措施应多听取长久以来作为该地主人的看法。自然保护地社区原住居民是自己生活领域里各项自然与文化现象最佳的诠释者，若能善于运用此资源，不但当地居民可以因此获取经济利益，促进其本身的文化认同，还可使当地居民成为自然保护地有效的助力。中国的法律保障公民有依照法律规定参与国家公共生活的管理和决策的权利，参与权更多与公民行动与公共实践有关系，包括对国家公共生活的管理参与和决策参与。具体到自然保护地建设和管理，可以多听取当地村民意见，积极地鼓励当地居民参与到自然保护地规划与建设中去。但在目前自然保护地建设的实践中，自然保护地社区原住居民的政治权益往往被忽视，如在提议和批准建立自然保护地的过程中，缺乏关于社会影响的评估，缺乏对周边社区的告知，缺乏农民代表的参与，缺乏关于权属问题的敏感性分析，也缺乏有关的听证安排。

（六）社会权益缺失

由于自然保护地社区的居民大多数为农民，自然保护地的发展建设需要依靠当地政府动用行政权力来规划征用周边社区居民的农地，目的是提供公共产品、提高社会公众的福利水平，为了整体发展而失去了农地的农民理应同等享有这种发展的权利，但是，现实情况并非如当地社区农民所愿。对于周边社区农民来说，他们以经营利用农地谋生。由于建设自然保护地而失去了农地，也就意味着人为地剥夺或限制了他们在自然保护地上获得的劳动就业权利，而且让其生活没有了保障，这导致许多当地社区农民不得不到外地务工。然而，政府的就业政策向城镇倾斜，农民务工就业受到歧视，农民在劳动力市场中处于边缘性地位，而且失去农地的农民与城镇居民所享受的待遇也迥然不同。由于农民缺少统一的组织安排，而乡镇政府和村集体没有提供有效的职业信息和劳务保障措施，因此，农民就业也没有相应的就业安全保障。在外出务工的劳动力中，大多数的农民没有固定职业，经常变换工作，很少有人可以自主创业。

在全面、正式的农村社会保障体系尚难以建立的情况下，农地实际上担负着周边社区农民最基本的生活保障功能，具有无可替代的作用。在自然保护地的建设进程中，周边社区农民的农地一旦被划入到自然保护地范围内，意味着农民丢失了这个有形而长久的生活保障的承载体，导致今后的生活风险系数大大提高，成为尴尬的种田无地，就业无岗，社保无份的“三无”人群。对于周边社区农民来说，农村最低生活保障、基本养老保险和基本医疗保险等社保措施并没有很好地落实，他们难以规避生活和市场中的风险。

（七）文化权益受到冲击

我国自然保护地不仅生态环境好、风景优美，而且还蕴藏着丰富的民族文化和传统文化。文化权是指个人有选择、认同其文化归属，并遵循其文化而行为、生活的自由，族群有维持、实行、发展、复兴其族群认同、惯性制度、知识语言、意识形态等文化理念之自由。从该定义可以看出，文化权是种群族性权利，同时又表现为个体对该权利的认同及发展。自然保护地居民文化权的实现在于法律和政策对于他们传习已久的精神利益和生活方式的尊重和保护，尤其是要尊重少数民族居民的生活选择。我国自然保护地很多属于旅游景区，随着旅游活动的开展，自然保护地域内民族文化与传统文化受到了冲击。导致自然保护地文化价值受损的原因是多方面的，主要在于：第一，民族文化为外来文化所同化。随着自然保护地旅游活动的开发，原住居民与外来人员交流增多，其民风民俗等在外来文化的影响下，逐渐丧失其本土特色，与外来文化趋同。第二，民族文化的传承途径在逐渐消失。自然保护地传统文化的传承、延续大多靠口传身授或者子承父业，但在经济利益的冲击下，许多家庭放弃了传统的生产生活方式，对某些不能带来明显经济效益的民族文化的传承缺乏兴趣，加之管理者又缺乏保护当地文化的有效举措，这导致年轻一代的原住居民普遍对本民族的传统文化感到陌生，甚至缺乏认同。第三，某些民族文化被商品化、市场化和舞台化，致使真文化逐渐沦为假文化。近些年，某些自然保护地为开发旅游项目，有意识地把民族文化中传统的习俗、节庆活动等转化成旅游产品，不分时间、场合搬上舞台进行表演，以获取最大的旅游收益，这种做法导致自然保护地的珍贵文化逐渐庸俗化、边缘化，最终失去其传统文化的特色与价值。

二、国外自然保护地社区管理模式比较及启示

自然保护地管护与当地社区发展的难题其实就是因为没有处理好国家生态公益与局部经济私益的关系。因此，要解决自然保护地的这一工作困境就要权衡自然保护地与社区居民的不同诉求，理顺国家权力和个体权利的关系，改变传统的封闭管理模式，改善同自然保护地内或周边社区的关系，考虑社区生存和发展需求，提高社区居民的生态保护意识，促使其共同参与到自然保护事业中。国外在这方面的研究和实践积累了比较丰富的经验，其中最为有效的一种就是社区共同管理（也称社区共管）模式。

（一）国外自然保护地建设社区管理模式比较

社区共管是 20 世纪 80 年代以来，在国际社会兴起的一种管理自然资源的新模式，它认识到社区居民在生态保护中的积极作用，鼓励社区居民主动参与到自然资源保护和管理中来。“共管是一个广义的

概念，一般泛指在某一具体项目或活动中参与的各方在既定目标下，以一定形式共同参与计划、实施及检测和评估的整个过程。”[1]社区共管源于20世纪60年代印度林学家威士托（J. G Westoby）提出的“社会林业”概念，并逐步发展为一种林业管理模式，推动了印度的森林可持续发展；1976年，联合国粮农组织首次将“社区林业”引入林业计划，并于1978年第8届世界林业大会获得正式认可，其后社会林业在世界范围内得到广泛应用并继续发展，对世界森林生态管理发挥了积极作用。“社区共管”在国际环境法中主要规定如下：

1972年联合国教科文组织通过的《关于在国家一级保护文化和自然遗产的建议》的总则指出：“应将保护、保存并有效地展示文化和自然遗产视为地区发展计划以及国家、地区和地方总体规划的重要方面之一”，“将要采取的保护和保存措施，应与该地区的公众联系起来，并呼吁他们提出建议或给予帮助——特别是在对待和监督文化和自然遗产方面”。

1992年《里约环境与发展宣言》原则10规定：环境问题最好是在全体有关市民的参与下，在有关级别上加以处理。原则20强调妇女在环境管理和发展方面具有重大作用。因此，她们的充分参与对实现持久发展至关重要。原则22规定：土著居民及其社区和其他地方的社区由于他们的知识和传统习惯，在环境管理和发展方面具有重大作用。各国应承认和适当支持他们的观点、文化和利益，并使他们能有效地参与，进而实现持久发展。

1992年《生物多样性公约》规定：认识到许多体现传统生活方式的土著和地方社区同生物资源有着密切和传统的依存关系。管制或管理保护区内外对保护生物多样性至关重要的生物资源，以确保这些资源得到保护和持久使用。在保护区域的邻接地区促进无害环境的持久发展以谋增进这些地区的保护。依照国家立法，尊重、保存和维持土著和地方社区体现传统生活方式而与生物多样性的保护和持久使用相

---

[1] 黄文娟，杨道德，张国珍．我国自然保护区社区共管研究进展[J]. 湖南林业科技，2004(1): 46–48.

关的知识、创新和做法并促进其广泛应用，有此等知识、创新和做法的拥有者认可和参与其事并鼓励公平地分享因利用此等知识、创新和做法而获得的惠益。保障及鼓励那些按照传统文化惯例而且符合保护或持久使用的生物资源习惯使用方式。

1992 年《关于森林问题的原则声明》在其要点中指出：各国政府应促进和提供机会，让有关各方包括地方社区和土著居民、工商界、劳工界、非政府组织和个人、森林居民和妇女，参与制定、执行和规划国家森林政策；而且国家森林政策应确认土著居民、地方社区和森林居民，对他们的认同、文化和权利给予正当的支持。应当为这些群体创造适当条件，使他们在森林使用方面获得经济利益，进行经济活动，实现和保持其文化特征和社会组织，以及适当的生活水平和福利。2003 年在南非海滨城市德班召开的第五届世界公园大会上，通过了《德班协定》和《德班行动纲领》，不仅总结了全球在保护自然资源和生物多样性方面的经验，而且还提出了发展和管理自然保护地的新战略，承认了自然保护地原住居民的权益，强调了自然保护地当地居民在享受保护区利益方面的权利以及参与决策方面的作用。虽然国际环境法中没有明确提出社区共管的概念，但其民主参与的思想为社区共管的实施提供了一定的法律基础。“社区共管”发展至今，已经演化为不同的实现形式，在各国也有不同叫法，如“社会林业”“社区共管”“参与式共管”“伙伴协作”等，但是虽然名称不同、社区参与度不同，其实质都是：若要管理好、保护好自然保护地内资源，就必须顾及自然保护地内及周边社区对资源的合理使用要求，减少社区对自然保护地的排斥心理，否则很难实现既定目标。与隔绝人类干扰的“堡垒式”封闭管理相比，社区共管是一种开放的管理模式。

1. 加拿大的“伙伴协作”

加拿大政府在协调土著人与国家公园的土地权属问题时创立了“伙伴协作”，即由当地居民和联邦及地方机构共同管理自然保护地。自然保护地的管理工作非常强调对生态完整性的维护，这种完整应当与当地社区、土地所有者的需要和期望相一致，然而没有哪一个政府有能力或权力独自解决自然保护地面临的所有威胁，或是提供保证持续性的解决方案。因此，加拿大施行了“伙伴协作”的重要机制。根据加拿大 1982 年《宪法法案》，土著居民享有土地所有权，所以政府在建立国家公园时需要先解决土地权属问题，获得当地公众的支持，尊重土著居民的土地要求和传统活动。之后政府在公园建立的可行性研究过程中，须与社区代表进行磋商，于双方合作达成的新公园协议中明确公园界线、土地附加物价值分配、土地交接时间、传统可更新资源收获的延续，以及与当地社区在公园规划和管理中的合作等事项。加拿大自然保护地的协作伙伴多种多样，包括公司企业、学术界、非政府组织和私人管理者（包括土著居民）等。“伙伴协作”需要遵循的原则包括：清晰一致的目标；对各方需求和期望的理解、尊重和支持；承认各方的优劣处；足够的资金来源；建立标准以测度伙伴关系的有效性；联合决策。这些原则将帮助各方实现共同支持的环境、服务社会和文化目标，使自然保护地向着可持续的方向发展。“伙伴协作”模式明确了合作各方的权、责（义务），这样的管理模式不仅调动了有关方面的积极性，而且也督促了责任方有效实施管理。

2. 英国的“管理契约”

自然保护地“管理契约”是英国具有代表性的管理模式。英国国家公园和国家自然保护地很注重人与自然和谐相处，在保护野生动物和景观遗产方面坚持可持续的发展原则。由于英国是私有制国家，大部分土地为私人所有，在自然保护地土地的管理模式上，遵循的是“自愿原则”，当私人所有土地被划为自然保护地时，将由自然保护委员会作为管理者与相关土地所有权人签订“管理契约”，以此约束后者的土地利用行为，而土地所有者或使用者应当依“约”采取不破坏自然保护功能的方式，对土地实施经营和管理。由于采用的是“契约”模式，以“自愿”为主，不仅能充分发挥土地所有者在自然保护地维护方面的积极性，给当地居民特别是农民以选择余地，也能解决自然保护地建立可能引起的权属纠纷，避免在自然保护地和社区之间产生冲突。这种契约其实也就是英国的社区共管制度。[1]

3. 澳大利亚的社区参与共管

澳大利亚是世界上最早实施自然保护地社区参与共管模式的国家之一，其中以卡卡杜和乌鲁鲁国家公园共管模式为典型。乌鲁鲁和卡卡杜是澳大利亚土著居民生活了千百年的传统居地，然而 19 世纪中后期随着白人探险家的到来，打破了这里的平静，土著人逐渐遭到驱逐。1958 年和 1979 年澳大利亚政府决定分别在两地成立国家公园，将土著人正式排除于公园管理系统之外，使得土著人对建立国家公园一直持敌对的态度。不过，20 世纪 70 年代之后，澳大利亚政府逐渐认识到土著人与土地的联系，认识到土著人的传统知识对自然保护地管理具有非常重要的作用，加上在土著居民的强烈要求下，澳大利亚政府同意归还土著人的传统领地，但要求必须由政府和土著人代表共同管理国家公园，并签订长达近百年的租约来延续国家公园的政策和管理。

澳大利亚的共管模式，是在进行生物多样性保护的同时延续当地居民的传统价值，并参考和借鉴当地社区的传统生态知识与传统经营管理模式来经营和管理国家公园。这样的做法，使得原住居民与国家公园之间从过去的敌对关系变成了新的合作关系，并引起国际社会的广泛关注和兴趣。

（二）国外自然保护地建设社区管理模式的启示

通过研究国际社会在协调自然保护与发展方面的一些先进理论与实践，不难发现，他们无论是在立法还是实际管理过程中，都强调以经济、社会、生态协调发展思想为指导，在注重保护生态系统、保护自然资源的同时，还兼顾对社区群体的权益维护，践行生物多样性保护的现代理念：将自然保护地和当地社区作为相互依存的整体进行管

---

[1] 朱广庆 . 国外自然保护区的立法与管理体制 [J]. 环境保护 , 2002(4): 10-13.

理，化解保护与发展的矛盾。因此，强调“人与自然和谐共处”，应作为自然保护地社区建设的指导思想。

当地社区对自然保护地资源的利用具有历史沿革性，而且在长期的生产生活实践中积累了不少有利于资源持续利用的方式。在自然保护地建立之初，许多国家，如澳大利亚，通过使用暴力性强制性手段“剥夺”当地社区居民的生存发展的权利，强行将人地分离，由此导致社区人地矛盾激烈。随着自然保护地建设的发展，政府开始意识到当地居民参与自然保护地管理的重要性，积极引导和激励吸收当地居民作为保护区主体，不仅让社区居民享受到自然保护地建设所带来的发展效益，而且还调动了社区居民共同参与自然保护地建设和发展的积极性、主动性。因此，我国在对自然保护地社区建设和管理的过程中，应注重发挥当地居民的主体能动性，变“对立”为“共享共建”。

三、我国自然保护地社区管理模式的演变及比较

我国现代意义上的自然保护区的建立始于20世纪50年代。在1956年9月第一届全国人大第三次会议上，一些科学家提出《请政府在全国各省(区)划定天然林禁伐区，保护自然植被以供科学研究的需要》的92号提案，这个提案由国务院交林业部会同中国科学院办理。此后不久，以广东省肇庆市建立的鼎湖山自然保护区为标志建立了我国第一个现代意义上的自然保护区。20世纪70年代，随着我国《环境保护法》等法规的颁布，全国自然保护区区划工作的开展，自然保护区得到国家法律的确认，其建设也因此取得了较快的发展。改革开放之后，我国自然保护事业走向了真正的繁荣。1994年，国务院颁布《中华人民共和国自然保护区条例》，该条例第八条规定，我国对自然保护区实行综合管理与分部门管理相结合的管理体制。国务院环境保护行政主管部门负责全国自然保护区的综合管理；国务院林业、农业、地质矿产、水利、海洋等有关行政主管部门在各自职责范围内，

主管有关的自然保护区。县级以上地方人民政府负责自然保护区管理的部门的设置和职责，由省、自治区、直辖市人民政府根据当地具体情况确定。从以上规定可知，虽然自然保护区的管理部门涉及多个部门，但我国在对自然保护区的管理上实行的是完全由政府单方面管理的模式。这种模式基本上是传统的封闭式管理模式，自然保护区的管理完全由管理当局独自进行，在资源管理上实行封闭式、强制性的保护措施。我国采用这种模式有其历史原因，一方面，我国大多数自然保护区在建立之初是按照西方国家百年以前建立国家公园或自然保护地的思路来设计的，这是一种尽量排除而不是容纳和协调当地社区利益的封闭式保护的思路；另一方面，我国多数自然保护区在建立时，主要是出于对资源和物种进行抢救式保护的考虑，这在一定程度上决定了我国只能采取强制性和封闭式的保护措施。当然，通过这种方式，我国也取得了不少成就，如通过建立自然保护区，为拯救和保护各种生物物种提供了最佳场所，我国的“国宝”大熊猫，还有扬子鳄、华南虎等珍稀动物已经从濒临灭绝的状态中得到了挽救。

在当前自然保护地的建设当中，有些自然保护地推行社区共管模式，且都取得了一定的成果。我国对森林资源系统采用社区参与理论和方法开展实践首先起步于云南省和四川省。1990 年前后，在福特基金会和亚太地区社区林业培训中心的帮助下，结合我国长江防护林工程项目、林地林木权属改革等项目实施和政策调整，两省开展了社区群众参与防护林经营模式，森林保护和发展与反贫困等的研究、试验、推广，初步形成了一套适合当地情况的参与式林业培训、规划设计和实施方法。全国范围内大规模系统采用森林资源参与式管理，是在 1993 年开始实施的中德合作造林项目，1998 年后该项目将社区参与森林管理制度化，并初步总结出一套在一定区域开展森林资源参与式管理的程序、管理模式、评价验收的方法。由此可以看出，随着我国自然保护地建设的发展，我国自然保护地的类型越来越丰富，自然保护地的管理模式也开始呈现出多元化，由最初的强制－封闭式管理向社区参与式管理模式转变。下面对强制 - 封闭式管理模式与参与式管理模式进行分析与比较，为自然保护地社区协调发展提供模式选择。

（一）强制 - 封闭式管理模式

在自然保护地的建立上，大多数国家不加分析地接受了早期的模式和冷酷的悲剧假设。由于“公地悲剧”是不可避免的，所以必须有外在的强制力量来打破“囚徒困境”，而极端专制的政府正是为了达到均衡状态，从而避免“囚徒困境”。正是根据这样一个必须依靠外部的强制才能避免“公地悲剧”的假定，从而导致对自然保护地实施由中央政府强制控制的强制 - 封闭式管理模式。

由政府控制的强制 - 封闭式管理模式具有一定的管理优势。首先，该管理模式的优势体现在成本方面。政府通过提供外在制度实施自己的保护职能，虽然设计、实施、监督和强制执行需要较高的固定成本，但政府机构一经建立，会对社会成员的行为具有规范性影响，等级制政府能在不同层次上设计和执行各种制度，依靠自上而下的等级组织可以降低制定和执行规则的成本。另外，要实现资源保护的可持续发展，需要获得完全的信息，成本也是非常高昂的，尽管如此，政府比其他组织具有明显的信息和成本优势。其次，该管理模式有利于解决集体困境问题。追求个人利益最大化的理性经济人，并不能形成为集体利益而采取共同行动的集体理性，单独行动的居民会陷入“囚徒困境”之中，导致资源被过度利用。在这种情况下，政府作为权威机构，通过设计和执行管制资源利用的外在制度，对个人行为实施强制，可能打破囚徒困境，使居民之间博弈达成可靠的合作均衡，解决集体困境问题。

当然，由政府控制的强制 - 封闭式管理模式的实施障碍也十分明显。首先，在自然保护地内公共资源的管理问题矛盾突出。公共资源的所有权一般要被界定为集体（或国有）产权，公众把处置公共资源有关的事项委托给具有专业知识的政府成员管理，这会使公共资源的所有权和处置权就发生了分离，从而导致自然保护地公共资源的管理出现问题。该问题主要体现在以下几个方面：

1. 自然保护地所有者代表界定不清。虽然我国宪法、物权法已经明确了自然资源归国家所有，但国家所有者具体代表缺乏明确界定。是由中央政府代表国家，还是由省（市、自治区、直辖市）政府、县（市）政府或自然保护区管理委员会代表国家行使对自然保护区的所有权，没有明确界定。由于自然保护区国家所有者代表的缺位，使地方利益排斥国家利益，局部利益代替全局利益，短期利益取代长期利益的行为普遍存在。我国现有许多国家级自然保护区乃至世界级自然和文化遗产，其开发决策权已非由中央或省级、市级政府掌握，而是由地方政府，甚至由自然保护区管理委员会掌握。

2. 自然保护地的所有权与使用权、管理权界定不清。我国自然保护地的各种资源的所有权与使用权、管理权常常是混同的。资源管理者或使用者，常常成为资源的实际所有者。如目前所建立的自然保护区由国家环保总局、国家林业和草原局、国家海洋局、农业农村部、住建部、自然资源部、水利部门等部门分别管理，造成自然保护区产权设置重叠，随着利用强度的提高，这些部门资源利用活动的相互影响程度也会增强，加之缺乏国家具体代表者的协调，各个管理部门受经济利益驱使，各自为政，迫使自然保护区超强度开发，加速了自然资源的枯竭，严重损害了保护区生物的生活环境。由于国家林业和草原局及各地林草主管部门对自然保护区只拥有行业指导权，而自然保护区的干部任用仍然由地方管理，而地方政府的首要任务是发展当地的经济，这样自然保护区的管理只能服从地方的安排。地方政府在经济利益的驱使下的开发活动，在一定程度上造成自然保护区内管理的混乱局面，破坏保护区的自然资源和生态平衡。不仅资源无法有效保护，所有者的财富也不合理地流向集体、单位或个人。从我国现有的众多国家级自然保护区经营实际看，虽然大部分自然保护区的资源归国家所有，国家与地方财政投入巨大，但实际收益却主要在自然保护区企业、单位、个人之间分配，国家与地方财政则分配较少。公众难以辨明一些资源配置、管理不善问题的直接责任部门，给监督带来困难，为相关部门及成员采取机会主义行为提供较为广阔的空间，出现大量为达到部门利益而损害社会整体利益的行为。

3. 多级委托 - 代理链条过长。过长的委托 - 代理链，往往会使委托人的权益难以得到有效保护。自然保护区公共资源中的委托 - 代理关系属于多级委托，资源的最终所有者——作为一个整体的全体公众是这个委托 - 代理链条的初始委托人，国家作为全体公众的代表，不能直接经营管理自然资源，因而从政府机构中分离出专职代理国家行使所有者职能的权威机构——中央管理部门，然后这些权威机构直接或间接任命政府官员，并将自然资源的处置权逐级委托下去，直到最终的代理人——具体资源管理者（自然保护区管理委员会主任）。由于代理人具有机会主义动机，在每级委托 - 代理关系中，即使有些产权有明文法律规定，委托人相应的权益也不一定能有效得到保护。委托人需要付出一定的精力、物力来监督代理人，使代理人的行为结果尽量接近自己利益的目标，这两者接近的程度就是委托效果。随着委托 - 代理链长度的增长，全部直接支付的监督成本将会增多，综合委托效果将会减弱。因此，委托 - 代理链过长时，公众的权益就难以得到有效保护，公共资源配置的效率也将降低。

4. 信息不完整、不对称。对自然保护地及其社区而言，如果外在的政府拥有关于自然保护地资源的完全信息，能够准确地确定资源的总量、正确地安排资源的保护与使用、监督原住居民的各种行动并对违规者实施有效的制裁，那么权威的政府机构通过设计和执行外在制度便能够有效控制原住居民的行为选择。然而，政府及其代理人不可能获取关于自然资源的完全信息，因此设计的制度安排在执行中就会遇到各种障碍，可能形成不合实际的制度安排，对居民行为产生不恰当的激励，解决“囚徒困境”这一目标将无法实现，也难以打破集体行动的困境，避免过度使用的“公地悲剧”。除不能获得关于制度设计的完全信息之外，政府及其代理人也不能获得关于居民行为的完全信息，在执行和居民单个利用资源方面存在严重的信息不对称问题。拥有关于资源使用情况和对个人行为更充分信息的居民，可能会采取机会主义行为从而增加集体行动面临的困境。同时，由于缺乏他们的参与，政府关于资源使用的决策会产生不切实际的激励，从而加剧不恰当的激励所产生的零效率。

5. 交易成本较高。多级代理所产生的代理成本总和是很高的，在政府内部是依靠权力结构行使资源管理的职能，上级政府官员对下一级官员的监督成本很高，与企业中经理要自动受到竞争的约束不一样，政府内部的委托 - 代理问题缺少类似的自动监督和约束，会使政府内约束软化，难以有效制约官员的权力和行为。因此，必须通过适当的制度安排来实现有效的约束，并通过政府内部的监督和外部的监督（公众、舆论监督）加以保证。然而，设计和执行有效监督机制的制度安排本身成本是很高的。政府代理人对居民行为及其结果的监督是一个成本更高的过程。首先，需要对零散的、广域分布的居民进行直接监督，需要投入的人力、物力、财力和信息资源是可想而知的。其次，即使投入足够，但是要获得关于全体居民行为及其结果的准确信息，其成本也是难以估量的。

总体上来说，强制 - 封闭式管理模式限制了当地群众对自然保护地内资源的利用，当地社区和居民没有利益表达的可能，自然保护地所在社区的居民基本被排除在管理层之外，当地社区对自然保护地保护管理计划无权过问，只能作为管理的相对一方；当地社区及居民为保护区的设立和管理丧失了利用自然资源的权利，这种限制当地居民利用自然保护地资源的做法，实际上是为了社会大多数人从自然保护地中受益而牺牲当地居民利益，但却未得到补偿或得到的补偿不足以弥补其损失，导致了自然保护地内的原住居民返贫或更加贫困，造成了一种新的不公平；某些自然保护地的设立通常伴随着大规模的移民，当地社区和居民常常不情愿迁离他们祖祖辈辈生活的地方，不仅使他们丧失了利用当地资源赖以谋生的技能，更割断了他们长期以来的文化传承。由于自然保护地管理制度限制了当地对资源的使用，而国家对自然保护地的投入又严重不足，因此许多自然保护地走上了规避法律法规进行开发的道路。例如，由于《中华人民共和国自然保护区条例》只规定了“在自然保护区的核心区和缓冲区内，不得建设任何生产设施”，导致很多自然保护区把核心区和缓冲区调整为实验区，在自然保护区内开展旅游、开办企业，大搞建设。实际中自然保护区的建立不仅没有保护好资源，反而在一定程度上造成了更大的破坏。

（二）参与式管理模式

自 20 世纪 70 年代以来，“参与”的概念逐步演化成了相对丰富的参与式发展的理论，基本原则是：建立伙伴关系；尊重乡土知识和群众的技术、技能；重视项目过程，而不仅仅看重结果。该理论体系主要包括以下几个方面的内容：第一，“参与”意味着发展对象在发展过程中的决策作用，他们不仅执行发展的活动，同时他们作为受益方也参与了监测与评价，这一思路引申出了参与式计划监测与评价体系。第二，“参与”主要是指在特定社会状况下发展的受益群体对资源的控制及对制度的影响。第三，“参与”是政治经济权利向有利于社会弱势群体进行调整的过程，这一思想更多地受到自由民主主义思潮的影响，为后期形成的有关施政与发展的理论产生了影响。第四，“参与”意味着在社会中构建社会角色相互平等的伙伴关系。伙伴关系不仅意味着磋商，而且意味着社会角色的基本愿望和知识系统都能得到充分的尊重。这一思想是 20 世纪 90 年代参与式农村快速评价方法的重要理论依据之一。参与的概念有着不同的表述方式，但其中的内涵却是一致的。“参与”既是手段，又是目的，因为参与可以使发展实践更有效率，更富有效果，使弱势群体本身发展能力得到培育与强化，使弱势群体从根本上自立、自强。参与式发展的思想核心就在于：强调了发展过程的主体是积极、主动的人，只有人的发展在项目实施过程中得到强化，这种发展才是可持续的、有效益的发展。

参与式管理模式主要特征表现在：一是主体广泛，对自然保护地实施参与式管理，参与主体可以是政府，也可以是社区居民、经济组织和群众个人，不再只有政府；二是非强制性，参与主体从事自然保护地经营管理是一种自愿行为，不是在政府管理部门或者其他机构的强制下进行的；三是各参与主体能够作为伙伴积极参与自然保护地的管理，分享来自自然保护地资源经营、管理和保护的利益。其结果是使自然保护地资源对人类的回报最优化，资源与人类之间的冲突最小化，把生态保护与有限的土地资源的利用优化起来。

参与式管理强调参与的重要性，突出社区的地位，以保护自然资源和分享利益，其优越性还是非常明显的，主要体现在以下几个方面：①人类的经济、文化、宗教、习惯等背景影响社区中资源的开发与利用，国家或地区的林业法规和政策影响了国家、集体、个人在自然资源管理中的权利和义务，反思传统的自然资源管理割裂了社区和资源的联系，自然资源参与式管理是从社区和社区中居民的需求出发来研究和利用自然资源，符合人类学的要求。②自然保护地参与式管理模式使社区资源得到了较好的保护。随着参与式管理模式的推行，社区群众的环境意识不断增强，更关心社区的发展，并能从中受益。自然保护地参与式管理模式明晰了自然资源的所有权、经营权、处置权、收益权，确立了社区居民的经营主体地位，极大地调动了自然保护地社区原住居民参与管理自然资源的积极性，有效地解放了生产力，促进了自然保护地自然资源的可持续发展。③自然保护地参与式管理模式能够增加农业生产活动时间及收入，促进扶贫和剩余劳动力转移。从而使社区农业及社区经济得到了较好的发展。由于推行了合作管理，不仅群众广泛参与社区发展的管理，当地政府也积极协助。参与式管理加强了政府部门、环保部门、社区及群众之间的沟通与协作，通过社区合作管理和实施社区发展项目，改善社区群众与政府的关系。

参与式管理不是万能的，它也面临多方面的挑战和问题。首先，社区在资源利用地域上的冲突，会导致社区内部及社区之间在利用自然资源时容易形成敌对关系，社区在资源利用方式上也会产生冲突。

比如有的社区或社区内的不同家庭或个体想在林中放牧，而其他的社区、家庭或个体想在同一林地采集薪柴或采伐木材或种养药材，这种权限交叉和资源利用方式的冲突亦有待解决。社区在资源利用思维上也会产生冲突，比如有的社区或社区内的不同家庭或个体想保护林木资源，以利长久发展及持续受益，而其他的社区、家庭或个体却为生活所迫或欲稍稍提高生活质量想在同一林地采集薪柴或采伐木材或种养药材，这种思维的差异会产生冲突。其次，自然保护地资源参与式管理的各方参与主体必然在期望、需要、规划、态度和价值等方面存在差异，当这些差异达到一定程度时，职责或角色冲突就产生了。这些冲突既有内部的也有外部的，当某人卷入冲突时，内部冲突就产生了。某项职责或角色可能要求过高、过难、过于繁杂、不符合道德规范、耗费时间，这些问题都是参与式管理常常面临的，参与式管理中人员职责或角色的安排甚至某项程序的安排都会影响参与式管理的效果。再者，当公共资源的使用给其他领域或权利带来严重损害时，利益冲突便发生了。资源不足和生活压力通常会使自然保护地内自然资源和环境安全陷入绝境。祖辈沿袭下来的某些生活方式造成与资源保护的矛盾，生活方式决定了他们的生活水平，反过来生活水平又影响他们的生活方式。若想更有效地实施参与式管理，必须从改变社区居民生活方式，进而从改变其生活水平入手，降低自然保护地社区居民对自然资源的依赖程度。最后，社区的群众有自己的文化模式，虽然有些并不明显，但社区自然资源和社区宗教文化活动密切相关。这就要求各参与主体积极融入当地的文化中，而不是高高在上、指手画脚。社区居民对外来文化有排斥心理及反应，这就要求各参与主体加强沟通与交流。文化差异的存在，在某种程度上成了各参与主体之间相互沟通和交流的障碍。

四、我国自然保护地社区管理模式的新选择

在我国，自然保护地的建设面积十分广阔。在如此大的区域范

围内，既要维护生物多样性，保护自然环境，又要顾及自然保护地社区的生存与发展，自然保护地社区协调发展模式无疑是一种较好的管理模式。从实际情况来看，自然保护地传统的管理模式在一定程度上侵害到当地社区居民的生存、经济、文化等方面的权利，使环境保护的效果大打折扣，还因为社会不正义引发一些矛盾冲突。因此，迫切地需要改变自然保护地传统管理模式，以调整保护与发展的关系。自然保护地的有效管理很大程度上需要依赖自然保护地社区的参与和协助。可以这样认为，传统的由上而下的自然保护地管理模式需要调整，应将以往作为管理对象的自然保护地内的原住居民及自然保护地社区变为管理主体。而自然保护地社区协调发展模式恰恰就改变了自然保护地社区在自然保护地中的地位，让自然保护地社区参与到自然保护地的管理中，从而解决自然保护地管理机构同自然保护地原住居民之间在资源利用方面的矛盾。在自然保护地社区协调发展模式中，自然保护地原住居民作为生活于共同的生态环境、有着共同环境权益的群体，他们是帮助和监督环境执法的基层力量。原住居民既可以举报有法不依的违法者，又可以监督执法不严的执法者，从而将公众参与环境执法落到实处。另外，原住居民在协助环境执法过程中能够学会懂法守法和用法律来解决自然保护地内的自然资源争端，可以避免不理性的争执对社会产生负面影响。同时，自然保护地社区协调发展模式建立了自然保护地社区和公众参与机制，将原住居民自发的环境保护热情引上法治化的轨道，是保证实现自然保护地可持续发展与实现自然保护地社区安定的重要途径。因此，自然保护地社区协调发展模式作为我国自然保护地社区管理模式的新选择，旨在充分发挥自然保护地社区在自然资源经营管理中的作用，并采取措施帮助自然保护地社区生存与发展，比如技术培训、基础设施建设等，以此来帮助他们摆脱贫困。最后，各地自然保护地的实践证明自然保护地社区协调发展模式的建立是解决目前自然保护地管理机构同自然保护地社区与原住居民在资源利用方面矛盾的最有效的途径。

第五章　自然保护地社区协调发展之模式一：参与型模式

自然保护地社区既肩负自然保护地自然资源保护之重任，也是联系自然保护地原住居民与社会之纽带。这意味着自然保护地与自然保护地社区之间是“合则两利，分则两伤”的关系。在党中央和国务院大力推进建立以国家公园为主体的自然保护地体系背景下，如何平衡自然保护地生态保护与资源利用之间的矛盾关系，是自然保护地社区在发展过程中难以回避的问题。我国自 20 世纪 80 年代引入“社区共管”概念以来，在国际组织与地方政府等外力干预下，曾先后在多个自然保护区周边社区引入“参与式”工具与方法，援助实施社区发展项目，虽然初期成效显著，但往往后劲不足，多数援助项目最终夭折。这种单纯以“发展项目”促“社区发展”的模式已被实践证明行不通。其最大的问题在于虽引入了参与式理念和工具，但却跑偏了方向，重“扶贫式”发展而轻生态保护，没有最大限度激发出自然保护地社区的内源性动力，即原住居民的力量。从空间范围上来看，自然保护地社区应是一个以自然保护地为中心而不断向外扩散的“同心圆”，世代居住在自然保护地范围内的原住居民作为自然保护地的“主人”。相较于其他利益相关群体，他们保护与开发自然保护地内自然资源的愿望更为强烈且具备相应的权利基础。2007 年 9 月 13 日，联合国通过的《原住居民权利宣言》（UN Declaration on the Rights of Indigenous

Peoples）便确认保护原住居民人群的自决权[1]，也对原住居民环境保护与发展问题做出了明确规定。[2]故基于自然保护地资源保护与利用、社区发展及原住居民权利保障之现实需要，亟须纠正传统“政府主导”与“社区共管”模式存在的部分错误倾向，以便构建一种以“资源整合”和“自治参与”为核心的自然保护地社区发展新模式。即一方面通过立法赋予自然保护地社区与自然保护地原住居民在自然保护地范围内的“自治权”和“参与决策权”，使自然保护地社区能“当家”，而自然保护地社区原住居民能“做主”，由自然保护地社区原住居民掌握一定社区话语权，共享发展利益，共担保护责任。另一方面，通过设立自然保护地地役权的方式，将自然保护地无形的环境要素量化成为具体物权，使自然保护地社区原住居民成为权利主体，并通过自然保护地社区原住居民主导、其他利益相关者共同参与自然保护地自然资源开发、利用和保护过程的方式，消解各利益相关者之间的冲突，有序将自然保护地的“生态风光”变为“经济效益”，以外部激励促进自然保护地社区实现内生发展。

第一节　参与型模式之基本认识

一、参与型模式的内涵

“参与”一词在不同时期曾被赋予过不同含义，中国古代的“参与”意为君臣共同商讨决策，如“朝有疑议，每参预焉”。《现代汉语词典》则将“参与”解释为“参加事务计划的讨论、处理”。对于

[1] 《原住民权利宣言》第3条：“原住民民族有自决的权利。凭此权利，原住民民族可自由决定其政治地位与自由追求其经济，社会与文化之发展”。

[2] 《原住民权利宣言》第25条：“土著人民有权保持和加强他们同他们传统上拥有或以其他方式占有和使用的土地，领土，水域，近海和其他资源之间的独特精神联系，并在这方面继续承担他们对后代的责任。”第29条规定：“土著人民有权养护和保护其土地或领土和资源的环境和生产能力，各国应不加歧视地制定和执行援助土著人民进行这种养护和保护的方案。”

“参与”一词的具体含义，在不同学科领域中定义不同。其中具有代表性的观点有：①“参与”并不是政府居高临下地对居民的一种权利施舍，而是后者多年来以各种方式进行抗争以及社会民主化发展的结果（董卫，2000）；②“参与可被定义为在决策过程中人们资源的民主的介入，包括：确立发展目标、制定发展政策、规划和实施发展计划、监测和评估；为发展努力作贡献；分享发展利益”（Poppe,1992）；③“参与可被定义为农村贫困人口组织自己、组织自己的机构来确定他们真正的需求、介入行动的设计、实施及评估的过程。这种行动是自我产生的，是基于对生产资源及服务的可使用基础上的，而不光是劳动介入，同时，也基于在起始阶段的援助及支持以促进并维持发展活动计划。”（Oakley,Peteretal,1991），本章所定义的“参与”相较于现代意义上的“公民参与”，其在自然保护地社区语境下通常应具有以下含义：

（一）“参与”作为协调手段，强调自然保护地原住居民社区的自治与主动参与

自然保护地社区发展的主体是社区居民，因此“参与”更强调社区居民积极自治与主动参与。作为协调手段，“参与”为社区居民自治与主动参与自然保护地生态保护与社区发展事业提供路径。其一，作为社区发展的最终受益人，自然保护地社区原住居民应有权参与自然保护地社区管理并共享发展利益，同时作为自然保护地的“主人”，在合法前提下经营使用自然保护地资源是原住居民应当享有的权利，理应得到尊重。[1] 其二，“参与”并非特权，并不独属于“社区精英”或自然保护地管理机构及国际组织等主体，它理应属于自然保护地内的所有居民，只不过受知识水平和身份背景影响，可能存在参与层次上的差异。这是因为由社区原住居民共同参与，以社区为整体作出的

[1] 张晓妮．中国自然保护区及其社区管理模式研究 [D]. 咸阳：西北农林科技大学，2014:32．

集体行为能更好地促进原住居民的自发保护行为，“群策群力”更能降低因自然保护地资源开发利用不公所带来的消极影响。其三，“参与”既意味着自然保护地社区原住居民参与到日常管理和决策过程中，也意味着自然保护地社区原住居民作为“参与者”可以成为自然保护地生态文化的传播者。例如：在社区参与自然保护地旅游事业发展时，社区居民是自然保护地旅游发展过程中的主要人力资源，是从事自然保护地社区旅游工作的主力军。作为一种真实的民族文化的展示者和旅游服务提供者，社区居民是社区旅游发展的重要人力资源。他们从事民俗歌舞表演、民俗活动展示，为游客提供餐饮、住宿及民俗旅游商品加工等服务，是保护地社区旅游文化真实性的源泉。[1]

（二）“参与”强调多方合作，携手推进自然保护地社区之综合发展

受自然环境与历史因素影响，自然保护地社区所在区域往往较为贫困，社区居民以少数民族和农牧民为主，在以往实施的自然保护区社区发展项目之中，农牧民因知识水平低，往往被直接排除在参与决策主体之外。根据20世纪70年代提出的“发展”基本概念，“发展”被定义为通过物质生产来满足人类基本需求的过程。即发展的主要目的是促进人的生存条件的改善。[2] 同理，自然保护地社区发展目的之一也是为了改善自然保护地原住居民的生存条件，增加社区福利。故在自然保护地社区领域倡导的“参与”应包括所有利益相关者的参与，如政府、原住居民、企业、社会组织等，通过协同参与、互利合作等形式让所有利益相关者之间相互学习，逐步建立起牢固的伙伴关系。在此过程中，利益相关者的“参与”过程一方面要体现民主和平等，另一方面，“参与”主体需进行筛选，将“短视”、以“逐利”为主要目的的不良主体排除在参与主体之外，确保在各方的共同合作下，

---

[1] 冯伟林，向从武，毛娟．西南民族地区旅游扶贫理论与实践[M]. 成都：西南交通大学出版社，2017：137.

[2] 邵志忠．山村重塑：少数民族贫困山区参与式乡村社会发展研究[M]. 北京：民族出版社，2017：136.

能实现自然保护地社区“人”的发展、社区的发展乃至整个社会的发展。

（三）“参与”作为理念指引，平衡各方利益冲突与意识转变

“参与”或“参与式”是一个发展概念，是一个循序渐进的过程，不能一次到位。[1] 因此，自然保护地社区的“参与”是要培养和培育原住居民与其他利益群体的生态参与意识和发展参与意识。自然保护地社区原住居民通过发现自身需要、反省自身问题、整合社区资源，才能扭转以往社区发展项目“输血式”投入但收效甚微的困境。之所以提出“参与”是自然保护地社区发展过程中的理念指引，其起因在于自然保护地社区原住居民是否有参与外来发展项目的全过程，是否对该发展项目最终成效具有巨大影响。例如：当自然保护地原住居民参与制定保护项目目标并确认符合他们自己的需要时，他们便觉得“这是他们自己的项目，实施项目就是自己解决自己的问题”，与以往“外来的”项目有很大的不同，外来项目是“外来者”来帮当地人解决“外来者”认为（而不一定是当地人认为）存在的问题。当问题和解决问题的方法被当地人认同时，项目的归属感增加时，参与解决问题的积极性也随之增加。[2]

（四）参与型模式的核心理念

区别于已实践多年的“社区共管”模式与“政府主导”的封闭型管理模式，本章所提出的“参与型”模式以“参与式发展”理论[3]为基础，以自然保护地原住居民作为自然保护地自然保护和社区发展的核心力量，提倡自然保护地社区自下而上的发展方式与多元协同参与的保护方式。从传统理论上来看，“参与式”一般具有三层含义：一是对弱

---

[1] 陈建平，林修果．参与式发展理论下新农村建设的角色转换问题探析 [J]. 中州学刊，2006(3): 42–46.

[2] 任啸．社区参与的理论与模式探讨：以九寨沟自然保护区为例 [J]. 财经科学，2006(6): 111–116.

[3] 参与式发展理论是指通过一系列正规和非正规机制直接使公众介入决策，培育对发展的“拥有意识”或“主人翁意识”和以实现发展的可持续性为目标，使发展干预的对象全面参与发展干预的规划、设计、实行、执行、监测和评估的决策过程的一套发展理论、实践和方法体系。

势群体赋权，保障弱势群体在发展决策中的参与。二是强调互动，以此延伸出多个主体在发展过程中的平等参与。三是“参与”应具备一定的干预效率。结合自然保护地社区的基本属性，本章提出的参与型模式具有以下核心理念：

1. 决策赋权

卢梭认为，参与不仅仅是一套民主制度安排中的保护性附属物，它也会对参与者产生一种心理效应，能够确保在政治制度允许和在这种制度下互动的个人的心理品质和态度之间具有持续的关联性。[1] 作为民主表现形式的“参与”，其主要通过对弱势群体赋予一定权力，赋予和加强公民对自己生活方向和周围环境的控制，在公民直接参与确保了没有一个人或团体是另一个人或团体的主人，所有人都同等地相互依靠[2]，使其能够“自决”。通过“参与”赋予自然保护地原住居民参与自然保护地保护与发展决策过程的权利，其实质上是为了规避以往因“形式化”而导致的社区精英独裁、信息不对称等问题。自然保护地原住居民作为自然保护地发展利益的直接享有者，其本应在社区发展过程中贡献出自己的力量，如弘扬自然保护地生态文化、参与自然保护地巡护工作、发展生态旅游等。但在以往的社区共管模式中，自然保护地原住居民的地位颇为尴尬，虽然多数国际援助项目强调要发挥社区参与作用，将自然保护地原住居民作为一种人力资源进行利用，但从实践来看，自然保护地原住居民确实发挥了其“工具作用”，而非“主体作用”。基于此，笔者认为“参与”之决策赋权应具有几层含义：一是赋予自然保护地原住居民以实质上的决策权，由社区居民自主建立社区组织，管理自身事务。这不同于以往形式上的“参与”，这种“参与”注重发挥传统乡土知识的作用和集体智慧以实现社区自治。如历史上的传统文化和乡规民约在保护当地生态和资源以及解决社区内部矛盾纠纷方面发挥着重要作用，尊重当地文化，

[1] 卡塔尔．佩特曼．参与和民主理论 [M]. 陈尧，译．上海：上海人民出版社，2006：22.
[2] 原宗丽．参与式民主理论研究 [M]. 北京：中国社会科学出版社，2011：34.

尤其是注重发挥传统文化和乡土知识在发展项目中的作用，更多地利用社区易于接受的乡规民约方式，将有利于开展资源管理和社区管理。[1] 二是参与自然保护地生态保护与自然保护地社区发展决策的过程需体现出原住居民的民主主体地位受到重视、民主发言权回归、民主参与的结果能够运用于具体实践，更为重要的是促使原住居民加强自我民主能力建设、萌生民主参与动力。

2. 平等参与

传统的自然保护区社区发展模式以行政控制为主，社区精英与当地政府，国际组织等主体联合起来，以实现社区发展之名行独裁之实，这种自上而下的权力运作方式弊病明显，其中最大的弊端便是剥夺了社区居民平等参与社区事务的权利。而本章中所提出的自然保护地社区协调发展的参与型模式之中的“参与”强调社区居民及社区居民自发组织形成的社区自治组织等多个主体具有平等参与的权利，既要广泛参与，也要平等参与，体现机会平等、能力平等、结果平等，使其能反映社区居民要求，实现社区发展之目的。其背后原因在于不是所有的利益相关群体都对保护资源和社会福利感兴趣，他们在决策中的角色也不平等，有些群体只希望在特定的时间参与特定的活动，而不是将所有的日常管理都作为他们的责任。这种情况下，在依赖性、利益、知识、驱动力和权利方面存在显著不同的利益相关群体都被卷入到自然资源的社区管理中，即任何单一群体都无法独自肩负森林保护的责任和使命，政府做不到，社区同样做不到，英雄的时代已经过去。[2]

3. 人的发展

社区以人的集合为基础，故通过参与、授权、合作行动，在实践中学习，自主开发策略和规划，把社区发展变成一个建设过程，培养社区的长期发展能力。这体现了自然保护地社区要发展的前提是要实

[1] 尚前浪，陈刚．社会资本视角下民族地方乡规民约与旅游社区治理：基于泸沽湖落水村的案例分析[J]. 贵州社会科学，2016(8): 44–49.

[2] 吴於松．社区共管：“环境保护话语”下的制度创新 [J]. 思想战线，2008(1): 74–78.

现人（如自然保护地社区原住居民）的发展。一方面，将保护与发展的权利赋予社区，让社区具有高度自治的权利；另一方面，在自然保护地社区自治的背景下，赋予自然保护地社区原住居民参与权，则意味着激发自然保护地社区原住居民自我管理的能力将有助于解决“政府吃肉，群众喝汤”的问题，通过人的发展激发出社区发展的内源性力量。如国家在农村扶贫开发项目中，其基本思路是：采用参与式方法，通过让农村社区群众表达自己的意愿，确保政府和其他组织准确了解他们的需求并提供针对性的服务；同时培养农村社区群众的合作意识和集体行动能力，提升社区群众的发展能力并推动社区资本的生成和积累；通过农村社区群众在选择和实施项目过程中的互动，形成“组织起来就能实现共同利益”的认识；通过共同利益的实现，提高社区的组织化程度，虽然这种模式早先主要运用于西部较为贫困偏远的农村地区，但其同样适用于自然保护地社区发展模式的构建过程中。

（五）参与的类型

根据参与手段、参与层次和参与群体的不同，自然保护地社区的原住居民参与可分为以下类型：

1. 协商性参与

协商的过程是一种“交换性理性的对话过程”。协商是参与者的一个“相互陈述理由”的理性对话过程，詹姆斯·博曼称之为“交换性理性对话过程”，以解决那些只有通过人际协作与合作才能解决的问题。[1]哈贝马斯认为通过交往活动，在相互理解、相互承认的基础上达成一致和共识：“每一次意见一致都是以主体内部对争议运用要求的一致认可为基础的；因此应具有交往行动者要能够相互进行批判这样的前提。”[2]但在自然保护地社区发展过程中的协商性参与主要

[1] 詹姆斯·博曼．公共协商：多元主义、复杂性与民主[M]．黄相怀，译．北京：中央编译出版社，2006：16.

[2] 尤尔根·哈贝马斯．公共领域的结构转型[M]．曹卫东，王晓钰，刘北城，等译．上海：学林出版社，1999：7.

表现为：自然保护地管理机构已作出决定并控制整个过程，社区原住居民只是根据管理机构的要求回答关于自然保护地的问题，并不分享决策与收益，而外来的自然保护地管理机构自认为是“保护专家”，对社区原住居民提出的保护建议仅象征性吸收，将与社区原住居民的参与视为形势需要，而非工作必需。

2. 激励式参与

激励式参与以激发内源性动力（发挥自然保护地社区原住居民的力量）为首要目标，在这种参与模式下，自然保护地管理机构、国际组织等作为“投资者”，以开展社区发展项目为载体，通过为自然保护地社区原住居民提供物质性奖励的手段调动自然保护地社区原住居民的保护积极性，但这种参与模式的弊端也十分明显：发展项目的资金链一旦断裂，自然保护地社区原住居民的保护行为也会相应停止，不具有可持续性与稳定性。

3. 功能式参与

功能式参与，顾名思义便是将自然保护地社区原住居民视为实现自然保护地生态保护和社区发展目标的一种人力资源或有用工具，这种参与型模式提倡群体参与，即将自然保护地社区原住居民根据其特点和发挥作用大小等进行区分，再加以优化组合，使其能成为实现决策项目过程中的重要一环，以期发挥其最大功能。如自然保护地周边社区的青壮年可以成为巡护员，对自然保护地内的破坏生态行为进行制止，以此减轻自然保护地管理部门因人手不够而面临的巨大巡护压力。但这种方式的弊端也显而易见：当既定目标达成之时，失去价值的社区居民便会被直接抛弃，丧失谋生的机会，造成社会的不稳定。

4. 相互式参与

相互式参与和协商式参与类似，其参与过程是一个相互交换诉求的过程，但不同的是其沟通的主体是外来者，且自然保护地社区原住居民拥有更强的决定权，二者对自然保护地的生态保护和资源开发利用共同作出决定，并且在这个过程中，原住居民能与外界机构在参与的过程中不断地相互学习，如原住居民学习更为先进的管理方式，而外界机构则有新的渠道去了解自然保护地原住居民的传统文化和生态知识，但在这种模式下，由于原住居民接受新知识的渠道主要是外界机构，原住居民并未成为真正意义上的决策主体，因此仍受到外界不同程度的影响。

5. 自主性参与

自主性参与是最接近本章所提出的参与型模式的方式，这种方式由原住居民进行自我决定与自我管理，并根据其自身实际需要向外界建立他们需要的联系，以便获取他们所需要的任何资源和项目开展所必须的技术咨询。这种由原住居民独立自主实施的社区发展项目，直接跳过自然保护地社区和管理机构的干预，更强调自主参与和平等，但缺点是通常规模较小，其发展很容易受到社区精英的限制和打压，从而使得发展项目夭折。

二、参与型模式的实践

为充分展现上述五种社区参与方式的优缺点，本章从我国已实践多年的自然保护区周边社区共管案例中挑选了三个典型案例进行剖析。

（一）协商性参与型

协商性参与的典型案例是社区保护地协议保护[1]项目，其主要指地方保护性政府机构、林草主管部门或自然保护区，与建制村签订协议，支持并监督建制村建设社区保护地，其突出缺点是不同建制村之间缺乏信息交流与合作，一旦缺乏政府或自然保护区管理机构的监督，便容易滋生腐败。如保护国际基金会（Conservation International，简称 CI）在巴布亚新几内亚实施的生物多样性走廊建设项目便采用了协

[1] 协议保护起源于南美，其主要理念为：具有土地所有权或使用权的政府或社区，如果通过保护获得的经济收益高于其他经济利用方式的机会成本，政府或社区就具有从事保护的积极性。外来干预者（如 CI）通过调查后与政府或社区签订协议；以略高于机会成本为“交换”代价，政府或社区放弃自然资源不可持续利用方式转为从事自然保护地建设。

商性参与方式，通过签订保护协议，由当地社区、政府、非政府组织以及私人机构共同管理巴布亚新几内亚的自然保护地，该项目支持自然保护地的原住居民自主采用有利于生态环境保护的自然资源管理办法，由当地社区、政府等与该自然保护地的原住居民展开协商，达成共识后实施该管理办法，并根据其保护效果设立相应的激励机制，从而使项目取得巨大成功，被国际社会广泛认同。这种协议保护模式也曾被引入中国的青海三江源国家级自然保护区、原四川省平武县林业局和原四川省丹巴县林业局进行试点，均取得了不错的短期效果。

（二）激励式参与型

激励式参与主要以物质激励为主要手段引导自然保护地社区原住居民参与到自然保护地生态环境保护与社区发展过程中，因其能为自然保护地社区原住居民带来最直接的经济利益而被广泛运用。如国际渐进组织（Trickle Up Program）在我国草海保护区实施的“渐进小组”项目是激励式参与型项目的典型代表。该项目主要是通过运作小型项目为自然保护地社区贫穷的原住居民提供“渐进”资金，强调经济发展与自然保护相结合，鼓励自然保护地原住居民“自下而上”地实现自立自强。其具体的运作方式为：由国际渐进组织与当地政府展开合作，在草海自然保护区启动渐进小组，通过村基金项目和村民规划项目，由村民提交项目计划书，将项目完成后的目标奖励设置为一定数额的金钱奖励，以此激发村民参与发展项目的积极性。村民与草海自然保护区的管理部门签订协议，由村民对草海生态进行自发保护，再由村委会成立村基金，以方便村民的资金借贷和自我管理，这种资金的积累为草海周边村寨的经济、社会和环境三者之间的协调发展提供了更大空间，而村基金的资金来源主要为渐进小组、国际鹤类基金会和中国政府。由于村基金和渐进项目紧密联系，如渐进小组为村基金提供了一部分本金，渐进小组的不断成功也使得村基金拥有了源源不断的资金来源。同时，渐进项目并不是一个只针对自然保护区周边贫困原住居民的纯扶贫项目，因为参与项目的农民，需与自然保护区管理部门签订保护协议，需为草海生态的保护作出一些有益的行为，一定程度上发挥了当地农民的保护力量，并依据保护协议对其行为有所约束。

（三）相互式参与型

在相互式参与型模式的实践中，最突出的代表便是德国复兴开发银行在我国开展的援助项目。1992—2000 年，德国复兴开发银行先后在我国长江中上游启动了多期造林项目，既提供大额的援助资金，也提供专业的参与式造林规划，即造林项目的技术人员在造林设计、树种选择、森林管理方案、利益分配方案等方面需要充分尊重项目参与群众的意愿，将决策权赋予社区群众。双方通过签订造林、封山育林、苗木供应等合同，明确项目执行机构和参与群众之间的责任、权利与义务，在保护参与群众利益的同时最大限度地利用当地的人力资源和组织优势。同时，该援助项目充分建立了经济激励机制，如通过栽植经济林，扩大经济林面积使得当地居民能快速受益，并使已退化的天然林得到更新，提高了森林覆盖率。在项目开展过程中，援助人员对当地各级林业工作者和农民展开了切实的培训，使之能最大程度地参与造林过程，培训效果显著。

三、参与型模式存在的问题

虽然在已有的自然保护区社区管理案例中，原住居民的“参与”正逐步展现，但建设自然保护地社区是一个长期过程，而已有的社区共管案例多以政府主导或社区主导[1]为主。而政府或社区主导的自然资源保护具有两个方面的特点，一是权威性强，能使保护的概念、保

[1] 社区主导顾名思义就是以社区为主，而且是相对于政府主导的概念而言的。社区主导意味着：保护的概念来源于社区，由社区自行决定为什么要保护，保护什么，保护多少，在哪里保护等；保护的方法由社区自行制定，就是如何实施保护，谁来负责，相应的惩奖措施是什么；保护的成本由社区承担，就是社区自己负担保护所需要的经济和人力资源的成本；保护的目的是维护社区，而且往往是一个社区的公共利益，而不完全是单个农户的利益，如水源、神山等。

护的目的深入人心，并在“形式上”得到社区当中绝大多数人的拥护支持；二是保护时间具有不稳定性，政府或社区主导的参与型模式由于多数引入了国际组织的参与，因此需要获得显著的保护效果或社会影响力才能进一步获取更多的资金和技术资助，一旦发展项目效果不佳，便会被立即叫停，不具有可持续性。现有的“参与型”模式主要存在以下四个方面的问题亟待解决。

（一）重发展轻保护，无长远规划

由于自然保护地周边社区多为贫困地区，其社区发展事业容易走向极端。以社区精英为代表的决策者，认为要把自然保护或提升社区居民经济收入作为首要目的，在这种单一思想的影响下，其作出的决策往往带有片面性和功利性，为了解决社区居民的温饱问题，牺牲自然保护地的环境利益在所难免。体现在环境政策上便是将当地社区、社区居民提前假设为自然保护地资源的天敌，需将其完全消灭掉才能保护好自然保护地的生态环境，由此延伸出两种处理方法：一是限制当地人的生产生活范围，由政府对造成的损失进行适当补偿，但在实践中这种补偿很难落实到位。二是将当地人彻底迁出自然保护地，以排除人类活动对自然保护地的破坏。事实上，当地居民与自然的联系由来已久，对各种自然生物的宗教崇拜也在一定程度上反映了当地人对自然和自然力量的敬畏与依赖。在这两种不太合理的处理方法下，尽管能很好地保护自然保护地的生态环境，但对自然保护地社区的长远发展和自然保护地社区原住居民的合法权益而言，百害而无一利。

（二）对贫困的社区存在长久偏见

正义的本质是“给每个人其所应得”。部分人用贫困守护我们的地球，却为最基本的生存需求而陷入贫困与环境恶化的恶性循环之中，这样的权利义务配置方式无论如何也不是正义的。[1] 某种意义上，自

[1]　任世丹. 贫困问题的环境法应对 [D]. 武汉：武汉大学，2015:17

然保护地社区原住居民用他们的贫困守护了自然保护地的生态环境，换来绝大多数人享有美好生态环境的权利，但长久以来存在的一种有关于他们的普遍偏见认为：贫困的当地居民关注的焦点是生存和温饱，因为生活贫困，当地居民会通过掠夺自然资源这种最简单的方式来获取维持基本生存的食物和金钱，所以当地人的贫困程度与对自然保护地自然资源的破坏成正比。这种偏见背后隐含的观点是自然保护地周边社区居民的贫困是因自身所致，他们破坏了丰富的自然资源和良好的生态环境，以致无法将良好的生态风光转变为经济效益。但这种观点显然是狭隘的，因为我国目前仅存的生物多样性价值高且有限的天然林资源完全分布在交通不便的高山区、深山区和少数民族贫困地区，而非在城市。其原因在于城市的发展是建立在破坏环境的基础之上的，长久以来走靠开发自然资源，靠牺牲贫困人口的生态利益来实现多数人福祉的道路已经让生态利益的多数享有者们忘记了，不是自然保护地周边社区居民破坏自然资源而导致他们贫困，事实上自然保护地社区原住居民才是最直接的受害者，他们被迫承受了因资源破坏而带来的环境问题。

（三）多数自然保护地社区原住居民的保护智慧不被认可

在少数民族地区，人们经常会发现一些由社区自主保护的林地，保护成效非常显著，但根据传统的观点，这些被保护的林地都是村民的坟山、龙山和神山等，村民对这些林地采取保护措施是没有科学依据的，是生产力水平低下而对自然的力量所表现出来的敬畏和无助。对神山的自发保护是一种封建观念，与现今自然资源的规范化管理格格不入。即使现在暂时允许村民继续采用原有的保护措施，也只是为了不激化矛盾的一种权宜之计。在已有的自然保护地社区管理实践中，当地政府将更多的希望寄托在国际组织的援助项目上，认为这些援助项目会带来大量的资金、技术和人员，代表着先进的经验，但事实上这些短期的国际援助项目往往会出现“水土不服”的症状，其最大症结或许就在于忽视了自然保护地原住居民在历史变迁过程中形成的“保护智慧”，盲目地引入资金或社区发展项目而没有采纳自然保护地原住居民的保护建议。

（四）政府主导使得原住居民丧失决策话语权

我国目前普遍存在的“参与型”模式，政府与社区是作为自然保护地社区的实际决策者存在的，广大的自然保护地社区原住居民多数情况下都沦为政府与社区精英决策的实行者，极大地打击了自然保护地社区原住居民的保护积极性。如现行的管理机构三级联合管理的行政管理体制，也是一种相对集权的管理模式。在中国，由于自然保护地在设置、管理和旅游开发过程中普遍将当地居民排除于决策进程之外，以至于我国自然保护地原住居民与自然保护地的冲突广泛存在并且逐步增强，造成对国家级风景区有价值的生态系统、生境、动植物的持续破坏。

四、参与型模式与封闭型模式之比较

参与型模式相较于传统的封闭型模式而言，其最大的优点便是发挥了自然保护地社区原住居民的积极性。受历史因素影响，我国大多数自然保护区在建立之初便是仿造西方国家（如美国）百年以前建立国家公园或自然保护地的思路，这种偏“封闭式”保护的思路体现在自然保护区政策上便是对自然保护区的资源实行封闭管理，强制迁移自然保护区内的居民并适当给予补偿。经过长期实践，这种思路已经被证明会极大地损害自然保护地原住居民的生存权与发展权，并不能容纳和协调当地社区利益。

同时，需注意我国建立自然保护区的初衷与西方国家有所区别，其主要原因在于我国自建国伊始就偏重发展经济，许多自然资源因此遭到了严重破坏，建立自然保护区实际上是要对脆弱的自然资源和生物物种进行抢救式保护，这也决定了在特定的阶段中国只能通过这种强硬的手段来保护未被破坏的生态环境。这种封闭型模式并非一无是处，相反，通过建立自然保护区，我国许多濒危物种得到了保护，如大熊猫和扬子鳄等。之所以要摒弃封闭型模式，最主要的原因在于其无法随着时代的进步而不断地作出相应的调整，机械的强制性保护政策和封闭式的管理模式为自然保护地的持续发展带来了不小的阻碍。如封闭式的管理方式限制了自然保护地周边居民对自然保护地内自然资源的有效运用，从而让他们的传统生产和生活方式遭受巨大挑战，其更像是为了社会上大多数人的环境利益而选择牺牲当地居民的利益，造成了一种新的不公平。

第二节　参与型模式之国外经验

《里约环境与发展宣言》原则第 22 条规定："本地人和他们的社团及其他地方社团，他们的传统习惯在环境管理和发展中也起着极其重要的作用。各国应承认并适当地支持他们的特性、文化和利益。"由此可见，由社区原住居民主导的社区发展模式并非一个全新提法，而是经过长时间证明、对自然保护地和自然保护地社区均有益的参与型模式。相较于我国短短几十年的社区共管经验，以美国、加拿大、澳大利亚等国家为代表的政府与国家公园原住居民进行自治权力分享的模式是一种法定的实现自然保护地原住居民合法权利和政府设定的自然保护地目标的双赢模式，其成功经验值得我国学习和借鉴。

一、美国

美国是世界上第一个以法令形式确定国家公园的国家，其境内国家公园的原住居民包括印第安部落、夏威夷原住居民、太平洋岛民和加勒比岛民等，在多年的国家公园保护实践中，美国建立了一套成熟的可供借鉴的处理国家公园与原住居民关系的模式。如美国国家公园管理局通过印第安部落建立“开发合作”关系，既保留了印第安部落作为国家公园原住居民的文化特色，也节约了大量美国国家公园管理局的人力、财力，实现了双赢。以 1872 年建立的黄石国家公园为例，黄石地区最早是印第安人的家园，印第安人随季节变化而不断改变驻地，较为原始的用火技术和狩猎技术也在一定程度上改变了黄石地区的生态环境。黄石国家公园建立初期，无数印第安人遭到驱逐，流离失所，这种完全将原住居民排除在外的中央集权管理模式并未就黄石地区的印第安人的权利保障问题作出安排，反而在立法上规定：“在划定为公园的土地上定居或占据土地的人，将被视为入侵者而遭到驱逐。”1896 年的“华尔德诉雷斯案”则彻底将印第安人应在黄石公园中享有的合法权利进行了抹杀。直到 20 世纪六七十年代，印第安人借助美国少数族裔权利运动的爆发，开始积极争取他们作为原住居民应在国家公园中享有的合法权利，并成功夺回了他们在部分国家公园中的狩猎、采集、捕鱼、祭祀等权利。

美国国家公园与以印第安人为代表的原住居民建立开放性合作关系始于 1971 年颁布的《阿拉斯加原住民土地权利处理法案》（Alaska Native Claims Settlement Act），其首次承认了阿拉斯加州国家公园的原住居民享有国家公园的土地所有权。[1] 在阿拉斯加地区，国家公园内划定了原住居民的居住区，并允许原住民对国家公园内的动植物资源及其他可再生能源采用传统的利用方式，原住居民还可以与国家公园管理局、州政府和地方社区一同制定和实施国家公园管理规划，堪称国家公园与原住居民合作管理模式的范例。

美国同时也存在一种由原住居民自治管理的国家公园管理模式，即建立部落公园（Tribal Park），由于部落公园建立在印第安保留地

[1] Booth K L. National parks: What do we think of them[J]. Forest and Bird, 1987, 18(3): 7–9.

范围内，故由印第安人自治管理，其实质类似于社区保护地。[1]1994年美国颁布的《部落自治法》（Tribal Self-Governance Act）规定，印第安部落可以向国家公园管理局申请让渡其保留地范围内国家公园的管理权，将其转为部落公园，由国家公园管理局提供一定保护资金，优先原住居民特许经营。[2]如位于纳瓦霍部落（Navajo Nation）的羚羊谷部落公园便是由当地原住居民部落进行市场化管理，游客只能报名原住居民部落公司组织的参观和游览活动，在原住居民向导的带领下才能进入公园内部，同时限制进入部落公园的游客规模和游览时间，以减少对自然保护地的影响。在这种模式下，部落公园内资源管理的法定依据既包括国家公园管理局制定的法律法规和政策，也包括了原住居民制定的法令和决议，这种合作模式让原住居民的权利被重新重视，在解决原住居民生计的同时也最大程度降低了对国家公园自然资源的影响。

二、澳大利亚

澳大利亚作为世界上最早引入原住居民和社区组织参与管理遗产地模式的国家，在对遗产进行开发管理时，充分平衡原住居民及其他关键利益相关者的利益，更多地从原住居民以及土著文化视角制定并执行管理规划，如澳大利亚的阿南古族原住居民参与乌鲁鲁 - 卡塔丘塔国家公园（Uluru-KataTjuta National Park）保护管理的经验，对实现我国自然遗产地的可持续发展有重要的借鉴意义。

澳大利亚为联邦制国家，拥有 6 个州和 2 个领地，现原住居民人口数量约 61 万，占总人口数量的 2.7%。[3]依托独特的自然资源和悠

[1] Brown T C. The concept of value in resource allocation[J]. Land Economics, 1984, 60(3): 231–246.

[2] Callicott J B. Intrinsic value, quantum theory, and environmental ethics[J]. Environmental Ethics, 1985, 7(3): 257–275.

[3] Dustin D L, McAvoy L H. The decline and fall of quality recreation opportunities and environments?[J]. Environmental Ethics, 1982, 4(1): 49–57.

久的土著文化，澳大利亚拥有适应国情、独特有效的遗产保护体系与管理机制。环境与能源部作为自然遗产的国家主管部门负责制定并实施政策和计划，以帮助识别和实现澳大利亚自然和文化遗产地的价值。1983 年，澳大利亚制定了《世界遗产财产保护法》（World Heritage Properties Conservation Act），首先明确其自然遗产保护法律体系由国际公约、联邦法、州或领地法以及遗产地法等构成。[1] 其次，澳大利亚境内的自然遗产由环境与能源部下属遗产管理处的遗产评估局、遗产管理局、遗产战略局和独立的法定专家团体——澳大利亚遗产委员会（The Australian Heritage Council，以下简称 AHC）及澳大利亚世界遗产咨询委员会（The Australian World Heritage Advisory Committee，以下简称 AWHAC）联合管理。其中 AWHAC 由环境保护和遗产委员会于 2008 年 11 月发起设立，为澳大利亚联邦以及州、领地和地方政府就影响澳大利亚世界遗产可持续发展特别是遗产地土著居民权益问题提供咨询建议，AHC 与 AWHAC 机构的组成委员都必须包括至少两名有丰富遗产管理经验和专业知识的土著人。

乌鲁鲁 - 卡塔丘塔国家公园位于澳大利亚中部北领地，主要景观为独立岩乌鲁鲁（Uluru）和卡塔丘塔（Kata Tjuta），公园中心地带的乌鲁鲁是一块巨大的圆形红色砂岩巨石，是当地原住民阿南古族（Anangu，由 Pitjantjatjara 和 Yankuntjatjara 两族构成）部落的圣地。卡塔丘塔距离乌鲁鲁 32 千米，由 36 个陡峭圆顶岩石组成，作为世界上最古老传统信仰体系中的重要部分，体现了人类与自然环境的相互作用。在公园原住居民称为“曲克帕”[2] 的创世纪里，祖先们缔造了自然与规则，阿南古族被赋予了维护这片受曲克帕祭祀的神圣土地的使命。1987 年，根据自然遗产遴选标准，乌鲁鲁 - 卡塔丘塔国家公园作为文化与自然要素结合以及展现地质特殊构造和侵蚀过程的绝佳

[1] Darling, F. 1969. Man's Responsibility For The Environment. In: Ebling, F. (ed) 1969. Biology And Ethics 117–122.

[2] Everitt A S. A valuation of recreational benefits[J]. New Zealand Journal of Forestry, 1983, 28(2): 176–183.

实例被提名为世界自然遗产。1994 年，澳大利亚政府和非土著人群开始认识到公园自身文化价值的重要性以及原住居民与环境共生的生态意义，尤其是阿南古族在不适宜居住的干旱环境下适应性极强，其科学知识和传统土地管理实践的中心地位得到了认可，这种国际认可证实了阿南古文化在公园管理体系中的有效性与重要性，故而澳大利亚政府利用阿南古传统名称“乌鲁鲁（Uluru）”和“卡塔丘塔（Kata Tjuta）”来命名公园。

1977 年，澳大利亚政府根据联邦法律宣布成立国家公园并于 1985 年将国家公园的永久产权正式归还给原住居民，原住居民领主根据协议规定将土地租赁给澳大利亚政府，为期 99 年，由国家公园管理局与乌鲁鲁 – 卡塔丘塔管理委员会联合制定公园管理计划和管理决策，澳大利亚环境与能源部下属澳大利亚国家公园管理局负责日常管理和管理委员会决策的实施。其中乌鲁鲁 – 卡塔丘塔管理委员会依据《1999 年环境保护与生物多样性行动法案》（EPBC）建立，由 12 名成员构成。其中 8 名为传统所有者提名的土著成员，其余为负责旅游的联邦部长、负责环境的联邦部长、北领地政府提名并由阿南古族批准的成员各 1 名以及国家公园管理局成员 1 名。负责公园筹备管理规划、根据管理规划制定决策和监控公园管理并向环境与能源部提供有关国家公园管理的建议，管理委员会下设分委员会，分别负责开展旅游、科学、媒体、文化遗产保护等不同专业领域工作。[1] 此外，《1976 年土著土地权利（北领地）法》[Aboriginal Land Rights（Northern Territory）Act 1976] 中规定中央土地委员会（Central Land Council，以下简称 CLC）对国家公园管理局和管理委员决策进行监督，保障原住居民在土地主权以及公园管理各方面的利益，CLC 作为第三方机构鼓励原住居民成立社区组织并为其管理工作提供咨询服务。

作为原住居民的阿南古族参与乌鲁鲁 – 卡塔丘塔国家公园管理主

[1] Hammond J L. Wilderness and heritage values[J]. Environmental Ethics, 1985, 7(2): 165–170.

要集中在四个方面：一是参与制定管理规划。1994 年，国家公园申报世界文化遗产时提交的管理规划由阿南古族和与公园关键利益相关的个人和管理部门联合协商制定，并已于 1992 年 1 月 1 日实施执行，其在文化资源方面需要实现的价值主要包括以下几点：①继续在公园管理规划中考虑阿南古族对生态系统的理解，通过拓展相关项目向游客传达阿南古族生态理念，促进游客对阿南古族文化的理解；②从阿南古族人的视角加强游客管理相关的现有政策与规章制度，根据阿南古族经常提出的要求来发展新的政策和规制度，管理游客对公园的恰当使用；③澳大利亚政府与阿南古族共同努力，确定采取恰当的行动保护岩画艺术和公园内的其他考古资源，记录并向游客讲述阿南古族的口述历史等。公园的一切经营管理都需要以阿南古文化以及他们世代传承下来“曲克帕”生存法则为最基本的原则。不得与其地域文化精神相违背。二是适应性调整管理策略。“2017 年 11 月，澳大利亚乌鲁鲁 - 卡塔丘塔国家公园的 12 名管理委员会成员一致投票通过决定，从 2019 年 10 月 26 日起禁止攀登乌鲁鲁巨岩。”阿南古人也一直尝试在游客到达乌鲁鲁之前向其传达乌鲁鲁圣地对阿南古文化的重要性并鼓励游客沿阿南古族祖先的足迹徒步环绕乌鲁鲁进行参观而不是攀登，而明文禁止攀登乌鲁鲁巨岩就是从阿南古族视角对公园遗产价值产生消极结果的管理策略进行适应性调整。[1] 此外，公园管理委员会为避免过度的人为干扰影响自然生态系统的稳定，为游客规划了固定的游览线路，游客进入公园游玩的第一站必须是“文化信息中心”，通过视频、工艺品展览等方式从传统原住民及阿南古文化视角向游客告知公园的各项规定与禁忌，提高国家公园的文化与环境教育功能。[2] 三是传统习俗融入现代管理。阿南古人认为人类、大地和动植物有着千丝万缕的关联，密不可分，他们了解领地内的动植物群落、生活方

[1] Booth K L. National parks and people: An investigation into use, attitudes and awareness of the New Zealand national park system[D]. University of Canterbury, 1986：117.

[2] Ditwiler C D. Can technology decrease natural resource use conflicts in recreation?[J]. Search (Sydney), 1979, 10(Dec 1979): 439–441.

式以及国家公园的历史等，并通过使用火和其他传统方法来管理他们领地内的动植物及其栖息地。传统的局部燃烧对栖息地的生态至关重要，近期被烧毁的栖息地会吸引更多游牧鸟类、小型哺乳动物和爬行动物，有助于通过构建植物群落演替的不同阶段来形成植物斑块镶嵌景观。随着澳大利亚中部地区温度持续上升，公园内地表水和地下水减少，杂草和野生动物数量、火灾发生风险以及公园基础设施压力不断增加，澳大利亚政府以及非土著人群开始认识到阿南古乌鲁鲁－卡塔丘塔国家公园联合管理框架的阿南古族火情管理这项传统习俗在公园管理中的重要性。如今，阿南古族开展的传统管理实践成为澳大利亚“关爱国家”计划不可分割的一部分，通过利用卫星数据和地理信息系统记录历史火情分布与发展，在气候变化战略中确定管理行动以减少与气候变化相关的风险和影响。四是岩画艺术与社区收入。阿南古族岩画是为表达宗教仪式而创作的，由符号和图形构成，其中同心圆符号经常被艺术家使用来表达水坑或露营场所，也可能是动物或者植物轮廓。乌鲁鲁周围洞穴内的岩画容易在人为触摸、水和岩石矿物等自然元素的影响下褪色剥落，因此原住民协助公园管理局对这些艺术场所采取了多样的保护方法，阿南古族会定期清除鸟类和昆虫巢穴并在岩画周围放置干燥物质，使水流远离岩画，以此减缓绘画上的苔藓和霉菌生长。穆迪丘鲁（Mutitjulu）社区在公园文化信息中心拥有一个展示阿南古工艺品的艺术中心，原住居民艺术家们会拿出艺术品销售价格的40%用于艺术中心这一非盈利社区组织的运营，阿南古族欢迎游客前往参观，一起探索绘画背后的曲克帕故事。

澳大利亚遗产保护与管理注重遗产地原住居民参与权，考虑到当地社区及其他利益相关者的利益，对实现遗产可持续发展起到了积极的作用，尽管澳大利亚国情和政体与我国不同，但其遗产保护管理模式却值得借鉴。完善我国遗产保护体系，搭建遗产地行政主体、市场主体、外部主体（各类外部资源）和原住居民社区于一体的多元共管框架与公众参与平台；引导对遗产地负有社会、精神、文化责任的原住居民及社区组织参与管理经营；同时，依托地域文化优势，开发地方特色产品，增加原住居民社区收入，以推动我国世界遗产地的可持续发展。

三、新西兰

新西兰是世界著名的旅游目的地，更以其独有的毛利文化而闻名于世。毛利人是新西兰的土著居民，长期繁衍生息逐步形成了丰富而独特的毛利文化。18 世纪末期，随着欧洲移民大量涌入，白人和土著毛利人之间的交往日益加深，新西兰毛利文化也不可避免地被卷入了现代文明的发展进程。20 世纪 60 年代以来，新西兰政府致力于改善毛利人的社会经济状况，将新西兰定位于两个民族两种语言并存的双文化社会，一系列有效政策的实施极大地缓和了白人和毛利人之间的矛盾冲突，其中，毛利旅游发展也起到了积极作用。因此，新西兰被认为是在促进和谐海岛人地关系、协调现代和传统文明矛盾方面的全球典范。

在此过程中，毛利族群基于传统人地关系的本土信仰和朴素的集体主义价值观，发展出了一套有效的集体资产管理模式，即毛利信托委员会（Maori Trust Board）制度。这一制度对于减缓毛利族群受到的现代化冲击，促进毛利族群社会经济发展和地位提升和个体可持续发展具有重要价值和意义。

新西兰的毛利族群一直保持着部落制的社会生活方式。血统对于当今的毛利人来说，虽然没有在被欧洲殖民化之前那么重要，但在毛利社会生活中依然起着举足轻重的作用。这主要表现在以下几个方面：第一，在继承毛利土地时，是否具有毛利血统是必备的前提条件；第二，血统是考量一个人在毛利社会中地位的重要标准，在选举部落首领时是不可或缺的因素；第三，血统还决定了一个人是否有资格加入某一毛利工会或法人团体以及要求拥有某些资源。

在毛利人看来，他们和土地之间有着天然而紧密的联结，人不能没有土地，如果你失去了土地，你就失去了一切权利。毛利人认为他们是受神之所托，是他们所生存的土地等自然资源的看护者。他们信仰天父地母，他们死后都会回归大地母亲的怀抱，同时把看护土地资源的责任转交给他们的子孙。毛利人土地制度中最核心的是部落土地集体所有制，任何个人都不享有土地所有权，土地由毛利人所在的部落集体所有，每个毛利人都享有从所在部落获取土地收益的权利。

正是基于这样传统的人地关系信仰和朴素的集体主义价值，毛利族群在现代化进程中逐渐形成了毛利信托委员会制度。1955 年，新西兰当局通过了《毛利信托委员会法案》（Maori Trust Board Act），以国家法律的形式规定了毛利信托委员会制度。[1] 根据该法案，每个毛利部落都会选举德高望重的部落首领成立信托委员会，通过法律授权代表该部落负责管理部落共有财产。毛利信托委员会必须向政府递交内部人员任命的名单、年度预算和土地交易的各项报告，以供审核批准。组建这些信托委员会的初衷是管理部落的公共资产，这些钱大多是新西兰当局为了解决历史遗留下来的土地所有权纠纷而赔偿给毛利部落的。作为土地永久产权的拥有人，毛利部落每年都能从土地上获得一笔数目可观的固定收益。信托委员会还会从开垦农场和投资实业方面获得其他收益，比如在毛利人的土地上开发地产的土地批准费，在毛利人拥有的湖泊和河段上钓鱼许可证的审批费，以及在毛利人拥有的山上开设狩猎场、营建度假村等的收费。部落长老亦可聘请更具有投资和商业才能的职业经理人，来具体负责部落资产投资运营相关事宜。特别需要指出的是，通过对毛利部落长老的访谈发现，毛利人在投资行业选择时更多地投向回报率和稳定性更好的行业，如畜牧业、林业、渔业、采矿业、建筑业和地产投资等，这些行业被认为是主流行业。而毛利人对旅游业的投资比例不大，旅游业为毛利人带来的经

[1] Hammond J L. Wilderness and heritage values[J]. Environmental Ethics, 1985, 7(2): 165–170.

济收入十分有限。所有毛利信托委员会都会将绝大部分的部落资产投资收益用于毛利人的教育及部落公益活动，如为部落成员提供技能培训等。

四、南非

南非自然保护区由省级或国家保护机构建立，由国家和国际立法指导，各级政府和非政府组织负责为人民的自然资源管理提供技术和财政资助。南非的自然保护区社区参与自然资源管理的框架很少被文件记载，但也有例外，如津巴布韦的CAMPFIRE方案、赞比亚的ADMADE方案、纳米比亚的LIFE方案和博茨瓦纳的自然资源管理项目。虽然已经记录了一系列协作管理和保护区外联方案，但它们都有以下一种或多种共同活动：设立联络委员会，解决自然保护区与邻近地区之间的问题；建立消耗性资源利用项目，例如收获茅草，药用植物等等，其中最具代表性的便是伙伴关系论坛的建立。

由于南非的地方社区参与到直接影响自然保护区决策的过程往往是被动的，现有的受保护的外展方案也受到质疑（南非的许多自然保护区是在与当地社会和经济制度隔绝的情况下建立的，在自然保护区内禁止或严格控制对自然资源的消费性利用）。在这种情况下，自然保护区的建立使得当地社区的原住居民成为偷猎者，他们的生存行为被定义为“非法”。虽然自然保护区的劳动和狩猎保护人员通常来自当地社区，但管理人员通常来自自然保护区周边社区之外。在非洲的殖民时代，这些管理人员多为欧洲血统。身为当地社会结构中的外国人，他们难以融入这些社会结构。自然保护区与当地社会和经济制度隔绝，使它们成为政治家希望在与自然保护区毗邻的社区内赢得支持的“软目标”。

为了有效地应对这些压力，南非保护当局和当地社区成员需要制定新的执行方案，促进受保护双方的积极参与。自然保护区工作人员和当地社区成员应当共同规划、协调、监测和评估保护区融入周围景观。如果当地社区成员和自然保护区工作人员要共同努力，促进自然保护区与周围景观的融合，那么就需要建立管理机构，以规划、实施和持续评估这一融合。这些管理机构的职权范围和活动将取决于自然保护区和外围景观的场地特点，同时考虑到自然保护区与当地社区之间相互作用的一系列问题，即这些管理机构基本上负责自然保护区与当地社区之间的沟通，也被称为伙伴关系论坛。其原因在于这些机构开展的所有活动都是在自然保护区工作人员和地方社区成员之间建立管理伙伴关系。

伙伴关系论坛的核心成员将来自相关自然保护区的工作人员和当地社区的成员。同时可能还有其他受自然保护区活动影响的地方自然资源管理利益攸关方，例如商业林业和农业利益、私营生态旅游经营者等，需要参与管理机构的活动。这些利益相关者要么作为核心成员参与，要么作为非重要成员，根据需要参与专门管理活动。发展伙伴关系论坛的第一步将是自然保护区工作人员、当地社区成员和其他当地自然资源管理利益攸关方的初步角色塑造，他们可以参与论坛的建立。其中流程包括：①是否需要建立一个伙伴关系论坛；②谁是“当地社区”；③谁应该代表这些社区，以及应该如何选举这些社区；④谁应该代表保护区工作人员；⑤哪些其他当地自然资源管理利益攸关方应该参加论坛；⑥这些利益攸关方应该如何代表。这些规定是基础规定，将涉及一系列不同因素，包括定居点距离相关保护区的距离、自然保护区对这些定居点人民的影响，以及这些定居点或自然保护区内的其他利益攸关方，即政府部门、非政府组织和私人组织的参与。同样，为确定各利益攸关方和召开这些利益攸关方之间的会议而采取的办法将受到一些因素制约，其中便包括自然保护区工作人员与当地人员之间的现有关系。

同时，利益相关者的初步角色塑造和对论坛需求的评估将代表建立和发展伙伴关系论坛的形成阶段。在这一阶段，不同利益攸关方参与发展伙伴关系论坛的利益将根据其各自的期望和需要而定。自然保护区的工作人员将把参与论坛活动视为实现保护区保护的一种手段。相比之下，当地社区成员和其他利益相关者会将参与论坛活动视为改善其社区或商业利益发展的一种手段。因此，对于自然保护区工作人员来说，地方发展是实现保护的一种手段，而对于其他利益攸关方来说，保护是实现地方发展的一种手段，伙伴关系论坛的活动将围绕这些不同利益之间重叠的问题展开。一旦论坛成员开始讨论和辩论这些问题，论坛的群体动态将逐渐从形成阶段转变为“震荡”阶段，因为论坛成员围绕特定问题分化。如果自然保护区工作人员和当地社区之间有过信息或土地流离失所的历史，这一进程可能会非常紧张。

撒哈拉以南非洲保护组织正在逐步实施综合保护和发展方案，旨在促进当地社区参与自然资源管理。这些方案包括以社区为基础的自然资源管理、协作管理和自然保护区推广方案，并重新发出了从保护方案向人民保护方案的转变。伙伴关系论坛框架围绕四项主要原则构建，即：自然保护区应作为当地社会、经济和环境系统的组成部分发挥作用。这些系统的空间和时间尺度在不同的情况下会有所不同，以适应不同的政治、社会、经济和环境情况；应通过保护区工作人员与其他地方自然资源管理利益攸关方之间的伙伴关系，管理将保护区纳入地方系统的工作；将保护区成功纳入地方系统取决于：发展自然保护区工作人员和其他地方自然资源管理利益攸关方之间的信任和相互理解；发挥自然保护区工作人员和其他地方自然资源管理利益攸关方的能力，以规划、实施、执行和评估合资企业的发展，以及获得政府和非政府组织的支持，这些组织可以提供当地无法获得的社会和技术资源。

五、国外经验总结

大多数国家的国家公园在社区建设过程中尤其注重社区权利、文化及发展等，其经验可归纳为权利保障制度、社区参与机制及社区引导政策 3 个方面。

（一）权利保障制度

政府赋予了原住居民拥有和使用土地的权利，并认同原住居民传统知识与文化的价值。如卡卡杜国家公园社区共管建立在《原住民土地权法（北领地）》和《国家公园与野生动物保护法案》规定的法律框架之上，以最大限度地保障原住居民土地所有权。在卡卡杜国家公园《租赁协议》中，内容主要包括原住居民使用和占用传统土地的权利、协议的条款，以及 22 个旨在促进和保护土著人的利益、传统、就业、咨询和联络的具体契约。[1] 通过土地管理协议等将原住居民与国家公园管理机构合作关系加以制度化。同时，《环境保护与生物多样性保护法案》明确规定国家公园由政府与原住居民共同管理，因此卡卡杜国家公园根据相关法律设立了国家公园管理委员会，旨在解决政府与原住居民间在管理国家公园方面存在的问题，协调国家公园与社区的共同发展。在实践过程中，政府与原住居民将国家公园管理计划与租赁协议进行了不断地修改和完善，提高了土地租金和公园旅游收益并促进了社区生态旅游的发展。在完善的法律制度下，实现了国家生态保护与原住居民拥有实际权、责、利之间的平衡，对原住居民的权利和文化传承给予了保障。

（二）社区参与机制

在澳大利亚国家公园制定决策的过程中，鼓励原住居民参与国家公园管理计划的制定与执行，确保原住民和政府双方选出的代表权力相当，并且充分尊重原住居民的传统文化，将原住居民地方性的知识和生存技能应用到管理过程中。与此同时，政府支持原住居民积极参

[1] Callicott J B. Intrinsic value, quantum theory, and environmental ethics[J]. Environmental Ethics, 1985, 7(3): 257–275.

与旅游经营，允许其独资或合资旅游企业、建设文化中心以及开展解说服务等。例如，在国家公园中，原住居民担任公园巡警与领路导游、提供文化景观解说服务、经营文化旅游项目并投资建设游客旅社，该方式不仅维护了原住居民的文化和遗产，还推动了当地社区文化、生态旅游与经济的发展。其中发展原住居民文化解说项目以及生态旅游是国家公园社区参与的重要特征。在特许经营权限方面，政策更偏向于原住居民，这种政策性偏移有助于提升社区就业率以及提高原住居民收入。借助旅游经济兴起的机遇帮助原住居民解决其生计问题以及改善原住居民的生活质量。

（三）社区引导政策

在国家公园内建立管理委员会，使之依法负责公园的监测、保护以及管理等工作。管理委员会的成员包含了政府人员、原住居民以及专家等重要利益相关者，确保了管理委员会既能体现国家对管理公园的意见，又能反映原住居民对管理公园的诉求，这种管理结构有利于集中各方的管理想法。在国家公园建立之初，原住居民由于缺乏识字、算数及语言等基本技能，无法在管理中提出建设性意见以及作出指引性决策。因此，政府逐渐开展针对原住居民的管理技能培训，以便政府和原住居民能更好地共同制定出阶段性的顺应时代发展的管理计划。此外，政府制定了一系列教育培养计划，例如向儿童提供环境教育，旨在帮助原住居民理解传统文化和自然环境，从而在管理和保护文化遗产和生态自然中发挥重要作用；向年轻人提供工作技能培训，为其增加护林员、维护基础设施及自然资源管理等方面的就业机会。

第三节 参与型模式之价值分析

从哲学意义上讲，价值具有两个方面的含义：“首先，价值是一个表征关系的范畴，它反映的是作为主体的人与作为客体的外界物（即自然、社会等）的实践——人事关系，揭示的是人的实践活动的动机和目的。其次，价值是一个表征意义的范畴，是用以表示事物所具有的对主体有意义的，可以满足主体需要的功能和属性的概念。”[1] 构建自然保护地社区协调发展之“参与型模式”是实现自然保护地生态服务价值市场化的重要手段，是促进自然保护地社区内生式发展的有效激励。同时，以原住居民主导的参与型模式最大限度地发挥了民主的力量，使得自然保护地社区原住居民与外来干预者实现双向共赢，调和了社区自我约束与社会利用开发行为之间的矛盾。

一、手段与目的有机统一：生态服务价值市场化的实现

“参与”作为协调自然保护地利益相关者之间利益冲突的重要手段，对于实现自然保护地生态服务市场化具有特殊意义。长久以来，自然保护地作为生态公共产品的主要生产者，政府是其主要的生态系统服务购买者，无论其提供的生态系统服务质量高或低，政府总是扮演着一个“兜底”的角色，其他与自然保护地有关的利益相关者被拒绝从事与自然保护地相关的工作。这种带有一定垄断性质的管理模式弊端也十分明显，即政府对自然保护地生态管理投入的资金相较于实际支出来说简直是杯水车薪。在“参与型”模式下，在对自然保护地所能提供的生态系统服务进行定性分类的基础上，对于价值高、权利属性明显的自然保护地区域，以自然保护为主，其他利益相关者为了获取更多利益，需要将其通过自然保护地其他区域获取的经济收益作为保护资金，对这部分区域进行更加严格的保护。即要想实现自然保护地社区原住居民福利的增加，需对自然保护地所能提供的生态服务价值进行定性分类，明确生态服务价值类型，并辅之以市场手段，将自然保护地生态服务“变现”。一是可以解决自然保护地管理机构保

[1] 柯坚．环境法的生态实践理性原理 [M]. 北京：中国社会科学出版社，2012：72.

护资金不足的问题，二是能以物质激励自然保护地社区原住居民参与到保护过程中，转变原本以破坏资源获取经济效益的错误价值观。而实际操作时，由于生态服务价值不好测定，导致其无法进行市场化。

二、“实”对“虚”的再造：促进内生式发展的有效激励

随着研究的深入，不少学者提出自然保护地社区原住居民的生存权与发展权作为其应享有的“环境权”理应得到保护。但在现实中，这些观点并未被决策者所采纳，对自然保护地与周边社区的规划相互割裂，片面地认为自然保护地的核心工作是保护生态环境，自然保护地社区的核心工作是发展，让更多的自然保护地原住居民脱贫，也认为自然保护地与周边社区的可持续发展是虚无的宣传口号，并非可以实现的实际目标。究其原因，现有的社区共管与社区发展援助项目的思路存在误区：社区发展的最大问题是资金问题，只要源源不断地为社区提供资金，自然能够实现自然保护地与周边社区的协调发展。这种误区将社区发展的问题简单化，没有抓住社区发展矛盾的核心。资金短缺是社区发展受限的重要影响因素，但非决定因素。笔者认为，自然保护地社区发展的最大瓶颈在于没有最大限度地激发自然保护地社区的内部力量，将社区的发展与社区居民福祉的谋取更多依赖于外来利益相关者的主动帮助或扶持。将自然保护地社区未得到充分发展乃至走向贫困的原因归咎于政府的不作为或国际组织的援助项目中途停止是不理智的，个体或集体要实现长足发展，不能将希望放在其他主体上，而应想办法提高自我的发展能力。就自然保护地社区而言，践行自然保护地社区协调发展的参与型模式，便是通过参与的形式让自然保护地社区的原住居民充分认识到自己并非需要外界的物质激励才能主动参与到自然保护地的生态保护过程中，可以充分发挥民主的力量，通过掌握决策权，原住居民就能成为社区的主人，肩负起自然

保护地与周边社区协调发展的大任，点滴微薄之力汇聚，便可成为一股强大的内生之力，实现自然保护地与周边社区的持续发展。

三、利益分配机制的创新：原住居民与外来干预者双向共赢

利益相关者是从股东一词套用过来的概念，利益相关者在企业中是指“能影响组织行为，决策，政策，活动或目标影响的人或团体”[1]。按照利益相关者理论，在自然保护地管理过程中，单靠政府的方针政策、市场以及技术上的措施是不够的，还要强调管理者、经营者、旅游者、当地社区等各种利益相关者价值判断的交织，碰撞与磨合。[2]我们首先要认清核心利益相关者，因为他们是对目标对象起主导作用的人或组织。

从资源权属调度来看，自然保护地资源是一种公共资源（Common Resources），带有很强的公益性。在发生利益冲突的时候，利益关系的产生是多重的。有些冲突是产生于对资源利用的目标发生变化以后。基于产权权属，自然保护地的资源都是属于国有的，国有的资源由不同的部门，为了不同的目的来利用管理，才会产生不同形式的冲突。自然保护地本身就是代表国家来管理资源，只做好生物多样性的保护工作，依靠国家资金来保障保护区的各项工作正常运转，那么自然保护地就不会搞生态旅游开发。然而实际上，国家给自然保护地的资金十分有限，对于自然保护地自身的运行和工作的正常开展是十分困难的。

利益冲突可以分为可调和的矛盾和不可调和的矛盾两类，这样在协调过程中可以区别对待。比如，在森林公园对生态旅游的开发过程中，侵占了自然保护区。自然保护区本身是一种公共物品、公共资源，

---

[1] 赵德志．利益相关者：企业管理的新概念 [J]. 辽宁大学学报（哲学社会科学版），2002(5): 144–147.

[2] 张玉钧，徐亚丹，贾倩．国家公园生态旅游利益相关者协作关系研究：以仙居国家公园公盂园区为例 [J]. 旅游科学，2017, 31(3): 51–64 + 74.

在生态旅游的开发过程中，不管是旅游开发商，还是当地的老百姓，对自然保护区资源占用和破坏而产生的矛盾就是可调和的、有弹性的；而如果森林公园通过占用老百姓的资源来达到旅游开发的目的，也没有给老百姓补偿或者回报，这种矛盾的激烈程度则远远高于那种对公共资源占用的矛盾，一般来说，这种直接的利益冲突是不好调和的。[1]

作为自然保护地所在区域的发展利益享有者与生态关联者，原住居民在自然保护地建立之前便在这片区域生活，他们是自然保护地保护与发展的核心主体，他们最大的利益诉求便是实现自身生存与发展的利益，而以政府、企业等为代表的其他利益相关者，他们之所以想尽办法开发和利用自然保护地，也是基于自身的利益诉求，自然保护地的建立导致了多方利益主体的利益需求得不到满足，由此引发利益对立问题。具言之，由于当地社区和居民在保护区域建立之前就在该地生活，并享有合法的权限[2]，他们与该区域建立了非常紧密的生态关联。他们主要关心的是个人和家庭的生存和发展问题。特殊保护区域一定程度上限制了这种利益需求，由此引发了社区成员间及社区成员与其他利益相关者的利益对立。具体来讲，他们的需求主要是包括家庭收入提高在内的生活需求的满足，同时也有在良好生态环境中生活的愿望。对自然保护地管理机构而言，生态利益是最主要的利益，不同管理机构的不同的利益诉求为保护区域重叠的利益冲突埋下伏笔。对于预期的利益相关者而言，他们在特定情形下产生对保护区域的利益诉求。如美国黄石国家公园在建设时，将原住居民迁出公园，实施土地国有化政策，因此黄石国家公园的土地由联邦所有。但在公园运行过程中，人们认识到，相邻土地将要采取的行动明显影响公园

[1] 杨莉菲，郝春旭，温亚利：基于相关利益者分析的太白山生态旅游冲突研究[C]// 美国James Madison大学，武汉大学高科技研究与发展中心，美国科研出版社.Proceedings of International Conference on Engineering and Business Management(EBM2011).Scientific Research Publishing，2011：5.

[2] 这里所指的合法权限是指社区居民在该环境中生存并对居住地土地等资源合法享有的自然权利，而不论法律是否明确确定，而且，这种权利不容置疑。事实上，原住民的合法权限也得到了一些国家的特别关注，以法律的形式加以确认和保护，如澳大利亚。

的规划、资源和价值，相反，国家公园管理局所采取的行动也会影响公园范围以外的地区。[1] 虽然从性质上看，发展权这样一种人权子项是以集体人权的方式出现在国际人权话语中的，但是现在看来，发展权也应该是一项个人人权，而且该项权利不仅仅是指对发展的追求以及由于发展带来的经济所得，还在于人的幸福和福利总的价值的增长。构建自然保护地社区协调发展之参与型模式，便是将原住居民与其他利益相关者通过一条看得见的利益链条捆绑在一起，使每个主体都能实现其预期的利益目标。具体而言，即原住居民通过参与型模式发挥其主人翁作用。

四、社区与社会发展的协调：自我约束与利用开发的矛盾调和

无论是社区建设还是社区发育，基本的目标都是社区发展和社会整合，也就是说，在一定的地域的基础上，通过特定的社会组织形式，形成一种社会生活的共同体，从而形成社会秩序和社会发展的基础。[2] 我们可以用社区建设的概念来指社区中那些可以在一个比较短的时间内通过自觉的努力和行动实现其发展的内容。比如，社区中的物质设备和设施，正式的管理机构以及有意设置的处理社区事务的机制等。自然保护地社区作为自然保护地社区原住居民联系外界社会的纽带，其地位不言而喻。一方面，社区对于原住居民的资源开发利用行为具有较强的约束作用，相较于外来的自然保护地管理机构，社区管理者来自社区原住居民，更容易获得原住居民的信任。实现自然保护地与周边社区的协调发展便是为了调和社区居民开发利用自然保护地资源

---

[1] Langholz J A, Lassoie J P. Perils and Promise of Privately Owned Protected Areas: This article reviews the current state of knowledge regarding privately owned parks worldwide, emphasizing their current status, various types, and principal strengths and weaknesses[J]. BioScience, 2001, 51(12): 1079–1085.

[2] 孙立平 . 社区、社会资本与社区发育 [J]. 学海 , 2001(4): 93–96 + 208.

行为与外界社会对自然保护地的保护要求之间的矛盾。如果说开发区内项目开发商与当地居民环境权益之争主要是经济利益之争，在一些国家和地方政府划定的农业区和生态保护区内，开发商与当地居民环境权益的矛盾则带有浓厚的文化色彩。例如，有着国家森林公园、世界自然遗产、世界地质公园、国家重点风景名胜区和国家首批5A级旅游区等顶尖旅游品牌的张家界，市内居住着许多少数民族，其中土家族人口众多。

第四节　参与型模式之重塑构想

基于前文分析，现有的“参与型”模式存在多重缺陷，不能很好地实现协调自然保护地与自然保护地社区矛盾之目的，故有必要对其进行重新建构。本章从自然保护地原住居民的参与形式、参与阶段和不同利益阶段的利益诉求出发，综合考虑到自然保护地的保护属性，将重构的参与型模式分为以下两个方面。

一、原住居民：以“赋权”与“参与”为核心

美国社会学者亨特尔在20世纪50年代出版的《社区权力结构》一书中指出：权力结构问题研究的中心是谁能够掌握权力，谁来发号施令让大家服从，即社区权力是由众多利益形成的少数精英掌握的。而后研究该问题的社会学者在亨特尔的社区权力结构思路上形成了两种截然不同的看法：一为分层论，认为社区居民分为若干阶层，其中少数的上层人物形成权力精英集团，他们根据自己的利益决定社区的各种事务，这样可能出现为了少数人的利益不惜牺牲多数人的利益的情况。二为多元论，认为社区存在种种不同的利益群体，各自都有代言人。不同的利益群体为各自的利益互相抗衡、互相制约，社区的决策是多种力量共同作用的结果，决策人可能来自不同的利益群体，代

表着不同的利益。前一种理论比较适合解释传统社区的权力结构，后一种理论比较适合解释现代社区的权利结构。

本章拟构建的参与型模式是由原住居民主导的，这里主导的前提是在现代社区权利结构的基础上，在自然保护地社区语境下，通过立法赋予自然保护地原住居民两项权利。

一是赋予自然保护地原住居民以自然保护地地役权，使其成为自然保护地的权利人。这是因为自然保护地原住居民对自然保护地所应享有的权益虽然在国际公约中有所体现，但在我国并未通过立法确定下来，自然保护地原住居民对于自然保护地的环境利益具有较强的私权性质，对其利益的保护除运用公权力手段外，还应充分发挥私权的功能，即通过法定物权实现，而在现有的法定物权类型中，地役权基于其意定性使得在保护生态环境时具有其他权利类型所不具备的绝对优势，能实现彼此权利较高程度之调节。具体而言，包括以下几个方面：

第一，基于地役权的“内容意定性”，自然保护地地役权的创设将允许自然保护地原住居民、社区在不违反法律法规、政策规定以及公序良俗的前提下，根据需要任意发挥自主权，以拓展自然保护地社区与原住居民的自治空间。由于地役权的私权属性，在通过立法创设自然保护地地役权之后，自然保护地社区及原住居民在实现其环境权益时，便可以不受政府及相关管理部门的约束，通过地役权自治，在不破坏自然保护地生态环境的前提下有效率地使用资源，实现自身利益的最大化。

第二，创设自然保护地地役权能为自然保护地原住居民向环境破坏者主张权利提供正当性基础。现有的理论和实践多偏向于由政府作为公共利益的代表者对于破坏自然保护地的人主张损害赔偿的权利，再由政府对自然保护地原住居民进行一定数额的补偿或赔偿，虽然这种做法较为有效，但同时忽略了自然保护地原住居民的主体地位，他们的权利诉求也需得到重视。通过自然保护地地役权的创设，自然保护地原住居民自身权益受损时可以向破坏自然保护地生态环境的人索要损害赔偿，这将极大地激发自然保护地原住居民保护自然保护地的积极性。

第三，自然保护地地役权的设立对于实现自然保护地社区的协调发展具有重要意义。自然保护地地役权创设之后为法定物权，即将自然保护地所具备的无形环境要素中的某些功能通过量化而以物权凭证的方式表现出来，其具备财产性利益和非财产性利益，生存利益和精神利益，在此基础上，自然保护地原住居民作为自然保护地地役权的权利人便可基于自然保护地地役权的意定性与其他利益相关者进行协商，以矫正以往自然保护地资源保护与利用中存在的错误价值取向。

第四，关于自然保护地地役权能否设立。自然保护地原住居民作为公民，其也应当享受基本的环境利益，而保护公民环境权益的目的在于实现公民的基本权利。在前文中已经阐明：自然保护地的建立对自然保护地原住居民的生存权和发展权造成了一定损害，但现有的法律法规并不能对其进行有效的救济，自然保护地地役权的设立有利于保障自然保护地原住居民的合法权益，但在设立时，其法律性质、设立目的、调整范围等具体事项仍需仔细斟酌，以免失之偏颇，无法实现其权益保障的目的。

二是通过立法对自然保护地原住居民参与自然保护地发展决策过程的权利进行有力保障。受多重因素影响，自然保护地社区发展的决策权主要掌握在社区精英与政府部门手上，自然保护地原住居民在一定程度上是缺乏表达其权利诉求的渠道的，无法平等地参与到自然保护地发展的决策过程中，现有立法中模糊的“参与”规定在实践中根本无法落到实处，使得自然保护地原住居民作为自然保护地的“主人”，无法行使其权利和承担其义务。故有必要借助立法手段在有关环境保护的法律法规中，对自然保护地原住居民参与自然保护地社区发展决策的权利、参与方式、监督机制等进行规定，自下而上地推动自然保护地社区的发展，最大限度地使自然保护地原住居民的民主、和平权利等得到体现。

二、其他利益相关者：以"市场化"和"协调矛盾"为核心

自然保护地不能简单视为与自然保护地内部或者周边社区相互隔绝的孤岛，自然保护地社区在自然保护地建立之前就天然地会为了自身的利益去保护区域内重要的自然与文化资源，但其他利益相关者则不同，他们为了自身的利益很有可能去破坏自然保护地区域内的资源，由此引发的环境问题层出不穷。在重构的原住居民主导的参与型模式下，其他利益相关者是自然保护地生态保护与自然保护地社区发展的重要主体，在自然保护地原住居民享有保护地地役权的基础上，其他利益相关者有限制地进入自然保护地，与自然保护地社区与原住居民在明晰生态要素产权的基础上建立市场化的自然资源资产产权交易体系，能有序地将自然保护地的生态价值转化为市场价值。具体而言：

一是自然保护地作为生态产品的重要提供者，受其公益性的属性影响，一直未建立起适应市场交易的生态资源产权制度，这也是导致自然保护地社区与原住居民生存权与发展权受损的重要原因。一般情况下，只有在生态资源既稀缺同时又具备明确产权的区域，生态资源才可能转化为生态资产，才能给所有者带来经济收益。基于前面的构想，在自然保护地上设立自然保护地地役权，明确了自然保护地原住居民为权利人，具备了将自然保护地生态资源转化为可经营的生产要素的可能性，此时，其他利益相关者（如旅游公司）的介入，便可通过与自然保护地原住居民进行协商的方式，取得相对应的产权，进行权益的让渡和经济效益的取得。

二是相较于纯粹的政府主导和市场主导的自然保护地资源市场化模式，拟构建的社区参与型模式在实现原住居民自治的基础上，对其他利益相关者的处理以"市场化"和"协调矛盾"为核心，能构建出四种不同的自然保护地生态产品价值实现路径。

（一）具有私人物品特征的自然保护地生态产品：比如自然保护地原住居民生产的生态农产品，直接通过市场交易实现经济效益的增长。由于直接市场交易的约束条件严格，所以其要求生态产品具有明确的产权、充分的市场价值和充足的供给者和需求者，在市场机制下，政府对自然保护地原住居民提供的生态产品进行生态认证并由权威机构加以认可，加之企业和消费者对生态产品的迫切需求使得其市场化供给成为可能。

（二）具有俱乐部产品属性的自然保护地生态产品：具有这类属性的生态产品应在政府有效监管的前提下通过市场交易实现价值，如风景名胜区、自然文化遗产内的基础设施，通过明晰产权，让所有者行使所有权，以直接经营、委托经营等方式提供自然保护地生态产品，而明确的排他性可以使得消费者为其付费，如收取门票等，但同时需注意此时介入的利益相关者为获取经济收益而制定的价格、服务条款等需要由政府进行监管，以确保这类产品的公益属性。

（三）具有纯公共物品特征的自然保护地生态产品：这类自然保护地生态产品可通过生态许可交易进行商品化转换以实现其经济价值。生态许可交易提前划定了生态红线，在保证自然保护地生态产品供给水平的基础上将负载的自然保护地公共物品转化为简单的产权交易，实现自然保护地生态环境的持续保护。

三是由于其他利益相关者众多，势必会产生矛盾，一方面利益相关者和自然保护地社区与原住居民之间会产生矛盾，另一方面利益相关者之间也会因为利益分配的不均衡而产生矛盾。在这样的背景下，拟构建的参与型模式需考虑如何协调这两方面的矛盾，具体而言：对于利益相关者与自然保护地社区与原住居民之间的矛盾，可成立由自然保护地社区原住居民与利益相关者代表组成的组织，居中调停矛盾并将调解结果上报政府部门备案，增加其约束力。对于利益相关者之间的矛盾，则从有利于自然保护地生态环境保护和资源有效配置的原则出发，对利益相关者的经营方案和环境影响进行综合评估，由自然保护地社区原住居民投票作出选择，这样既保证了自然保护地原住居民的主导地位，也能在一定程度上缓解利益相关者之间的矛盾。

第六章　自然保护地社区协调发展之模式二：主导型模式

自然保护地社区主导型模式即在社区主导下，社区成员共同享有自然保护地发展的决策权、控制权，通过社区组织、非政府组织、企业等力量强化社区管理能力以推动自然保护地社区协调发展。本章从主导型模式的内涵、应用、成效、问题以及与封闭型模式的比较展开分析，对主导型模式的基本内容予以阐释，为后文的价值分析、实现路径等内容奠定基础。首先，在主导型模式下，原有的自然保护地政府管理机构应逐步退出，自然保护地发展的决策权与控制权由社区享有，依靠社区力量推动自然保护地协调发展，实现当地村民对自然保护地发展的自我组织、自我管理、自我服务等。其次，在社区主导型模式之下，社区成员并不是独立地参与到自然保护地管理之中，而是依靠组织力量，包括社区自治组织、非政府组织、当地企业等。但主导型模式也存在"精英俘获"和"人力财力资源缺乏"等问题，故社区主导型模式在实施时要兼顾村民素质、社区管理水平等多种因素，实行社区主导下的组织体系建设，增强社区的控制能力，提高社区参与意识，具体的实现路径选择可划分为"非政府组织管理型""当地企业管理型"与"社区共同管理型"三种类型。在主导型模式下，政府在自然保护地管理中不再发挥绝对主导作用。但是社区主导不是将政府完全排除在外，只是政府职能发生转变，从本来的控制、决策转变为服务、扶持等。社区主导型模式在我国自然保护地建设中尚无成熟的经验依据，要在政府的协助下，发挥法律政策的引导功能、资金技术的扶持功能、外来资本的限制功能、社区行为的监督功能等，实现社区主导型模式的顺利运行，重构政府与自然保护地社区之间的关系，强化自然保护地社区的治理作用和保障原住居民权益。

第一节　社区主导型模式之基本认识

主导型模式要求在社区主导下，社区成员共同享有自然保护地发展的决策权、控制权，通过社区组织、非政府组织、企业等力量强化社区管理能力以推动自然保护地社区协调发展。本节将从主导型模式的内涵、应用、成效、问题以及与封闭型模式的比较展开分析，对主导型模式的基本内容予以阐释，为后文的价值分析、实现路径等内容奠定基础。

一、主导型模式的内涵

根据 2017 年修订的《中华人民共和国自然保护区条例》第八条规定，“国家对自然保护区实行综合管理与分部门管理相结合的管理体制”。由此可见，我国自然保护区管理仍是一种政府管理型模式。不过，国家也在不断强调公众参与自然保护地发展的重要性，如中共中央办公厅、国务院办公厅印发的《关于建立以国家公园为主体的自然保护地体系的指导意见》指出，建立健全政府、企业、社会组织和公众参与自然保护的长效机制。因此，我国自然保护地公众参与表现为政府赋权式的参与。从我国现有的自然保护地参与模式来看，多表现为政府赋权下的制度性参与，即原住居民在既定的制度规范内参与，表现为一种被动、分散性的参与。原住居民的参与以追求个体利益为目标，每个人都基于自身的“经济人”理性而活动，缺乏组织性与合作性，容易陷入“囚徒困境”与集体行动困境。因此，自然保护地管理需要从公民赋权向社区赋权演进，“社区赋权意味着将公共组织对决策、资源和任务等的实质性控制转移给社区”[1]。赋权不是静态的、一次性的，而是一个持续不断的过程。社区能力的提高有助于社区在自助的基础上管理当地资源。[2] 参考西方社区主义理论，“社区主义的指导原则是权利与责任，也就是既不忽视个人的权利，也强调个人对社区和社会的责任。其核心的观点是反对贪婪、以自我为中心、脱离社区，呼吁重建社区集体主义精神、维护社区和社会的共同秩序，促进社会资本的发展”[3]。社区发展围绕社区成员所共同关心的社区公共事务及社区公共利益的实现，仅依靠各个成员自身的力量，容易造成个体利益与集体利益的冲突，不利于自然保护地社区整体的可持续发展。

分析社区主导型发展（Community Driven Development，以下简称CDD）理论，CDD 作为一种经济社会的发展模式得到了以世界银行为代表的国际机构在国际发展领域内的广泛应用，世界银行将 CDD 定义为：将决策权和资源的控制权赋予社区成员及其组织，社区成员及其组织与外部提供需求响应的组织及服务者建立伙伴关系，这些外部组织和服务者包括地方政府、私人部门、非政府组织以及中央政府等。[4] 其核心思想是在经济社会发展过程中，让普通民众当家作主，决定发展项目及资金的运用。[5] 这对我国贫困社区的发展与治理方式产生了积极影响。自然保护地社区主导型模式参考 CDD 理论的基本内容，强调发挥社区的组织性功能，不依赖村民的分散力量，而是发挥社区集体作用，实现对自然保护地发展决策权的有力掌控，追求自然保护地发展的民主化，加强对利益分配权的控制。在主导型模式下，原有的自然保护地政府管理机构应逐步退出，自然保护地发展的决策权与控制权由社区享有，依靠社区力量推动自然保护地协调发展，实现当

[1] 郑晓华．社区参与中的政府赋权逻辑：四种治理模式考察 [J]. 经济社会体制比较，2014(6): 95-102.

[2] Ahmad M S, Abu Talib N B. Empowering local communities: Decentralization, empowerment and community driven development[J]. Quality & Quantity, 2015, 49(2): 827-838.

[3] 夏建中．社会学的社区主义理论 [J]. 学术交流，2009(8): 116-121.

[4] Jeni Klugman. A sourcebook for poverty reduction strategies[M].Washington, DC:Word Bank Publications, 2002.

[5] 孙同全，孙贝贝．社区主导发展理论与实践述评 [J]. 中国农村观察，2013(4): 60-71+85.

地村民对自然保护地发展的自我组织、自我管理、自我服务等。另外，在社区主导型模式之下，社区成员并不是独立地参与到自然保护地管理之中，而是依靠组织力量，包括社区自治组织、非政府组织、当地企业等。因此，主导型模式是指以当地社区作为主导力量与核心利益主体，依据社区规划与决策，通过社区自治组织、非政府组织、企业等参与到自然保护地的开发、经营、管理等活动中的自然保护地发展模式。

二、主导型模式的应用

CDD 理论被广泛运用到世界各国的扶贫项目中，且多数项目是在贫困社区开展的。20 世纪 90 年代，世界银行在很多国家都开展了 CDD 的资助项目，如印度的森林管理项目、印度尼西亚的凯卡玛谭发展项目等，这些项目的主要目标在于提高地方社区的经济福利、减少贫困、改善公共服务等方面。社区主导发展模式提高了社区的权利与能力，能够有效控制对项目的决策与资源的分配，遏制政府的贪污腐败行为。而我国也汲取了 CDD 模式的有益经验，如 1994 年，草海国家级自然保护区引进了社区主导型的保护模式，贵州省环境保护局、草海国家级自然保护区管理处同国际鹤类基金会（International Crane Foundation）、国际渐进扶贫组织（Trickle Up Program）等展开合作，重点在于推动当地村寨发展以及开发社会林业项目，兼顾了生态保护与地方脱贫，改善了原住居民与自然共生关系。草海项目虽然受到外来组织扶持，但是在这些外来资金、人员离开后并没有因此败落，仍有一定规模的基金项目在社区主导下管理、运转，体现出主导型模式的长效性优势。2006 年，由原国务院扶贫办外资项目管理中心和世界银行合作的社区主导发展项目试点在广西壮族自治区靖西县（今靖西市）、四川省嘉陵区、陕西白水县和内蒙古自治区翁牛特旗等四个县（区、旗）开展。这些试点项目取得的成效显著，社区主导型发展模式充分为村民自治提供了有力平台，社区掌握资金控制权与决策权，且产生利益由社区直接分配给各个成员，不仅提高了社区的组织能力、管理能力，而且强化了村民的参与积极性。2010 年至 2015 年期间，河南、重庆、陕西等地开展了 CDD 模式试点，从社区发展基金、社区自然资源管理等方面发挥社区主导作用，提高了社区成员的自我管理、自我服务能力。另外，我国生态旅游领域对社区主导型模式的运用亦能提供有益经验，如在云南省迪庆藏族自治州香格里拉县（今香格里拉市）的一个自然村——哈玛谷村，因担心引入外来公司可能导致过度开发，于是采取自主开发模式，“哈玛谷社区表现为完全由社区居民自主，尽管形式上是‘股份合资企业’，但其开发哈玛谷生态旅游的权力是哈玛谷村委会授权，社区享有决策权”[1]。

三、主导型模式的成效

主导型模式作为 CDD 理论的运用实践，是自然保护地社区发展的较高阶段，通过社区赋权，社区成员获得决策权与控制权，提高了管理水平与深度。从主导型模式的两个基点来看，其一，自然保护地社区的组织化能力。“社区”是一个集合性、组织性群体，在我国，社区一词的运用多体现在城镇居民自组织之中，“自然保护地社区”作为“城镇社区”的演化形态，也具有自我管理、自我服务等一系列能力。自然保护地社区发挥其固有的组织功能，集合社区成员的力量参与到自然保护地建设发展之中。社区建设的目标为社区发展利益，即为社区成员的共同利益。在这一目标之下，社区成员（即村民）既包含独立的“经济人”特征，也具有集体利益分享者的地位。在自然保护地社区的组织领导下，社区成员的工作不仅满足自身发展需求，而且将合力提高社区的集体组织利益。其二，自然保护地社区的主导性地位。一方面，主导型模式坚持社区享有对发展规划、项目的决策权，主导型模式将自然保护地发展的决策权赋予社区成员及其组织，由社区自主制定发展规划及相关规章，而其他参与到自然保护地建设中的

[1] 刘静艳，韦玉春，黄丽英，等．生态旅游社区参与模式的典型案例分析 [J]. 旅游科学，2008(4)：59–64.

社会合作对象在社区安排下提供相应的资金、技术和服务。另一方面，主导型模式强调社区对资源的控制权及利益的分配权。社区成员的权利并不仅表现在提出意见，参与决策，还要共谋社区发展的长远利益，维护当地居民共同权益。当然，社区对资源的控制及利益的分配不能与自然保护地的建设理念相违背，需要在发展与保护之间保持平衡。

囿于政府对社会公共管理的长期绝对主导地位，我国自然保护地建设初期主要依靠行政力量推动，自然保护地的成立、建设规划、管理制度、资源利用等均由中央或地方政府主持开展，具体的行动也依赖行政组织框架展开。固然有利于生态保护，却也极大地限制或剥夺了原住居民的发展权利。虽然国家近年来提倡自然保护地建设的社区参与，但是并没有改变对行政力量的依赖，行政系统内的等级森严的决策模式不可避免地影响了原住居民权益保障的实质有效性。而“社区主导的核心就是组织好农户参与，并在农户广泛参与的基础上，根据农户的意愿决策、实施和管理项目，由农民找问题，设计方案，管理资金”[1]。主导型模式优化了社区治理结构，为村民自治提供了有效的平台，社区协调发展得以保障，优势明显。具体表现在以下几个方面：

（一）从个体理性向集体理性的进步。自然保护地社区参与的初级阶段受到社区成员个体理性的影响，村民追求的最大目标是经济利益，村民参与决策的内容多是追求私人利益的最大化。村民参与的积极性来自于能获得比其他人更多的利益，容易造成资源的争夺与参与的无序，产生经济利益的博弈冲突。而个人利益博弈冲突所产生的外部性影响还是由自然保护地承担，“公地悲剧”再次出现。社区主导型模式将村民的参与权利予以整合，通过社区这一组织进行分配，村民的行为受到了社区的约束。通过社区的组织性引导，村民对私人利益的追求要在社区公共利益发展框架之内。主导型模式既尊重社区成员的主体地位，也提高了他们对社区的集体归属感。社区的决策权实

[1] 任中平．社区主导型发展与农村基层民主建设——四川嘉陵区 CDD 项目实施情况的调查与思考 [J]. 政治学研究，2008(6): 94–102.

际上仍是由社区成员来实施，但是依靠的是社区成员的集体决策能力，由此推动社区成员从各自为政的参与状态转变为追求集体利益与个人利益均达到最优的集体参与状态，实现个体理性向集体理性的进步。

（二）社区主导型模式激发了社区成员的规则意识。社区主导型模式将原本依赖政府的工作转移到社区上，自然保护地发展中涉及的各项事宜需要村民合作商讨解决，社区发挥的作用在于组织、统筹村民力量。社区主导下，村民逐渐意识到政府在自然保护地管理中不再处于绝对主导地位，自然保护地及社区的发展问题更多的是依靠自己动手解决，具有更高的自主性。社区成员的参与也从被动转变为主动，村民通过集体协商制定社区发展的规章制度，在社区规则体系约束下，社区培育村民的规则意识、参与能力，提高社区的管理水平。

（三）社区主导型模式指向平等合作的发展方向。长期以来，政府的绝对高权压力使得保护地的外来资金引进受限，以往的资金引入采取的是“与政府协议”模式，社区并不能直接与外来资本合作。而在社区主导型模式下，能有效抑制政府的过度干预，社区的管理主动权得到保障，社区可以主动与外界支持者、服务者建立平等合作的伙伴关系，发挥多方力量的作用推动自然保护地社区发展。

四、主导型模式的问题

（一）受制于传统政府主导观念，村民主体思维转变滞后

我国正式开展社区主导型发展模式起步较晚，且并没有进行规模性运用，发展理念与村民意识的契合需要一个长期的调节过程。受到政府主导观念牢固、知识水平低、信息收集能力弱等因素的综合影响，我国农村地区的村民观念较为保守，多数人认为自然保护地发展及社区治理是由政府一手推进，因此多数村民存在漠视心理，即认为治理与发展都是政府的责任，与个人的联系不大。在农村，社区主导型不仅是对管理模式的调整，更是对村民意识的改变。不过，我国的社区

主导型模式建设仍处于探索过程中，地方政府与村民对这一发展模式的认识与实施都存在一定的不足。从政府绝对主导向社区参与的思维转变尚且需要漫长的过程，社区主导型模式作为更复杂的社区发展模式，更是对目前参与型模式的进一步调整，也需要注意到参与型模式与主导型模式的交叉过程中的衔接问题，不要受到惯性思维影响，社区主导型模式下村民主体思维的转变需要政府、社区等的积极引导与支持。

（二）社区主导中的“精英俘获”现象

“社区参与中的精英俘获主要指地方精英凭借自身的禀赋优势对信息、资源进行截取并对社区的发展和项目的实施进行干预。”[1]1982年《乡村自治条例》颁布，乡村治理模式演化为村民自治管理与国家行政管理相结合的范式，“国家基层权力虽止于乡镇，但为实现新农村建设和小康社会等经济社会建设目标，村干部成为乡镇政府在农村基层的延伸和代表，即所谓的‘盈利型经纪人’，乡村治理权力内卷于村干部阶层”[2]。另外，经济发展已经成为当前乡村发展的主要目标，乡村富裕阶层容易对其他群体产生影响，甚至在近年来一些地区的乡村建设出现“富人治村”现象。因此，我国乡村精英阶层主要包含两个群体，一是乡村基层自治组织，即村民委员会成员（主要是干部成员）；二是乡村富人群体。前者拥有较多的政治特权，为政治精英。后者拥有较多的经济特权，为经济精英，而且甚至出现经济精英与政治精英结合的现象。无论是政治或经济特权，在集体决策中都能转化为较大的话语权。乡村社区精英因其政治、经济地位，相较于中间阶层与贫困阶层，在公共资源分配中拥有优势。乡村社区精英不可避免地受到“经济人”的趋利属性影响，可能将政治与经济权威转化为私人利益的获取工具。“事实上，弱势村庄存在大量的贫困人口或留守

[1] 曲海燕，张斌，吴国宝．社区动力的激发对精准扶贫的启示：基于社区主导发展理论的概述、演变与争议 [J]. 理论月刊，2018(9): 162–169.

[2] 程璆，郑逸芳，许佳贤，等．参与式扶贫治理中的精英俘获困境及对策研究 [J]. 农村经济，2017(9): 56–62.

群体，村庄群众心理问题更为突出，理应获得政府更多的公共资源支持，却无奈只能沦为精英博弈的牺牲品。”[1]中间阶层和贫困阶层对精英阶层往往“敢怒不敢言”，乡村社区精英的“权力”地位更加牢固。“精英俘获”现象将阻碍社区主导的发展理念落实到社区成员及各发展项目中。对于社区成员，会影响到资源利益的公平分享；对于社区发展项目，会从社区主导转变为精英主导。因此，必须找准社区精英与社区主导发展的利益契合点，发挥社区精英的服务功能，避免“精英俘获”困境。

（三）社区人力财力等资源缺乏

从自然保护地社区的人力资源来看。我国乡村社区工作队伍严重不足，社区工作不仅仅是调解人际关系，还包括社区规划、管理、经营等事项。社区主导型模式的主体即为当地原住村民，村民的管理能力、技术水平、文化素质、道德修养等因素决定了社区主导型模式的发展成效。但是，长期以来我国乡村的素质教育一直处于滞后状态，村民的受教育程度普遍不高。而且知识技术水平高的乡村的青年群体现今多向城市地区流入，我国自然保护地多位于贫困地区，劳动力流出问题更为严重，留守的多为“能力”不足的中老年人。社区成员的人数、素质及能力等难以满足社区主导下的发展项目需要，而且当成员的个人利益在乡村社区发展中得不到满足时，难免会出现人员流出问题，影响到社区发展的稳定性。

从自然保护地社区的财力资源来看。一方面，社区的内部财力不足。社区主导型发展初期，自然保护地社区成员的收入来源仍是以零散的种植业为主，集体经济收入有限，且社区主导下的自我管理没有严格的经费制度，而村民还没有形成成熟的为公共服务付费观念，如就乡村修路现象来看，村民对不经过自己门前的道路建设不愿意付出投入，甚至有些村民对修路持反对意见或存在“搭便车”心理，导致

[1] 伍麟，刘天元．社会心理服务体系建设的实践路径与现实困境：基于河南 W 县的经验分析 [J]. 北京行政学院学报，2019(6): 86–93.

集体行动困境发生。社区发展最终落入“无钱办事”的局面。另一方面，社区的外部扶持问题。分析我国的 CDD 扶贫项目，社区主导发展资金是以外部资金为基础的。如 2003 年在安徽霍山县开展的中荷扶贫项目，其资金基础包括政府部门注入资金、外部非政府组织资金、国外援助资金等。可见，外部资金的投入对社区主导型发展的关键作用。但是，CDD 扶贫项目毕竟针对的是解决贫困问题，自然保护地社区的可持续发展问题是更深层次的问题，前文已经指出，我国自然保护地已达一万多处，针对数量众多的自然保护地建设，对其中的社区发展扶持资金将是不可估量的数字，因此，仅依靠外部扶持无法实现自然保护地社区发展的可持续性。基于以上种种原因，社区主导型模式必须建立起内外兼顾的可持续长期投资机制，要发挥政府扶持、外部资金注入的带动作用，加速社区内部的产业调整，增加社区集体管理的可支配收入，从“输血式发展”转变为“造血式发展”。

（四）社区发展的组织结构问题

我国的国家治理采取的是自上而下的单一行政治理体制，即使在农村地区，村民委员会也深受行政体制影响，村民参与表现为一种被动式参与。但是，社区主导型模式强调的是社区自主管理，村民主动参与的社区管理模式。社区组织对社区成员的活动进行管理，而社区成员也有权直接参与到自然保护地发展项目当中。社区管理虽然也体现出自上而下的形态，但是这种管理模式难以摆脱科层制的藩篱，实际管理权利仍由全体村民掌控。因此，社区主导型模式不能依赖村民委员会的管理作用。不过，在剥离村民委员会的主要管理作用后，乡村的公共事务处理便缺乏相应的组织承接，需要重新构建起符合主导型发展要求的社区组织。从我国 CDD 项目的试点情况来看，不仅发展经费依赖国外资金注入，而且社区主导型发展的组织形式也多以国外的非政府组织为主，缺少对国内非政府组织或当地社区组织的建立，一旦这些国外非政府组织离开，社区主导型发展项目会受到很大影响，威胁到发展的长效性。基于此，“社区主导型的模式固然体现出社区参与的主导地位和作用，但是这种模式需要社区进化到一个社区组织化程度高、社区控制能力强、社区参与意识强的阶段"[1]。必须把社区主导型的组织建立放在重要位置，社区组织建立要突破政府主导的治理观念，发挥每个社区成员的力量。组建自我管理、自我服务的社区组织，如社区大会、社区管委会等，组织设立必须能满足所有成员的参与。另外，要坚持避免国外机构、社会基金组织等外部组织在社区治理中发挥主导作用，社区主导型的组织一定是依托社区成员组建的，当然，不能否定外部组织的作用，要在社区组织的主导下，发挥它们的支持与服务功能。

五、主导型模式与封闭型模式之比较

主导型模式与封闭型模式具有以下几种区别：

其一，管理主体不同。封闭型模式下，自然保护地采用设立自然保护地管理机构的垂直、单一管理模式，突出强调行政规制的重要作用。[2] 因此管理主体单一，权力集中于政府部门，依赖政府权威与强制性维护自然保护地发展秩序。主导型模式的管理主体向多元化发展，自然保护地管理权利从政府转移到社区，社区成员都可以参与到管理之中，管理主体包括社区组织、非政府组织、当地企业等。

其二，决策机制不同。封闭型模式是在政府主导下进行的，采取的是自上而下的决策机制，决策权集中在政府手中，当地居民及其组织很难参与到政府决策之中。主导型模式实施社区主导的自下而上的决策机制，决策权从政府部门下移到社区成员手中，每一个社区成员都能参与到自然保护地开发、管理的决策中。

其三，互动方式不同。封闭型模式采取的是控制性互动方式，政府与自然保护地其他对象之间表现为严格的上下级单向垂直支配关

[1] 蔡碧凡，陶卓民，郎富平．乡村旅游社区参与模式比较研究：以浙江省三个村落为例 [J]. 商业研究，2013(10): 191–196.

[2] 任颖．自然保护地复合型环境风险防范：制度定位、治理模式与协同路径 [J]. 法治论坛，2019(3): 46–59.

系，政府处于绝对地位。主导型模式下主体之间保持着平等合作的关系，表现为扁平式的互动状态。

其四，利益分配不同。封闭型模式下的利益分配权由政府掌握，政府决定如何进行利益分配，虽然难以发生利益纠纷，但是容易产生权力寻租问题。主导型模式则由社区自主决定利益的分享，但是利益主体较多，容易引发利益争夺，需要兼顾多方利益平衡。

其五，约束机制不同。封闭型模式下的约束机制依赖法律的强制性作用，强调自然保护地治理的法制保障。主导型模式下，社区自我管理、自我服务，需要通过社区成员集体协商制订规章制度进行约束。

其六，目标导向不同。封闭型模式的目标在于提高政府的管理效率，优化政府管理能力提高自然保护地治理水平。主导型模式的目标聚焦于提高社区成员的作用上，既要协调成员之间的关系，通过协商机制达成共识，也要努力培育各成员的管理能力，提升社区管理水平。

第二节　社区主导型模式之国外经验

国外自然保护地管理模式类型多样，其中包括了政府主导的治理模式、联合治理模式、社区自治模式、私人治理模式等。其中，政府主导的治理模式起步最早，研究相对成熟，但是随着保护与发展关系的探讨，许多国家开始倾向于探索自然保护地公众（社区）参与的管理模式。有学者统计，全球由土著居民和当地社区管理的自然保护区面积与政府直接管理的自然保护区面积相当，大约占地表陆地总面积的13%。[1]可见，社区主导型模式在国外已经得到很大程度的发展，因此，下文将通过探讨国外自然保护地社区主导型模式的实践，汲取有益的发展经验。

[1]　沈兴兴，曾贤刚．世界自然保护地治理模式发展趋势及启示[J]. 世界林业研究，2015, 28(5): 44-49.

一、美国

美国作为世界上最早开始自然保护地建设管理的国家，对自然保护地社区参与的探索也较为成熟，针对不同的自然保护地，其选择的参与模式也不尽相同。因此，美国自然保护地不仅涉及参与型的社区参与模式，也涉及到主导型的社区参与模式。如在美国恶地国家公园（Badlands National Park）的南部地区，由于原住居民人数较多，且与外界交流有限，根据《部落自治法》及其他美国国家公园相关法律、法规、政策的规定，国家授权对该地区的规划管理由当地部落负责，土地权属也归当地部落所有，国家公园管理局仅提供技术和资金支持。该自然保护地区域所采取的社区政策，主要包括：①承认原住居民土地权利，允许狩猎、放牧等原住居民传统活动；②赋予特许经营权；③对原住居民开展职业技术培训和就业指导等。[1]

二、南非

南非的生物多样性排在世界第三位，南非也建立了大量的自然保护地，为了实现环境上的可持续发展，自然保护区被指定为国内外旅游业发展的优先区域，自 1994 年以来，南非政府一直奉行旨在实现经济社会和经济转型的发展道路，政府颁布了一些政策，试图改善自然保护区附近社区的社会和经济状况。[2]“南非生物多样性的保护和可持续利用的白皮书”将生物多样性和保护区必须使人民受益的原则包含在内。2003 年南非《国家环境管理：保护区法案》明确指出要为当地人民的利益而可持续地利用自然保护区，要求政府资助的自然保护区为邻近社区提供“利益”，并且要为自然保护区外贫困社区的发

[1] 张引，庄优波，杨锐．世界自然保护地社区共管典型模式研究 [J]. 风景园林，2020, 27(3)18–23.

[2] Mashale C M，Moyo T，Mtapuri O．An Evaluation of the Public–Private Partnership in the Lekgalameetse Nature Reserve in South Africa[J]. Mediterranean Journal of Social Sciences, 2014, 5(23):855–862.

展需求作出贡献。《人民与公园规划》将自然保护区的土地归还作为重点，目标在于实现共同管理、获益以及利益共享，其中就包括社区 - 公共 - 私人的伙伴关系（Public–Private Partnership，简称 PPP）模式，是以平衡生物多样性保护与增加当地经济发展和减轻贫困为目的。有些学者也建议和鼓励参与式民主，权力分享，以保障当地人民对自然资源的使用权利和资源管理决策的权利。[1]

三、加拿大

加拿大自然保护地建设发端较早，已经形成较为成熟的自然保护地立法体系与管理模式。从加拿大自然保护地立法来看，包括《国家公园法案》《国家公园局法》《国家公园系统规划》《遗产部法》《加拿大野生动植物法案》等。国家公园的设立由国家公园局负责，但是在具体的管理模式选择中，加拿大采取了四种不同类型的管理模式，分别是政府管理型、共同管理型、私人管理型与土著社区管理型。政府管理型即是指自然保护地的土地资源所有权归联邦或地方政府所有，并且由政府直接设立自然保护地的管理机构。此种模式下，有联邦政府保护地与省级（地区）政府保护地两种类型。共同管理型是在政府主导下的参与型模式，政府与社区、当地居民、土地所有者等之间建立平等的合作伙伴关系，通过自然保护地共管机制、设立合作治理主体等共同进行自然保护地的管理，发挥集体决策的优势作用。私人管理型是维持私人对保护地内土地资源的所有权，不依靠政府力量，而是由土地所有者、营利或非营利组织等对自然保护地进行管理。采用此种管理模式的自然保护地集中于加拿大南部地区，多为人口密集、环境状况良好的自然栖息地。最后，土著社区管理型，与私人管理型相似，此类自然保护地内的土地资源的所有权属于当地原住居民，而

[1] T Kepe. Land Claims and Comanagement of Protected Areas in South Africa: Exploring the Challenges[J]. Environmental Management, 2008：311–321.

当地原住居民和社区享有对自然保护地的管理权力，并且承担相应的管理责任，如加拿大西北部的韦赫克斯拉霍勒（Wehexlaxodiale）自然保护区，采取的就是土著社区管理型模式，特征表现为资源所有权归当地原住居民与社区所有，由社区与当地原住居民自主管理。土著社区管理型相较于其他三种类型，更尊重对原住居民的权益保护并且减少了各种冲突，而且原住居民相比政府或外来组织等更加了解自然保护地的地理形势与资源状况，由当地社区进行管理的成本相对较低。

四、澳大利亚

澳大利亚是全球生物多样性最丰富的国家之一，“澳大利亚自然保护地法制实践始于20世纪90年代，标志性法案为《环境和生物多样性保护法案》（1999）。虽然该法案并非自然保护地专门立法，但是立法目标之一即推广一种包括政府、社区、土地持有人及土著居民等多方参与的环境管理方式，并通过与土地持有人签订保护协议、允许社区参与计划管理环节等手段来具体实现”[1]。与大多数国家不同的是，澳大利亚的土地所有权多数归私人所有。因此，依靠联邦及各州政府设立自然保护地管理机构的办法不能完全适应澳大利亚特殊的土地情况。因为澳大利亚土地大量私有的特点，私人因素对自然保护地管理将产生重要影响，为了保证自然保护地体系的稳定，澳大利亚采取各种途径鼓励非政府组织或私人组织等参与到自然保护地的建立与管理之中。根据澳大利亚特殊的土地所有权性质，其自然保护地管理主要采取公共自然保护地、本土自然保护地、私人自然保护地三种管理模式。其中，“澳大利亚土著社区自然保护地的面积已经接近整个国家自然保护地体系的30%，澳大利亚政府计划在2020年之前将土著社区自然保护地的面积增加到整个国家自然保护地面积的

[1] 李一丁．整体系统观视域下自然保护地原住居民权利表达[J]. 东岳论丛，2020, 41(10): 172–182.

40%”[1]。本土（土著居民）自然保护地是通过政府与自然保护地原住居民签订协议的方式，在自然遗产基金的帮助下，在原住居民所有的土地上建立的自然保护地，此类自然保护地由原住居民和当地社区自行管理，政府给予适当的帮助。因此，澳大利亚本土自然保护地实际上采取的就是社区主导型模式，由当地社区具体负责自然保护地管理，政府则提供资金援助和制定管理计划等服务作用。澳大利亚自然保护地法律体系比较完善，联邦层面有1999年颁布的《环境保护与生物多样性保护法》，州层面的有新南威尔士州颁布的《国家公园与野生生物法》《荒野法》《林业法》等。当然，对本土自然保护地的建立与管理也有相应的法律支撑，如《1981科博半岛原住居民土地与庇护地法》。澳大利亚将本土自然保护地计划作为国家保护地体系计划的重要部分，本土自然保护地的计划目标在于：①在政府与原住居民土地所有者之间建立一种合作关系，帮助发展一个全面的、合适的和有代表性的国家自然保护地体系，帮助原住居民在他们的土地上以他们的自己的名义建立和管理自然保护地；②在各级政府通过支持建立合作管理的自然保护地，促进原住居民参与自然保护地的管理，促进自然保护地合作管理的国家最佳实践途径；③根据国际通用的自然保护地指导原则，促进和整合自然保护地管理的国家最佳实践途径，包括将原住居民的生态和文化知识综合到当代的自然保护地管理实践当中。1997年，澳大利亚建立了第一个本土自然保护区——南塔瓦米那。到目前为止，澳大利亚已经建立数十处本土自然保护地，在国际上起到了先锋作用，成为各国探索自然保护地社区主导型模式的重要经验。

五、国外经验总结

其一，管理模式的合理选择。美国、南非、加拿大、澳大利亚都

[1] Borrinifeyerabend G , Dudley N , Jaeger T . Governance of Protected Areas: From Understanding to Action[J]. Managing Protected Areas A Global Guide, 2013(20):54.

是自然保护地发展比较成熟的国家，在不断的实践过程中，也探索形成了多种自然保护地管理模式。针对不同类型的自然保护地或基于土地所有权不同类型等，一般都将自然保护地的管理模式进行划分。从各国自然保护地管理模式发展来看，体现出从政府管理向共同管理和社区管理模式转变的特征，逐渐认识到对自然保护地原住居民保护的重要性。不过在自然保护地管理模式转变过程中，传统的政府管理型模式针对一些自然保护地治理仍有存在必要，仅依靠自然保护地社区力量尚不能达到预设的治理目标。因此，要发挥多样化的管理模式作用，而在实施社区主导型模式之前，要对该模式的适用对象进行合理选择，并非所有自然保护地都适用社区主导型模式。

其二，加强立法支撑。社区主导型模式的运行有赖于完善的法律体系予以保障，相较于自然保护地发展较为成熟的国家，我国的自然保护地立法尚且落后，还未形成体系化。而相关立法对自然保护地的管理模式规范不足，社区参与的自然保护地管理在立法中罕有体现，即使有所涉及，相关规定也比较原则抽象。国外采取社区主导型管理模式的国家，多有针对此类管理模式的法律规范。因此，要想推行社区主导型管理模式，必须立法先行，发挥法律、法规、政策等支撑与指导作用。

其三，发挥政府服务功能。国外采取社区主导型管理模式的自然保护地，多为自然保育良好，经济较为落后的地区，国外称之为“土著社区”，也体现出地区发展的落后性。但是，这些区域内原住居民与自然保护地之间已经形成良好的生态联系，政府、企业等外部力量的强行介入可能会破坏这种联系。所以，在保证生态系统稳定的同时，对这些区域进行划分保护，具体的管理由原住居民与当地社区负责。为弥补原住居民的能力不足问题，政府提供合理的援助，包括资金援助、知识教育、技能培训等多方面。因此，社区主导型模式并不是将政府完全排除，而是要在保证社区原住居民主体地位的前提下，发挥政府的服务功能，改善社区的自我管理能力。

第三节　社区主导型模式之价值分析

一、重构政府社区关系，强化社区治理作用

（一）政府与社区的关系改变

一则，政府与社区的权力关系发生变化。主导型模式将原本属于政府的部分决策权、管理权授予社区享有，政府与社区之间的管理者与被管理者地位发生变化，政府对社区的强势管控权力得以消解。自然保护地的实际管理者由社区承担，政府不再直接参与到自然保护地的管理工作当中。政府与社区之间的关系演变成“社区管理，政府服务”的状态。在社区主导型模式下，自然保护地发展的项目推进过程中，当地村民享有真正的话语权，主体地位得以彰显。主导型模式要求政府职能转变，政府要从原本的管理者、干预者状态中脱离出来，政府职能在于政策法规的制定与提供资金、技术指导支持等公共服务方面，而不是过度参与或干涉自然保护地开发、经营活动。

二则，政府与社区的利益关系发生变化。长期以来，自然保护地建设过程中的资源分配由政府负责，政府的自由裁量权较大，当地居民只能被动接受政府的分配，政府成为自然保护地建设的最大受益者。主导型模式将资源分配的权限也部分移交给社区成员享有，在保护目标导向下，社区可以为满足当地村民的生存发展需要而进行资源分配，不再受到政府的绝对限制。但是，社区的利益分配权也并不是绝对的，自然保护地建设的首要任务是保护，社区主导下的监督也要在国家法律制度框架内。因此，国家既要调整当地政府与原住村民的利益关系，也要适当监督社区成员之间、社区组织之间、社区与当地企业之间等

利益关系平衡，警惕权力滥用。

三则，政府与社区的责任关系发生变化。以往的政府权责统一于自然保护地规划、管理、监督等各个环节，政府拥有对自然保护地社区的管理权力，自然保护地社区工作要对政府负责。但是主导型模式是内生式管理模式，不仅将权力下沉，而且责任也随之下沉。社区管理权限与责任呈现对应关系，政府与社区之间的直接责任关系发生改变，社区工作要对其成员负责。

（二）社区治理作用得以强化

首先，现代社区的开放性、流动性、异质性等特点使得社区参与多流于形式，难以发挥实质性作用。主导型模式重视社区组织的作用，为村民提供长效的、固定的参与平台，扩大了公民参与的广度与深度，促进村民群体的融合发展。社区组织因其产生于社区，服务于社区的特点，其组织结构与工作安排容易让村民承认与接纳。社区组织采取自下而上的管理模式，能够弥补基层治理组织在管理社区时的不足。社区组织更加贴近村民个人，村民与社区组织之间是一种扁平式的平等沟通关系，拓宽了村民表达诉求的渠道，村民可以随时提出意见。社区组织及时了解民情，能够将村民的个体意愿转化为组织意愿，推动各社区成员的协同发展。

其次，社区自治下建立合理的规章制度。“传统村落维系社会秩序的规则有着显著的‘人治’特点，人情、关系、面子等都是形塑村庄治理规则的重要结构性要素”[1]，主导型模式下，现代化治理规则被纳入自然保护地社区治理框架内。①制度的合法性。国家治理现代化依靠法治现代化的推进，基层社区治理也要在法治现代化框架内进行。主导型模式紧跟国家法治脚步，社区民主与法制紧密联系，社区规章制度依据国家法律法规与党的政策而制定。②制度的群众性。主

[1]　钱全．基层治理结构转型研究：“再造—共治”的一个分析框架[J]．四川理工学院学报（社会科学版），2019，34(6)：18–38.

导型模式下社区规章制度的建设不是由少数人决定，而是依靠群体集体力量，在充分听取村民集体的建议前提下，制订符合全体村民集体意愿的规章制度。③制度的配套性。1993 年民政部下发的《关于开展村民自治示范活动的通知》，提出“四个民主”“三个服务”，即民主选举、民主决策、民主管理、民主监督；自我管理、自我教育、自我服务。“四个民主”与“三个服务”都是具有内在联系的整体性基层自治思想，主导型模式对社区规章制度的建设将其中观念融入，注意它们之间的配套衔接问题。④制度的实效性。制度建设不能落入形式主义窠臼，必须详细规定社区组织的工作内容。主导型模式强调社区及其成员的作用，其制度建设关注的是对社区成员及组织的能力发挥，具体的规章制度要涉及社区组织及社区成员等利益相关者的权利范围，注意权利行使边界，当然也要规定相应的禁止性事项与责任内容。使得社区成员清楚认识到在自然保护地管理中，自己能做什么，不能做什么。⑤制度的约束性。制度的约束性对制度产生的效果起到关键作用，主导型模式下制度建设不存在特权主义，制度面前一律平等，以法律法规政策为依据建立相关配套的社区自治制度，为社区自治提供制度性保障。

最后，提升村民的知识与技术水平。人的知识与技术水平是要在实践中获得与培养的，以往的自然保护地管理模式将村民排除在决策与行动之外，导致村民缺乏提升自身能力的机会。而主导型模式重视对村民能力的培育，社区主导下的各种发展项目为村民创造了运用权利行动的机会，在组织的指导下，在参与决策与管理实践过程中，不断提高自身的各种发展能力，既满足了自我发展所需，又能以自身进步带动集体发展。

二、保障原住居民权益，实现风险利益平衡

（一）推动建立合理的利益分享机制

“自然保护地居民承担了很大一部分自然保护地建设成本，如不妥善考虑其利益分享问题，则易导致居民对自然保护地建设的不理解、不支持，甚至采取一些激进的方式阻挠自然保护地的建设和保护。”[1]主导型模式推动自然保护地利益分享机制的建立，使得原住居民能够公平分享自然保护地发展带来的经济利益。

1. 主导型模式确立了原住居民在利益分享中的主体地位，原住居民共同享有资源利益的决策、控制及分享权，且在利益分享过程中，原住居民独立于当地政府，即政府不能随意干涉原住居民的利益分享。

2. 主导型模式运用其组织体系与制度保障，对原住居民的利益分享范围予以明确，社区自治的规章制度不仅对居民的行为进行约束，而且他们的利益追求也应该符合规则要求。主导型模式构建的利益分配机制明确了原住居民可以分享自然保护地内的哪些资源利益，并且细化哪些利益属于居民独自享有，哪些利益属于相关利益主体共同享有。

3. 主导型模式坚持合理的利益分享原则，为自然保护地原住居民的利益保障提供重要依据。主导型模式明确利益分配机制坚持利益整合、利益兼顾、收支对等、平等协商等原则，一是针对利益分配的决策环节，坚持利益整合原则，由自然保护地原住居民共同参与到资源利益分享的决策过程，整合各方意愿，将社区发展的整体利益放在优先位置，保障原住居民的长远利益。二是针对具体的利益分享矛盾，坚持利益兼顾原则，发挥其组织功能优势，统筹协调利益纠纷，平衡各方利益诉求。三是针对居民投入成本，坚持收支对等原则，不能以

---

[1] 曾彩琳．我国自然保护地居民权利保障法律制度研究 [J]. 大连理工大学学报（社会科学版）, 2012, 33(3)：122–126.

整体利益为借口而损害个人利益，更不能随意剥夺个人利益。主导型模式强调居民投入与收益的对等，对于为自然保护地发展投入成本较多的居民，在进行利益分配时适当向其侧重，坚持利益分享的实质公平。四是针对原住居民与其他利益相关者的利益分享矛盾，坚持平等协商原则。主导型模式下，自然保护地发展不是完全依靠原住居民的力量，政府、自然保护地管理机构、外来经营者等主体也能作为利益相关者参与到自然保护地发展项目中，当这些主体与原住居民的利益分配出现分歧时，主导型模式坚持平等协商的原则，通过沟通来解决矛盾。

4. 主导型模式确立自然保护地利益分享的基本方式，为原住居民的利益保障提供多种途径。以往自然保护地利益分享的方式比较单一，由政府统一主导，原住居民只能被动接受。主导型模式在统一集体意愿的前提下，选择灵活多样的方式以满足原住居民的多种利益诉求。当然，在资源利用上，因为主导型模式坚持社区组织的重要作用，发挥其对成员的规制功能，资源利用的方式因此受到一定限制，始终坚持在不损害自然保护地生态环境的前提下实现对自然资源的可持续利用。

（二）完善了应对生态风险的防范措施

自然保护地开发面临的最大问题就是生态风险问题，既要生态保护又要经济发展的二元矛盾将生态风险问题透明化，开发意味着风险，如何做好风险防范以保障可持续性利益，是自然保护地发展的重要课题。有学者以国外社区治理模式下的自然保护地环境风险防范为例，如澳大利亚原住民自然保护地、西班牙的社区森林等，指出其“最为突出的特点是将环境风险防范与原住民权利保护紧密结合起来，其所反映的价值观是政府推进的环境保护、土著文化保护与土著人民的自愿保护的有机统一”[1]。因此，主导型模式不仅将资源的控制权与决

[1] 任颖.自然保护地复合型环境风险防范：制度定位、治理模式与协同路径[J].法治论坛,2019(3):46-59.

策权赋予社区享有，而且由政府与社区共同承担自然保护地生态风险的防范责任。长期以来，由于政府主导及原住居民的分散性、流动性问题，自然保护地内部的生态风险防范呈现出政府承担主要责任、原住居民承担局部责任的现象。这种现象导致原住居民的生产生活行为造成生态损害时，责任往往向上转移，但由于政府与居民之间的权力不对等、信息不对称等问题，受害者的损失很难得以补救。而且，对自然保护地生态系统的稳定性也具有不利影响。主导型模式不仅实施利益共享，而且采取风险共担。在坚持政府作为自然保护地生态风险防范者地位的前提下，自然保护地社区也承担相应的生态风险防范责任，甚至是较大比例的责任。资源的可持续利用影响到村民利益保障，影响资源可持续利用的关键因素在于风险防范。主导型模式不是依靠原住居民的个体作用，而是发挥社区集体力量进行风险防范。在社区的指引下，当地原住居民面向生态可持续的目标协调各自的生产生活方式，实际上推动建立以预防为原则、合作为手段的生态风险防范措施，有力应对生态风险威胁，保障原住居民的可持续性利益。

三、强化社会主体信任，吸引外部力量参与

（一）自然保护地内外平等的对话机制保障

“作为社会资本的精神内核，信任能够促进社区建构起多元合作的参与网络和自治组织结构，提高社区成员的参与水平。”[1] 外部环境是影响自然保护地发展的重要因素，调动外部力量的参与能够弥补自然保护地治理潜力不足的问题。长期以来，自然保护地的内外对话是建立在政府主导前提下进行的，政府与自然保护地外部力量的交流中掌握绝对话语权，虽然政府也会主动与社会主体沟通，吸引外资注

[1]　陈秋红．社区主导型草地共管模式：成效与机制：基于社会资本视角的分析 [J]．中国农村经济，2011(5): 61–71.

入，但是由于政府的权威地位，社会主体往往采取较低的姿态对话，以致社会资本的投入较为保守。主导型模式下，政府将与自然保护地外部社会主体对话的权利让渡给当地社区，自然保护地社区与外部社会主体同属于平等的组织体系，二者之间的沟通交流依据的是平等的对话机制，容易达成共识。“信任是合作的前提，主体间信任作为一种信息简化机制和行为约束机制，降低了协作治理中的交易成本。”[1]自然保护地治理涉及各方主体的利益关系，需要主体间的协作推进，平等的对话机制为主体间的信任为协作架起桥梁，简化了协作治理过程中的信息交流程序，同时也有利于协商展开行为约束，提高社会主体的参与度，促进自然保护地治理的结构优化。另外，主导型模式也推动了不同自然保护地之间的交流，自然保护地之间依靠政府或自然保护地管理机构展开互动的模式得以改变，自然保护地社区能够自主展开交流，没有严格的程序限制，自然保护地社区通过平等对话能够互相汲取发展经验，弥补自身发展的不足。

（二）推进设计自然保护地治理的合作激励机制

治理主体的意愿和动机一定程度上决定了良好治理关系的构建与持续，因此，必须将主体治理动力的维持放在关键位置，要建立实现主体利益诉求的激励机制，形成治理的正向闭环。自然保护地治理涉及的利益主体较多，要站在多元治理视角下，从自然保护地原住居民、周边社会组织、外部经营企业等主体的协作着手，设计系统性的多元合作激励机制。主导型模式下利益主体之间的关系已经转变为平等、公平的合作伙伴关系，而合作动力正是源自它们共同目标下实现自身利益的动力，因此，满足各主体自身利益的诉求，方能推动合作顺利，实现共赢。主导型模式将激励目标与对象连接起来，深刻反映了激励主体的目的。从激励理论的角度分析主导型模式对合作激励机制的推

[1] 常多粉，杨立华．协作治理中主体间信任如何影响其协作程度？——基于内蒙古草原治理的实证研究[J]. 中国人口·资源与环境，2019, 29(11): 132–138.

进，分为两类，一为正向激励，一为负向激励。

正向激励即为一般意义上的促进作用，进一步提高行为主体的积极性。主导型模式下产生的正向激励方式主要包括：①信息激励。主导型模式使得自然保护地内外之间的信息交流更加方便，信息不对称问题得以改善，原住居民与其他利益相关者之间逐渐形成信息共享的状态。社会主体获得对等的信息，意味着能获得更多的参与机会与资源，表现为一种间接激励，也克服了因为信息不对称而引发主体之间相互猜忌的问题，激发社会主体参与意愿，由此产生信息激励作用。②物质激励。企业等利益相关者参与到自然保护地治理当中都具有一定的经济利益追求，企业的决策理性决定了企业经营目标在于实现企业利益最大化。主导型模式积极引进外部资本投入，自然保护地社区等内部管理主体与外部企业间基于互利共赢的目标达成合作协议，使得外部企业的投入获得应有的回报，由此激励企业的参与积极性。③声誉激励。对于非政府组织等公益组织和企业而言，主导型模式都能带来一定的声誉激励。对于非政府组织等公益组织，它们参与自然保护地治理的目的是基于自然保护需要，主导型模式需要这些公益组织的扶持帮助，而公益组织在自然保护地治理中发挥的作用亦能转化为增加其社会地位的评价指标，能够间接提升其自身能力。而对于企业来说，参与到自然保护地治理中，不仅能带来直接的经济利益，而且是企业履行社会责任的表现，能因此提升其社会影响力，增加企业竞争力。

负向激励是指通过约束、惩罚来规制行为主体的某种行为。主导型模式中对主体间合作施加的负向激励主要体现在制度约束、协议约束两方面。首先，在制度约束方面。原住居民之外的利益相关者不仅要受到国家法律法规的行为约束，而且其活动也要符合自然保护地社区规定的管理规章和制度。其次，在协议约束方面。其他利益相关者的参与内容主要依据与社区间缔结的协议，因此，其他利益相关者的活动受到协议责任的约束。这也保障了社区管理主体的地位，防止其他利益相关者参与进来之后权力膨胀而威胁到自然保护地治理与原住居民权益。

四、提升原住居民生态意识，激发村民保护动力

自然保护地管理必须坚持生态保护优先的原则，《自然保护区条例》第一条明确指出，立法目的在于“为了加强自然保护区的建设和管理，保护自然环境和自然资源”，《关于建立以国家公园为主体的自然保护地体系的指导意见》指出，建立自然保护地的目的是守护自然生态，保育自然资源，保护生物多样性与地质地貌景观多样性，维护自然生态系统健康稳定，提高生态系统服务功能。也有学者提出“在一个国家，有的地域如果要担当起经济中心功能的话，另外一些地域则需要承担起生态保护的功能，其差异的存在也许是永久的”[1]。自然保护地因独特地位与功能，决定了“保护”将是其永恒的命题。自然保护地内的发展是要建立在保护前提之上的，不能以牺牲生态系统的稳定性为代价。长期以来，村民受到朴素的生活观念影响，与当地生态相互依托，村民生活与自然生态是有机联系的整体。实际上以往的村民生活状态对当地生态的影响有限，但是由于逐利心态的引导、技术水平的提高、外部力量的介入等，保护地原本平衡的生态系统逐渐受到侵蚀。自然保护地原住居民没有形成成熟的生态保护理念，而“政府兜底保护”的观念长期存在，加之政府与村民、村民之间、村民与外界力量之间的利益博弈，使得自然保护地原住居民难以在发展与保护之间找到平衡点。而且，自然保护地原住居民与其他利益相关者在争夺利益过程中，由于政治、经济、信息等各方面的劣势，无法掌握主动权，甚至采取规则外的途径获取利益。

主导型模式将自然保护地管理的主动权授予当地村民，在规章制度指引下，自然保护地社区带领村民发展，村民的集体理性逐渐增强，提升了村民的集体认同感，也反映出村民对长期利益追求的心理变化与内在驱动力。主导型模式下的社区自治状态使得村民认识到共赢才

[1] 康涛，周真刚．乡村振兴战略下民族特色村寨的可持续发展：以四川省阿坝州民族特色村寨为例 [J]. 中南民族大学学报（人文社会科学版），2019, 39(5): 27–32.

是最优道路，村民有意识地向社区靠拢，自觉接受制度约束，也能让村民认识到保护与发展并行不悖，二者的矛盾可以协调。保护是为了更好地发展。自然保护地村民根据传统观念，采取“靠山吃山、靠水吃水”的生活方式，实际处于发展的初级阶段，带来的利益有限，甚至无法满足村民的短期需求。主导型模式下村民自主决定如何发展，发展利益与生态风险都要共同分担，良好的发展状态会激发村民的热情，为了获得更好的发展，自然会选择一条最优的道路，即保护与发展的协调路径。基于此，自然保护地原住居民从被动保护转变为主动保护，在内在发展动力与外在制度压力的双重激励下，村民的保护意识与能力都将得以提高。

第四节　社区主导型模式之实现路径

社区主导模式如果不通过严格的组织体系进行管理，而是单纯依靠村民自治，那么仅是一种浅层次的参与，仍需要发展到决策、管理、经营等深层次的参与，方能实现社区主导型模式的作用。因此，社区主导型模式要兼顾村民素质、社区管理水平等多种因素，实行社区主导下的组织体系建设，增强社区的控制能力，提高社区参与意识，具体的实现路径选择可划分为“非政府组织管理型”“当地企业管理型”和“社区共同管理型”三种类型。

一、“非政府组织管理型”模式

（一）非政府组织管理的基本内容

非政府组织管理实际上属于自然保护地外部力量的介入，我国一直以来的社区主导型农村扶贫发展模式主要采取非政府组织管理型，但多以国际性非政府组织为主。主导型模式下，自然保护地社区享有保护地管理的实际控制权，非政府组织作为自然保护地外部力量，其管理权限是来自自然保护地社区的授予，其管理范围也是以法律规定与自然保护地社区的协议内容为依据。因此，非政府组织的管理形式具体表现为以下几个方面：

1. 管理权。非政府组织的管理权基于自然保护地社区的授权，可以看作是一种“委托—代理”关系，自然保护地社区作为委托人将自然保护地管理的职权赋予非政府组织，授权形式由自然保护地社区决定，如采取委托协议等方式。

2. 管理范围。非政府组织的管理范围既包括自然保护地社区的发展管理，也包括自然保护地的维护管理。通过与自然保护地社区达成约定，非政府组织提供资金、技术、教育等服务功能，帮助自然保护地社区原住居民合理利用资源，对原住居民的生活生产活动进行管理。非政府组织在职权范围内可以引进外资，为自然保护地社区与自然保护地外社会主体的合作提供服务。非政府组织也要参与到自然保护地生态系统的维护当中，针对自然保护地社区及原住居民，要防止他们采取法律允许范围外的行动破坏生态稳定；针对其他利益相关者，要采取管控措施对他们的参与行为进行监督等。

3. 管理责任。既然非政府组织的管理权是基于自然保护地社区的委托授权关系，那么非政府组织要对自然保护地社区负责，要明确非政府组织的代理人地位，自然保护地社区要对其管理行为进行监管，维护自然保护地社区的主体地位。而且，对非政府组织疏于管理、违法管理等行为，自然保护地社区可以追究其责任。

（二）非政府组织管理的优势

1. 具有非营利性

非政府组织作为政府、企业之外的第三方组织，在公共事务管理活动中扮演着越来越重要的角色，它是公民志愿参与的灵活、平等的自治性组织，具有很强的公益属性。非政府组织的非营利性使得其具有较强的社会责任感与使命感。一方面，非政府组织关注于应对社会公共问题，服务于公共利益的保障，在此前提下其体现出与政府部门相似的功能；另一方面，非政府组织因其内部严谨的工作结构，其运作模式也与企业相似，能根据不同的社会问题提供多样化的服务项目，而且也能更加灵活地对服务功能进行调整，将重心放在服务效率的提高方面。

2. 兼顾自然保护地发展与保护的目标

从发展的角度分析。主导型模式下，虽然自然保护地原住居民的权益得以保障，但是不能保证居民权益的公平分享。非政府组织的最大目标是实现社会公共利益，它有着相对独特的利益表达方式，更容易关注到对弱势群体的帮助。由此，非政府组织表现出的公益性特点更容易得到自然保护地原住居民的认同，也能更准确地反映村民的利益诉求，与村民形成良好关系，促进二者之间的相互信任。从保护的角度分析，非政府组织不仅关注自然保护地原住居民的整体利益，而且对自然保护地生态利益保护也格外重视。非政府组织的宏观目标是对整个社会公共利益的实现，我国环境保护领域内的非政府组织相对成熟，不仅容易接受与掌握自然保护地的生态保护理念，而且对环境问题的处理也较为专业。与政府相比，非政府组织更加贴近群众，在环境问题的信息收集上有一定优势，而且能够介入政府部门难以触及或不便于参与的领域。

3. 具有丰厚的资源基础

非政府组织由于是公民自愿组成的，所以成员一般来自各个行业，具有独特的专业知识优势。在非政府组织的决策系统内，既有普通公民，还有具有较高专业素养的专家、研究人员等，而且有财力雄厚的企业家、慈善家等。不仅如此，由于非政府组织的特性，成员都具有较高的参与积极性。非政府组织能够便于集中社会资本，形成固定的资金网络。另外，非政府组织之间的交流便利，便于不同自然保护地发展的横向合作，对于生态保护问题的解决也能开展联合行动，实现人力、物力、信息等资源的共享，提高生态保护效率。

4. 具有较强的灵活性与适应性

与政府部门相比，非政府组织的政治性弱，且内部关系简单，成员之间的关系更多是合作关系，而不是自上而下的行政管理关系，没有过多的利益纠纷。非政府组织的设立基于平等、自愿、合作的原则，自身特点决定了其外部适应性较强。自然保护地内外关系是动态的复杂关系，既包括纵向的自然保护地社区与社区成员之间的关系，也包括横向的自然保护地社区与其他利益相关者之间的关系等，而且这些关系一直处于动态调整过程。非政府组织提供服务过程中，由于逐利性弱，且组织结构简单，能够根据不同自然保护地的不同条件以及不同自然保护地内部原住居民的多样化需求，发挥自身的灵活性特点，运用多样化方式对待自然保护地发展的不同问题，适应性较强。而且，非政府组织的灵活性与适应性对自然保护地生态也能采取更有针对性的保护。比如，我国不同地区的资源禀赋差异较大，不同自然保护地所具有的资源条件也各不相同，无论是国家立法或政府执法都不可避免地具有盲区，非政府组织的灵活性能根据具体的环境问题，进行针对性保护。

（三）非政府组织管理的劣势

非政府组织管理的劣势表现为：①我国非政府组织起步较晚，发展缓慢，总体水平较低。而且我国非政府组织类型多样，技术针对性强，如环保领域的非政府组织重在解决环境保护问题，在帮助社区发展方面则缺乏一定的专业性。②非政府组织存在管理不力的问题。一方面，非政府组织是不同群体的人员自愿参加而结成的自治组织，其人员构成复杂，组织结构仍处于不断完善的过程中，其管理容易受到内部结构的影响；另一方面，我国一些非政府组织大多从政府部门转变而来，实际上与政府部门存在一定联系，非政府组织的自治水平不足。

二、“当地企业管理型”模式

（一）当地企业管理的基本内容

1. 企业的运营模式

企业的运营模式包括两种：一为社区企业，即完全依靠自然保护地社区成员的力量缔结的公司，如前文提到的云南哈马谷社区，尽管是企业管理模式，但是企业运营直接受到社区管控。这种运营模式的运营风险与收益由当地社区及村民自主承担。二为合作公司，即采取自然保护地社区、村民与外来企业合作设立公司的形式，外来企业以资金、人力等为要素，而自然保护地社区及村民以社区公共资源、土地承包经营权、劳动力、村民技能等为要素转化为公司资本。此种运营模式下，自然保护地社区、村民与外来企业共享收益、共担风险。

2. 当地企业管理的利益分配

社区企业形式下，企业管理的利益分配实际上仍是由社区决定，即社区决策、企业执行。而在合作公司管理形式下，社区虽然仍具有收益的分配权，但是利益分配的决策要在企业运营中开展，企业可采取按股分红和按劳分红相结合的方式分配收益。自然保护地原住居民获取利益的方式既能通过成员企业员工的方式获得工资报酬，也能通过入股方式获得企业利润分红。当然，当地企业管理并不禁止原住居民自己的经营活动，原住居民还可以采取与企业合作的方式自主经营餐饮、住宿、旅游等行业获得收入。

无论是社区企业形式还是合作公司形式，企业利润并不是绝对地进行成员间的分享，仍然要履行社区的建设责任与保护地的管理责任，因此，企业利润要支出一部分放在社区基础设施等公共产品建设方面以及自然保护地生态保护与恢复方面。

（二）当地企业管理的优势

1. 企业利益与村民利益相契合

企业以盈利为目的，具有鲜明的利益导向，与自然保护地原住居民的利益追求相一致。企业与原住居民具有共同的利益与发展目标，能够促进双方形成良好的协调与合作关系。企业经营过程中能够吸收村民力量，既能帮助解决自然保护地原住居民的就业问题，也能补足企业的人力资源，实现双赢。而且，当地企业管理模式亦能有效制约外部力量的不当干预，警惕外界资本的力量膨胀，实现自然保护地社区与外界资本的互补与合作。

2. 企业的经营管理能力优势

一则，企业具有敏锐的“嗅觉”。企业具有极强的信息收集能力与市场分析能力。通过对市场信息的收集，企业追求选择最优的经营方向，这是与市场相疏离的自然保护地村民所不具有的典型优势。企业与市场紧密联系，比较能够把握市场趋势，企业经营顺应市场需求，提高自然保护地社区产业竞争力。二则，企业具有较强的创新能力。企业具有大胆的探索精神，能够为发展投入更多成本。而且，企业的技术水平较高，能够充分运用新一代科技对自身进行改造，提高经营管理的深度，实现高质量发展。三则，企业具有成熟的风险意识。企业领导群体在决策时会考虑风险与收益的比例关系，寻求二者之间的平衡点，实现最优发展。企业将风险管理作为企业管理的重要部分，如在对企业员工管理中，多数企业采取风险与绩效考核挂钩的方式，从下到上提高企业各级人员的风险意识，将风险意识融入企业文化当中。

3. 企业的契约精神与服务能力优势

一方面，契约精神倡导的是一种平等、守法、诚信并被社会公认的行为规则，代表着人类文明的进步，体现出公平、承诺、执行等基本合作底线。企业的契约精神是其发展的关键因素，企业经营管理过程中涉及各种契约在内，有企业与员工之间的契约、企业与企业之间的契约、企业与消费者之间的契约等，企业的契约精神已经成为其市场竞争力的重要依据。另一方面，与社区组织相比，企业不仅具有相对严格的组织结构，而且能够提供针对性的服务。在社区建设的初级阶段，社区自身能力薄弱，企业能够发挥其资金、技术等优势进行基础设施建设，合理配置公共资源。由于企业是依契约内容而开展活动，所以在社区成熟阶段，企业也能够按照社区需要提供相应服务。

（三）当地企业管理的劣势

1. 社区企业管理型的劣势

社区企业是由自然保护地社区成员自主设立的企业，根本上受到自然保护地社区的管控，所以社区企业的管理仍然是社区自主管理的一种方式，但是社区企业的设立与运行却存在一系列问题。一则，社区企业的人才压力。但是自然保护地社区成员的专业素养不足，缺乏必要的管理知识与相关技能，专业人才的不足使得企业组织体系无法形成，内部机构设置与人员配置不相适应。二则，社区企业的经济压力。无论是企业的建成还是后续的管理、运营，都需要大量的资金投入，社区本就面临着经济发展的压力，社区企业无法保证有持续的资本投入，一旦面临资金周转问题，将会迅速分崩瓦解。三则，社区企业的服务能力不足。自然保护地社区的发展不仅仅涉及物质方面，还需要关注到社区成员的精神需要，社区企业的服务手段不健全，其服务职能更多地倾向社区经济发展方面，难以推动社区成员的全面发展。

2. 合作公司管理型的劣势

首先，自然保护地社区资源的量化问题。合作公司由社区与外来企业共同组成，外来企业多采取资金注入的方式，其在企业中的资本占额容易量化，但是社区资源的量化却存在一定弊端，社区的经济力量薄弱，资金投入有限，因此社区也依托其特有资源进行资本转化，如社区文化资源、民俗资源等，但是这些资源很难进行量化，社区资本在企业中无法获得合理区分。其次，社区与外来企业的力量不均衡。虽然合作公司管理仍是处于社区主导之下，但是合作公司中，社区与外来企业相比处于绝对劣势状态，在资金、技术等各方面，外来企业占据优势地位，即使是人力资源方面，村民不具有相应知识、技能，仍然会受到外来企业的节制。外来企业的优势地位也将带来一系列问题，在企业决策方面，社区的经营水平不够，容易受外来企业左右。而在收益分配方面，外来企业的投入较多当然追求更多利益，而且外来企业在收益分配方面因此优势地位可能占据较大的话语权，不利于社区利益的保障。

三、“社区共同管理型”模式

（一）自然保护地社区管理的载体

1. 村委会

村委会作为农村基层组织，已经得到国家宪法、法律的确认。我国《中华人民共和国宪法》第一百一十一条规定：“城市和农村按居民居住地区设立的居民委员会或者村民委员会是基层群众性自治组织。”“从行政体制角度分析，村委会的载体地位符合我国行政体制的逻辑。村委会是我国农村基层组织，也是村民自治的产物，我国自实行基层民主自治后，村委会就成为基层自治组织。村委会有权力决定社区内的公共事务，如资源利用与环境保护等。”[1] 因此，村委会是我国农村集体管理与生态环境保护的基本载体，其权限受到法律保障。但是村委会管理仍存在一系列问题：首先，村委会管理具有明显的行政管理色彩。村委会的产生方式决定了其组织结构受到国家行政体制的影响，虽然它不是国家行政管理体制的正式建制，却发挥基层

[1] 宋言奇．我国农村生态环境保护社区“自组织”载体刍议 [J]. 中国人口・资源与环境，2010, 20(1): 81–86.

行政管理的职能，仍易受到上级政府的干预，甚至控制。所以，村委会的自治性与其受制于行政框架内的组织结构产生矛盾，由于我国长期处于“政府主导”模式，农村管理也会陷入路径依赖。由于村委会容易受到上级政府干预，其干部选任也难免受到上级意志的影响，在此前提下，村干部工作既要听取上级“建议”，又要向下负责，产生了“向上”与“向下”的双重关系矛盾，难以做好两种关系的平衡，以致影响到对村民利益的保障。其次，村委会管理不利于村民深度参与。村委会的行政体制色彩决定了其采取的是自上而下的管理模式，虽然村委会比上级政府更加贴近基层群众，但是其对村民参与的保障并不全面。一方面，村委会为村民提供的是一个间接的参与平台，村委会干部由村民选举产生，实际上可以看作是村民的代理人，村民意愿通过代理人提出。这也导致了中间环节的产生，也会引发相应忧虑，代理人能否公正、准确地表达、满足村民的意愿。另一方面，村委会管理下的村民参与是一种孤立的、片面的参与。村委会管理依托的主要是村干部力量，并没有吸收村民的广泛参与，村委会与村民之间的互动交流往往是单向交流，且村民意愿的表达更多是个体问题或建议的提出，不利于集体意识的形成。

2. 社区自组织

“社区自组织是指不需要外部力量的强制性干预，社区通过自身就可以实现自我管理、自我教育、自我服务、自我约束，进而实现社区公共生活的有序化。”[1]“自组织与社区治理密切相关，作为处于基于权力关系的政府治理与基于交易关系的市场治理之间的第三种治理机制，显示出不同于政府治理和市场治理的优越性，并能够与政府、市场共同协力发挥作用，消弭有限理性和机会主义行为等治理问题。”[2]社区自组织管理的优势表现在以下两方面：第一，社区自组织不会受

[1] 杨贵华. 自组织与社区共同体的自组织机制 [J]. 东南学术, 2007(5): 117-122.

[2] 曹飞廉，万怡，曾凡木. 社区自组织嵌入社区治理的协商机制研究：以两个社区营造实验为例 [J]. 西北大学学报（哲学社会科学版），2019, 49(2): 121-131.

到行政体制的制约。社区自组织是独立于村委会、乡镇政府之外的乡村治理第三机制，社区自组织的建立没有严格的法律程序规制，而是依据村民的集体意志。社区自组织与地方政府之间并没有紧密相连的关系，乡镇及上级政府对社区自组织可以进行指导、支持和监管，但是不能干预到社区自组织的内部管理中，保证了社区自组织的独立管理地位。第二，社区自组织为村民参与提供有效平台。社区自组织具有独特的组织结构，采取的是自下而上的管理模式，每个社区成员都能参与到社区管理过程中，不仅组织决策必须听取全体成员的意愿，而且社区成员都有参与到社区管理项目中的机会，提升了村民参与的广度与深度。

因此，社区自组织管理比村委会管理具有明显的优势，在“社区共同管理型”模式中，应当主要发挥社区自组织的作用，以社区自组织作为社区共同管理的主要载体，当然也不能忽视村委会的作用，社区共同管理过程中也要合理纳入村委会管理的有效力量。

（二）社区共同管理的基本内容

1. 两种契约关系

首先，村民之间的契约关系。社区共同管理的载体包括社区自组织与村委会，其中社区自组织发挥主要作用。社区自组织的建立实际上就是村民之间契约关系达成的结果，而村民之间的关系状态属于一种无形契约，基于村民之间的相互信任而缔结。虽然村民行为受到社区规章制度的约束，但是这种约束并没有强制力。因此，村民间契约关系的存续受到村民的规则、信用、道德、情感、信仰等多种因素的影响。

其次，村民与社区管理组织之间的契约关系。无论是村委会还是社区自组织，与村民之间都包含一定的契约关系，村民与村委会之间的契约关系受到法律约束，但是村民与社区自组织之间的契约关系受到双方协议的约束，而双方协议可能是书面协议，也可能是口头协议。

村民与社区管理组织之间的契约关系包含了多种内容，如服务与接受服务、监督与接受监督、决策与执行决策等。

2. 主要形式

我国村委会的基层管理形式已经相对成熟，本文主要聚焦探讨社区自组织的管理形式。自然保护地社区成员自主探索成立利益共享、风险共担、联合管理的社区自组织，社区自组织融合了服务、经营、监督等多项功能，实现对自然保护地的统一管理、统一发展。社区自组织将自然保护地资源合理分配，自主选择与社会主体的合作，是对自然保护地社区管理的民主化落实。当然，社区自组织的可持续发展也需要政府规范作用的发挥，社区自组织的运作应当具有法律保障，注意划清政府与社区自组织的职能边界。社区共同管理以组织合作化为导向，以社区自组织为基点，建立网络化、综合性的组织合作体系。而且，要考虑到一处自然保护地内部不止一个社区，要建立不同社区间的交流合作平台，推动跨社区的自组织的建立，兼顾自然保护地社区之间的共同利益。

（三）社区共同管理的优势

1. 成本优势

治理成本问题已经成为制约自然保护地社区管理的重要因素，社区共同管理能够降低自然保护地社区管理的成本。一方面，社区共同管理依托社区自组织的主要作用，而与政府部门相比，社区自组织是自然保护地社区村民自愿联合组成的组织，规模较小，而且没有复杂的官僚体制下的科层组织结构，设立社区自组织的成本较低。另一方面，与其他管理模式相比，社区共同管理能够减少动员社区成员参与的支出，社区共同管理模式下，社区自组织间的联系密切，社区成员交往频繁，社区管理活动的开展很容易在社区成员间进行宣传。社区共同管理也能减少信息成本与活动成本的投入，社区共同管理模式使得社区管理信息透明化，信息沟通不必再借助其他力量展开，而且社区成员需求外化，社区管理决策通过社区成员的自主协作开展，从管理决策到管理活动的开展自然过渡，减少了管理活动成本的支出。

2. 效率优势

自然保护地社区管理涉及到村民生产生活最基础的问题，但是这也是影响自然保护地社区协调发展最复杂的问题，不能仅从大的发展趋势着手，还必须深入到管理细节，准确把握真实有效的信息，才能提高自然保护地社区管理效率。社区共同管理中的社区自组织因其民间性、灵活性等特点更加贴近村民群体。自然保护地社区自组织是由当地村民自主成立，为村民直接参与创造有效平台，村民对社区自组织的信任度高，使得社区自组织对问题具有更强的洞察力，更容易了解自然保护地社区的实际情况。另外，自然保护地社区内包括人力、技术、习俗、信息等多种资源，且具有一定的特色，连接着社区的整体功能。社区共同管理能够有效组织各种特色资源，简化了对特色资源利用的适应过程，社区自组织的管理能够反映社区成员共同的价值理念、生活方式、风俗习惯，能够提高社区成员的凝聚力，快速整合各类资源，提高管理效率。

3. 制度优势

首先，社区共同管理能够发挥集群化的制度优势。有学者指出："决定居民是否参与社区治理不是显性的外在制度，而是隐藏在社区内部的非正式制度，即隐性的内生的社区规范。"[1] 社区共同管理以自然保护地社区组织为基层管理载体，能够推动自然保护地社区规章制度的良好运行，自然保护地社区组织的组织结构与工作内容受到社区规章制度的直接规范，且组织的领导及相关工作人员实际上直接对社区负责，受到社区规章制度的约束。另外，社区共同管理模式也是对社区成员的直接管理，社区自组织与村委会不仅发挥着管理服务功能，而且发挥着监管、惩罚功能，社区规章制度对社区成员的约束、

---

[1] 李霞，陈伟东．社区自组织与社区治理成本：以院落自治和门栋管理为个案 [J]. 理论与改革，2006(6): 88–90.

惩治作用通过社区自组织与村委会的功能得以实现。

其次，社区共同管理能够反作用于政府政策的制定。就环境政策而言，“往往是由离基层最远的上层制定的，而制定的政策往往偏离社区的实际情况与根本利益，不能因地制宜，因此也就意味着高成本和低效率”[1]。社区共同管理通过社区自主参与到自然保护地管理的实践活动中，能够向上反馈自然保护地的实际问题与管理经验，政府部门亦能将自然保护地与当地社区的实践活动结合起来，推动制定符合不同自然保护地发展的政策。

（四）社区共同管理的劣势

前文已经对村委会管理的弊端进行了基本分析，接下来将从社区自组织管理的劣势出发展开分析。

一是，社区自组织的设立难题。社区自组织在我国的发展处于探索阶段，即使在城市社区仍是一个新生事物，更不用说在社区体系还不成熟的农村地区设立社区自组织。因此，在自然保护地社区设立社区自组织需要经过一段时间的试验论证，很难从一开始就进行大规模推广。

二是，社区自组织的融资困难。社区自组织与社区企业相似，都具有资金来源不足的问题，社区自组织的资金来源比较单一，仍然需要政府的财政扶持、引导。

三是，社区自组织的组织形式松散。社区企业的组织结构可以根据一般社会企业进行设置，但是社区自组织的设立本身就伴随着很大的随意性。由于社区自组织的结构不稳定，由此导致其风险对抗能力较弱，内部管理不规范，自我发展能力有待提高。

四是，社区自组织的创新能力不足。社区自组织的设立集结了村民的集体意识，但是自然保护地内部村民的创新意识本就不强，小农

[1]　宋言奇．我国农村生态环境保护社区“自组织”载体刍议 [J]. 中国人口・资源与环境，2010, 20(1): 81–86.

意识仍然存在，难以带动自然保护地发展的技术创新、产业创新等。

四、各模式之比较分析

上文分析了社区主导型的三种管理模式的基本内容以及各自的优势与劣势，从各模式的优点与缺点进行比较，具体表现如表 6–1 所示。

表 6–1　各模式之优劣

社区主导型模式	优势	劣势
非政府组织管理型	非营利性； 兼顾自然保护地发展与保护的目标； 丰厚的资源基础； 较强的灵活性与适应性	起步较晚，发展缓慢； 管理不力
当地企业管理型	企业利益与村民利益相契合； 企业的经营管理能力优势； 企业的契约精神与服务能力优势	社区企业管理型的劣势：人才压力；经济压力；服务能力不足。 合作公司管理型的劣势：资源的量化问题；社区与外来企业的力量不均衡。
社区共同管理型	成本优势； 效率优势； 制度优势	社区自组织的设立难题； 社区自组织的融资困难； 社区自组织的组织形式松散

如表 6–1 所示，社区主导型下的三种管理模式各有优劣，并不能直接判断哪种模式最优，在做出管理模式选择时，必须考虑应对该模式问题需要采取的措施。因此，对三种管理模式的选择，要进行分别思考。首先，非政府组织管理型。对非政府组织具有较高要求，非政府组织要有较强的经济实力、严谨的组织结构和内部约束制度，要保障非政府组织管理下社区居民的主体权利，健全相关决策制度与选举制度。不能仅关注到保护层面，还要发挥非政府组织的资源优势带动社区发展，提升社区居民生活水平。其次，当地企业管理型。一是社区企业，要弥补人力、经济、服务各方面劣势。不仅要重视发挥社区精英的能力，也要警惕“精英俘获”问题。要合理进行资本引入，妥

善运用政府与外部组织的财政、技术扶持，保证社区企业的存续与管理能力的提高。二是合作公司，要保证社区的主导地位，实行社区居民的多数控股，保障社区居民在合作公司中的决策权与否决权等。最后，社区共同管理型。以社区自组织为主，对当地村民的素质具有较高要求，必须转变村民的传统小农意识，培养合作思维与能力。要坚持社区自组织的民主治理原则，依靠社区规章制度进行内部权力约束。政府部门必须主动提供帮助，如组织设施建设、素质教育、技术培训、产业引导等。

第五节　政府在社区主导型模式中的作用

社区主导型模式下，自然保护地管理职权向下转移到社区手中，政府在自然保护地管理中不再发挥绝对主导作用。但是社区主导不是将政府完全排除在外，只是政府职能发生转变，从本来的控制、决策转变为服务、扶持等。社区主导型模式在我国自然保护地建设中尚未有成熟的经验依据，要在政府的协助下，发挥法律政策的引导功能、资金技术的扶持功能、外来资本的限制功能、社区行为的监督功能等，实现社区主导型模式的顺利运行。

一、法律政策的引导功能

首先，要发挥政策的支撑作用。社区主导发展实践在我国集中于乡村扶贫领域，还未在保护地管理领域开展规模化的社区主导型管理模式实践，因此，我国社区主导发展的政策依据主要是针对乡村扶贫的，而自然保护地管理缺乏相关政策的支撑。以《关于建立以国家公园为主体的自然保护地体系的指导意见》为例，虽然它强调了公众参与的重要作用，但仍是以政府主导的管理模式为出发点，并不能为社区主导型模式提供有效的政策支撑。国家政策的出台对自然保护地管理起到宏观的纲领性作用，如果缺乏政策支撑，社区主导型模式的开展将存在诸多限制。因此，必须加快出台自然保护地社区主导型管理模式的政策。国家可以依据社区主导的扶贫项目来分析自然保护地社区主导发展的基本理念与方式，提出自然保护地社区主导型管理的宏观政策。我国目前的自然保护地管理模式仍处于社区参与的初级阶段，而社区主导型模式作为社区参与的高级阶段，对自然保护地社区及村民的要求都比较高，对发展相对落后的自然保护地社区，开展社区主导型模式并不现实。所以，中央政策应先规定试点地区，通过地方实验汲取有益经验，再进一步开展规模化推广。而有条件的地区，也可以主动申请成为试点区域。以中央政策为指导，制定相应的地方政策，对本地区自然保护地发展主导型模式进行详细规划，提供更加具体的政策内容支撑。

其次，要发挥法律的保障作用。“立法功能的发挥与法律位阶和内容设定直接相关。”[1]社区主导型模式是自然保护地管理的新型模式，与我国传统自然保护地管理模式具有典型差异，而我国对自然保护地的立法长期以来是基于政府主导为前提，当前立法不能为社区主导型模式的运行提供法律保障。我国关于自然保护地的直接立法仅有《中华人民共和国自然保护区条例》和《中华人民共和国风景名胜区条例》两部，但是在这两部法规中罕有涉及对自然保护地原住居民权益保障的具体规定，且虽有对公众参与的相关规定，却对参与方式、范围等都规定不明，自然保护地原住居民参与和基本权益无法依据国家法律得以保障。而从地方立法来看，多数地方采取的是针对性立法，即针对特定的自然保护地进行立法，以国家公园立法为例，如《云南省国家公园管理条例》（2016）、《三江源国家公园条例（试行）》（2017）、《神农架国家公园条例》（2019）。其中，多数地方立法都没有对国家公园内原住居民的参与方式等内容及各项权益保障等予以规范，但

[1] 秦天宝，刘彤彤．自然保护地立法的体系化：问题识别、逻辑建构和实现路径 [J]. 法学论坛，2020, 35(2): 131–140.

是也有地方进行了相对详细的规定。如，2019年修订的《神农架国家公园条例》将“社会参与”进行专章表述，其中第五十条第二款规定，“鼓励国家公园管理机构与神农架国家公园内乡镇人民政府、村（居）民委员会等建立社区共管共建机制，通过联户参与、签订管护协议等形式，协助开展自然资源保护工作。”对社区参与的方式做出规定，表现出地方逐渐加强起对自然保护地社区参与重要性的认识，但是这种社区共管方式并没有改变政府的主导作用，与社区主导型模式的理念相冲突。因此，除了要发挥政策的支撑作用外，也要通过立法进行保障。要完善中央与地方的两级立法，中央基本立法要对社区主导型管理模式的地位予以承认，支持地方开展此种模式，并对模式的内容进行原则性规定。而地方要以中央立法为依据，对社区主导型模式下自然保护地的管理内容与原住居民的权益保障等予以明确。

二、社区治理的扶持功能

首先，发挥政府的财政扶持作用。政府主导下的自然保护地管理对当地居民的财政扶持力度有限，政府财政扶持的主要对象是自然保护地管理机构及相关政府部门，当地居民的财政扶持需要经过以上部门的分配，并不能直接获得政府财政扶持。社区主导型模式将原本属于政府的管理职权转移到自然保护地社区，不仅意味着权利的转移，而且自然保护地社区也要承担相应的管理责任。权责转移的同时，自然保护地社区有权获得政府财政的扶持。因此，政府财政扶持重心也需要向自然保护地社区转移。另外，自然保护地社区的建设与发展需要一定的经济基础，但是自然保护地居民的经济状况薄弱，政府财政扶持将成为弥补其经济弊端的重要因素，因此，政府财政扶持也有其必要性。政府财政扶持应在两个阶段进行，一是自然保护地社区的建设阶段，政府应当为自然保护地社区的建设提供部分启动资金。二是自然保护地社区的发展阶段，政府应当提供持续性的资金扶持，推动自然保护地社区治理能力的稳步提升。其次，发挥政府的教育及培训作用。一方面，教育是培养居民素质的关键，政府要在自然保护地社区完善对当地居民的义务教育，通过学校等基础设施与教育设施的建设，提升居民的知识素养与环境意识。另一方面，“加强对自然保护地社区居民的技能培训，对原住居民开展技术援助或设立技术推广项目也是维护其生存发展权益的重要途径”[1]。如帮助建立技能培训中心，帮助培训居民的经营能力与管理能力等。而且，政府在提供教育培训时应当尊重自然保护地社区的民族文化、风俗习惯、非物质文化等，增强自然保护地社区对政府的信任。再次，发挥政府的信息共享作用。长期以来，自然保护地管理过程中，政府始终处于信息优势主体地位，自然保护地社区的信息沟通渠道、方式、反馈等也是在政府控制下进行的，自然保护地社区的信息弱势问题表现明显。社区居民知情权的保障对社区治理能动作用的提高具有重要意义，我国也已经对公众知情权的保障予以立法规范，如 2019 年实施的《政府信息公开条例》，对政府信息公开与公众对政府信息的获取等都有详细规定。以相关法律为依据，社区主导型模式必须保证政府与自然保护地社区的平等信息交流地位，通过政府与社区的协商构建信息共享平台，政府不仅要保证信息的公开透明，而且也要帮助提高社区的信息获取能力。

三、社区行为的监督功能

社区主导型模式下，资源配置由自然保护地社区决定，但是单纯基于社区形成的资源配置格局的有效性与公平性存疑，仍然需要政府监督作用的辅助与规范。第一，完善政府监督的相关法律法规。前文提到，政府要发挥法律政策的引导功能，自然保护地社区建设需要政

[1] 潘寻．环境保护项目中的原住居民保护策略 [J]. 中央民族大学学报 (哲学社会科学版), 2015, 42(3): 11–17.

府政策性支持，也需要相关法律法规对自然保护地社区管理的发展予以保障。要明确自然保护地社区的主体性法律地位，规范其权利义务。当然，政府在赋权于社区的同时，也要对社区行为进行监督，促进社区发展稳定，保证自然保护地管理处于一种健康的环境。政府监督的前提是有明确的法律依据，可以借鉴政府对城市社区监督的法律经验，制定符合自然保护地社区特色的监督规范。强化对社区及社区管理组织的行政监督，严格社区自组织、社区企业、合作公司等社区管理主体的市场准入与退出制度。第二，加强政府的执法力度。政府及有关行政部门不仅要完善社区监督的法律法规，也要加强对社区参与市场活动的监督，要建立标准化的市场检验制度，对自然保护地社区参与市场活动做好指导与检查工作。政府相关职能部门对社区开发要加强监督，对需要进行行政许可的项目要严格把关，规范自然保护地开发行为。另外，对社区主导下的自然保护地生态服务价值市场化的转变进行严格控制，加强执法监管，建立市场化的良好秩序。自然保护地始终要保持生态系统的稳定性，社区对自然保护地的开发不能以破坏生态系统为代价，但是社区成员的逐利倾向容易将“保护”任务予以搁置。因此，也必须发挥政府对自然保护地社区行为对生态系统影响的监督作用，通过行政执法，对社区及其成员的生态破坏行为予以追究。第三，动员社区居民的广泛监督。政府监督的适当介入，能够预防和减少村民与社区之间的矛盾纠纷。虽然主导型模式强调社区成员的自我监督，但是自然保护地社区成员的监督意识与能力有所不足，社区居民固有理念的转变需要经过一段时期，因此需要发挥政府的引导作用。通过政府宣传与培训，增强社区成员的监督意识与能力，维护广大居民的共同利益。第四，构建完善的社区监督平台。政府与村委会之外的社区组织之间都不存在隐性的行政隶属关系，政府监督与社区自我监督都是以维护社区成员的共同利益为目标，容易达成监督共识。在政府帮助下，可以构建政府监督与自我监督相结合的监督平台，及时公布有效信息，实施动态化监督，保障社区活动的公开、透明，使社区成员了解社区管理的具体情况。第五，提升社区监督的专业化水平。社区成员的监督关注的更多是与自身利益相关的内容，而且很难对一些专业项目的开展进行监督。对自然保护地社区的监督要以科学的监督标准为指导，营造有利于推动自然保护地生态服务价值市场化的内外部环境。政府不能进行孤立监督，自然保护地管理涉及多方利益关系，要结合多方力量进行联合监督，构建联合监督网络。政府不仅要培训社区成员的自我监督能力，而且要协助制订社区行为的监督标准，弥补自我监督能力的不足。当然，政府监督不能越权监督，必须坚持社区自我监督的主要作用，政府监督必须严格依据法律法规的规范，要以保障自然保护地生态利益与社区成员权益为目标。

四、社区发展的评估功能

主导型模式下，虽然政府及相关部门的管理权让位于当地社区，但是社区对自然保护地的管理并非孤立运行。鉴于目前我国自然保护地发展的不平衡，政府可在部分条件合适的自然保护地开展主导型模式的试点工作，在试点区域内，自然保护地政府管理机构要逐步推出，保证社区主导的切实运转。对于这些试点自然保护地，政府要对社区主导下的发展效果予以评估，分析其优劣，判断社区主导型模式的推广可行性。基于此，本书设计了试点自然保护地社区发展的评估模式。

首先，制订自然保护地社区发展的目标规划。为保证自然保护地发展的科学性、可预见性，当地社区要制订自然保护地发展的目标规划，具体涉及自然保护地生态保护、资源可持续利用、社区经济发展、社区文化发展等领域，并确定相应配套方案与多阶段性安排。当然，鉴于自然保护地社区的自身局限性，应允许社区委托外部机构制订目标规划，而政府部门也要对目标规划予以价值评估，提出合理的修改意见。

其次，对自然保护地社区发展的规划效果予以评估。政府可以通过决定等方式，要求自然保护地社区编制一定时间范围内的发展效果报告书，亦可委托专业机构编制。政府有关部门需要对自然保护地社区提供的效果报告书进行评估，分析主导型模式的运行成效与存在的问题。对于符合自然保护地建设目标并促进社区发展的自然保护地社区建设，根据发展效果给予专项资金激励，并提供一定技术援助，实现发展规划的不断调整。对存在与自然保护地建设目标相背离、社区发展效果较差等问题的自然保护地社区，应进行发展模式的调整，甚至可以取缔主导型模式的运行。从中汲取有益的自然保护地发展经验，为主导型模式的有效推广建立坚实的基础。

主要参考文献

（一）著作类

[1] 付子堂 . 法理学进阶［M］.5 版 . 北京：法律出版社，2016.

[2]［古希腊］亚里士多德 . 政治学［M］. 吴寿彭，译 . 北京：商务印书馆，1965.

[3] 彼得 · S. 温茨 . 环境正义论［M］. 朱丹琼，宋玉波，译 . 上海：上海人民出版社，2007.

[4] 赵士洞，张永民，赖鹏飞，译 . 千年生态系统评估报告集（一）［M］. 北京：中国环境科学出版社，2007.

[5] 霍尔姆斯·罗尔斯顿 . 环境伦理学: 大自然的价值以及人对大自然的义务［M］. 杨通进，译 . 北京：中国社会科学出版社，2000.

[6] 斐迪南·滕尼斯 . 共同体与社会: 纯粹社会学的基本概念［M］. 林荣远，译 . 北京：商务印书馆，1999.

[7] 刘视湘 . 社区心理学［M］. 北京：开明出版社，2013.

[8] 费孝通 . 乡土中国［M］. 北京：生活 · 读书 · 新知三联书店，1985.

[9] 郑杭生 . 社会学概论新修［M］. 3 版 . 北京：中国人民大学出版社，2003.

[10] 李晟之 . 社区保护地建设与外来干预［M］. 北京：北京大学出版社，2014.

[11] 柯红波 . 走向和谐“生活共同体”：城市化进程中的社区分类管理研究——以杭州市江干区为例［M］. 杭州：浙江工商大学出版社，2013.

[12] 张立，等 . 三江源自然保护区生态保护立法问题研究［M］. 北京：中国政法大学出版社，2014.

[13] 印红，高小平 . 国家生态治理体系建设 : 基于自然保护的实践［M］. 北京：新华出版社，2015.

[14] 何雪松 . 社会工作理论［M］. 2 版 . 上海：格致出版社，2017.

[15] 宋林飞 . 西方社会学理论［M］. 南京：南京大学出版社，1997.

[16] 蔡守秋. 可持续发展与环境资源法制建设 [M]. 北京：中国法制出版社，2003.

[17] 叶敬忠，刘燕丽，王伊欢. 参与式发展规划 [M]. 北京：社会科学文献出版社，2005.

[18] 国家林业局野生动植物保护司，国家林业局政策法规司. 中国自然保护区立法研究 [M]. 北京：中国林业出版社，2007.

[19] 许学工，Paul F.J.Eagles，张茵. 加拿大的自然保护区管理 [M]. 北京：北京大学出版社，2000.

[20] 冯伟林，向从武，毛娟. 西南民族地区旅游扶贫理论与实践 [M]. 成都：西南交通大学出版社，2017.

[21] 邵志忠. 山村重塑：少数民族贫困山区参与式乡村社会发展研究 [M]. 北京：民族出版社，2017.

[22] [美] 卡塔尔. 佩特曼. 参与和民主理论 [M]. 陈尧，译. 上海：上海人民出版社，2006.

[23] 原宗丽. 参与式民主理论研究 [M]. 北京：中国社会科学出版社，2011.

[24] [美] 詹姆斯·博曼. 公共协商：多元主义、复杂性与民主 [M]. 黄相怀，译. 北京：中央编译出版社，2006.

[25] [德] 尤尔根·哈贝马斯. 公共领域的结构转型 [M]. 曹卫东，王晓钰，刘北城，等，译. 上海：学林出版社，1999.

[26] 柯坚. 环境法的生态实践理性原理 [M]. 北京：中国社会科学出版社，2012.

（二）论文类

[1] 段帷帷. 论自然保护地管理的困境与应对机制 [J]. 生态经济，2016，32（12）：187-191.

[2] 马童慧，吕偲，雷光春. 中国自然保护地空间重叠分析与保护地体系优化整合对策 [J]. 生物多样性，2019，27（7）：758-771.

[3] 陈耀华，黄朝阳. 世界自然保护地类型体系研究及启示 [J]. 中国园林，2019，35（3）：40-45.

[4] 唐小平，蒋亚芳，刘增力，等. 中国自然保护地体系的顶层设计 [J]. 林业资源管理，2019（3）：1-7.

[5] 张丽荣，王夏晖，侯一蕾，等. 我国生物多样性保护与减贫协同发展模式探索 [J]. 生物多样性，2015，23（2）：271-277.

[6] 李佳灵，黄良鸿，尹为治，等. 五指山国家级自然保护区建设与周边社区关系研究 [J]. 林业调查规划，2021，46（1）：52-57.

[7] 王雨辰，吴燕妮. 生态学马克思主义对生态价值观的重构 [J]. 吉首大学学报（社会科学版），2017，38（2）：13-19.

[8] 栗明，陈吉利，吴萍．从生态中心主义回归现代人类中心主义：社区参与生态补偿法律制度构建的环境伦理观基础［J］．广西社会科学，2011（11）：87-90.
[9] 王若磊．地方治理的制度模式及其结构性逻辑研究［J］．河南社会科学，2020，28（10）：23-30.
[10] 李波，于水．参与式治理：一种新的治理模式［J］．理论与改革，2016（6）：69-74.
[11] 韩念勇．中国自然保护区可持续管理政策研究［J］．自然资源学报，2000（3）：201-207.
[12] 刘超．自然保护地公益治理机制研析［J］．中国人口·资源与环境，2021，31（1）：192-200.
[13] 马永欢，黄宝荣，林慧，等．对我国自然保护地管理体系建设的思考［J］．生态经济，2019（9）：182-186.
[14] 张艳．自然保护区社区参与现实困境与对策［J］．人民论坛，2016（2）：169-171.
[15] 周建超．论习近平生态文明思想的鲜明特质［J］．江海学刊，2019（6）：5-11.
[16] 陈真亮．自然保护地制度体系的历史演进、优化思路及治理转型［J］．甘肃政法大学学报，2021（3）：36-47.
[17] 王青．新时代人与自然和谐共生观的生成逻辑［J］．东岳论丛，2021，42（7）：105-111.
[18] 杨莉，刘海燕．习近平“两山理论”的科学内涵及思维能力的分析［J］．自然辩证法研究，2019，35（10）：107-111.
[19] 潘寻．环境保护项目中的原住居民保护策略［J］．中央民族大学学报（哲学社会科学版），2015，42（3）：11-17.
[20] 李一丁．整体系统观视域下自然保护地原住居民权利表达［J］．东岳论丛，2020，41（10）：172-182.
[21] 王云霞．环境正义的分配范式及其超越［J］．思想战线，2016，42（3）：148-153.
[22] 张成福，聂国良．环境正义与可持续性公共治理［J］．行政论坛，2019，26（1）：93-100.
[23] 龚天平，饶婷．习近平生态治理观的环境正义意蕴［J］．武汉大学学报（哲学社会科学版），2020，73（1）：5-14.
[24] 黄宝荣，欧阳志云，郑华，等．生态系统完整性内涵及评价方法研究综述［J］．应用生态学报，2006（11）：2196-2202.
[25] 魏钰，雷光春．从生物群落到生态系统综合保护：国家公园生态系统完整性保护的理论演变［J］．自然资源学报，2019，34（9）：1820-1832.
[26] 刘敏．论我国自然保护区社区共管制度的构建与完善［J］．浙江万里学院

学报，2019，32（2）34–40.
[27] 孙润，王双玲，吴林巧，等．保护区与社区如何协调发展：以广西十万大山国家级自然保护区为例［J］．生物多样性，2017，25（4）：437–448.
[28] 欧阳志云，王效科，苗鸿．中国陆地生态系统服务功能及其生态经济价值的初步研究［J］．生态学报，1999（5）：19–25.
[29] 赵同谦，欧阳志云，郑华，等．中国森林生态系统服务功能及其价值评价［J］．自然资源学报，2004（4）：480–491.
[30] 谢高地，鲁春霞，冷允法，等．青藏高原生态资产的价值评估［J］．自然资源学报，2003（2）：189–196.
[31] 徐嵩龄．生物多样性价值的经济学处理：一些理论障碍及其克服［J］．生物多样性，2001（3）：310–318.
[32] 欧阳志云，王如松．生态系统服务功能、生态价值与可持续发展［J］．世界科技研究与发展，2000（5）：45–50.
[33] 王奇，姜明栋，黄雨萌．生态正外部性内部化的实现途径与机制创新［J］．中国环境管理，2020，12（6）：21–28.
[34] 艾佳慧．科斯定理还是波斯纳定理：法律经济学基础理论的混乱与澄清［J］．法制与社会发展，2019，25（1）：124–143.
[35] 张晏．生态系统服务市场化工具：概念、类型与适用［J］．中国人口·资源与环境，2017，27（6）：119–126.
[36] 杜群．生态保护及其利益补偿的法理判断：基于生态系统服务价值的法理解析［J］．法学，2006（10）：68–75.
[37] 邓禾，陈宝山．我国生态利益供给补偿制度的市场化完善［J］．甘肃政法学院学报，2016（4）：17–24.
[38] 王彬彬，李晓燕．生态补偿的制度建构：政府和市场有效融合［J］．政治学研究，2015（5）：67–81.
[39] 刘倩，董子源，许寅硕．基于资本资产框架的生态系统服务付费研究述评［J］．环境经济研究，2016，1（2）：123–138.
[40] 柳荻，胡振通，靳乐山．美国湿地缓解银行实践与中国启示：市场创建和市场运行［J］．中国土地科学，2018，32（1）：65–72.
[41] 朱文博，王阳，李双成．生态系统服务付费的诊断框架及案例剖析［J］．生态学报，2014，34（10）：2460–2469.
[42] 王茂林．美国土地休耕保护计划的制度设计及若干启示［J］．农业经济问题，2020（5）：119–122.
[43] 臧振华，徐卫华，欧阳志云．国家公园体制试点区生态产品价值实现探索［J］．生物多样性，2021，29（3）：275–277.
[44] 张晓妮，王忠贤，谢熙伟．自然保护区社区居民经济利益保障问题探讨［J］．中国农学通报，2007（5）：546–549.

[45] 王珊珊，孙佳，赵刘慧 . 扎龙自然保护区对核心区居民收入影响分析 [J] . 中国集体经济，2008（15）：199–200.

[46] 何中华 . 从生物多样性到文化多样性 [J] . 东岳论丛，1999（4）：73–76.

[47] 万仁德 . 转型期城市社区功能变迁与社区制度创新 [J] . 华中师范大学学报（人文社会科学版），2002（5）：33–36.

[48] 王伟，李俊生 . 中国生物多样性就地保护成效与展望 [J] . 生物多样性，2021，29（2）：133–149.

[49] 李诒卓 . 广东对外加工装配业务十年回顾 [J] . 国际经济合作，1991（6）：29–30.

[50] 中办国办印发 . 关于建立以国家公园为主体的自然保护地体系的指导意见 [J] . 绿色中国，2019（12）：26–32.

[51] 曹玉昆，刘嘉琦，朱震锋，等 . 东北虎豹国家公园建设周边居民参与意愿分析 [J] . 林业经济问题，2019，39（3）：262–268.

[52] 杨莉，张卓艳 . 基鲁索夫“生态意识”理念的重现及对我国生态文明建设的现实价值研究 [J] . 前沿，2015（12）：15–18.

[53] 余梦莉 . 论新时代国家公园的共建共治共享[J]. 中南林业科技大学学报（社会科学版），2019，13（5）：25–32.

[54] 邹统钎，郭晓霞 . 中国国家公园体制建设的探究 [J] . 遗产与保护研究，2016，1（3）：30–36.

[55] 杨金娜，尚琴琴，张玉钧 . 我国国家公园建设的社区参与机制研究 [J] . 世界林业研究，2018，31（4）：76–80.

[56] 陈志永，李乐京，梁涛 . 利益相关者理论视角下的乡村旅游发展模式研究：以贵州天龙屯堡“四位一体”的乡村旅游模式为例 [J] . 经济问题探索，2008（7）：106–114.

[57] 陶文辉，孔令红，智颖飙，等 . 资源—环境双重约束下我国环境政策工具的选择 [J] . 经济研究导刊，2011（35）：14–19.

[58] 吴海红，郭圣莉 . 从社区建设到社区营造：十八大以来社区治理创新的制度逻辑和话语变迁 [J] . 深圳大学学报（人文社会科学版），2018，35（2）：107–115.

[59] 李增元，宋江帆 .“企业推动型”农村社区治理模式：缘起、现状及转向 [J] . 甘肃行政学院学报，2013（2）：12–21+125.

[60] 翟红芬 . 发展权的基本人权价值 [J] . 法制与经济（下旬刊），2009（6）：42+44.

[61] 黄文娟，杨道德，张国珍 . 我国自然保护区社区共管研究进展 [J] . 湖南林业科技，2004（1）：46–48.

[62] 朱广庆 . 国外自然保护区的立法与管理体制 [J] . 环境保护，2002（4）：10–13.

[63] 孙立平．社区、社会资本与社区发育［J］．学海，2001（4）：93-96＋208.

[64] 郑晓华．社区参与中的政府赋权逻辑：四种治理模式考察［J］．经济社会体制比较，2014（6）：95-102.

[65] 夏建中．社会学的社区主义理论［J］．学术交流，2009（8）：116-121.

[66] 孙同全，孙贝贝．社区主导发展理论与实践述评［J］．中国农村观察，2013（4）：60-71+85.

[67] 刘静艳，韦玉春，黄丽英，等．生态旅游社区参与模式的典型案例分析［J］．旅游科学，2008（4）：59-64.

[68] 任中平．社区主导型发展与农村基层民主建设——四川嘉陵区 CDD 项目实施情况的调查与思考［J］．政治学研究，2008（6）：94-102.

[69] 曲海燕，张斌，吴国宝．社区动力的激发对精准扶贫的启示：基于社区主导发展理论的概述、演变与争议［J］．理论月刊，2018（9）：162-169.

[70] 程璆，郑逸芳，许佳贤，等．参与式扶贫治理中的精英俘获困境及对策研究［J］．农村经济，2017（9）：56-62.

[71] 伍麟，刘天元．社会心理服务体系建设的实践路径与现实困境：基于河南W县的经验分析［J］．北京行政学院学报，2019（6）：86-93.

[72] 蔡碧凡，陶卓民，郎富平．乡村旅游社区参与模式比较研究：以浙江省三个村落为例［J］．商业研究，2013（10）：191-196.

[73] 任颖．自然保护地复合型环境风险防范：制度定位、治理模式与协同路径［J］．法治论坛，2019（3）：46-59.

[74] 沈兴兴，曾贤刚．世界自然保护地治理模式发展趋势及启示［J］．世界林业研究，2015，28（5）：44-49.

[75] 张引，庄优波，杨锐．世界自然保护地社区共管典型模式研究［J］．风景园林，2020，27（3）：18-23.

[76] 钱全．基层治理结构转型研究：“再造—共治”的一个分析框架［J］．四川理工学院学报（社会科学版），2019，34（6）：18-38.

[77] 曾彩琳．我国自然保护地居民权利保障法律制度研究［J］．大连理工大学学报（社会科学版），2012，33（3）：122-126.

[78] 陈秋红．社区主导型草地共管模式：成效与机制——基于社会资本视角的分析［J］．中国农村经济，2011（5）：61-71.

[79] 常多粉，杨立华．协作治理中主体间信任如何影响其协作程度？——基于内蒙古草原治理的实证研究［J］．中国人口·资源与环境，2019，29（11）：132-138.

[80] 康涛，周真刚．乡村振兴战略下民族特色村寨的可持续发展：以四川省阿坝州民族特色村寨为例［J］．中南民族大学学报（人文社会科学版），2019，39（5）：27-32.

[81] 宋言奇．我国农村生态环境保护社区“自组织”载体刍议[J]．中国人口·资源与环境，2010，20（1）：81-86.
[82] 杨贵华．自组织与社区共同体的自组织机制[J]．东南学术，2007（5）：117-122.
[83] 曹飞廉，万怡，曾凡木．社区自组织嵌入社区治理的协商机制研究：以两个社区营造实验为例[J]．西北大学学报（哲学社会科学版），2019，49（2）：121-131.
[84] 李霞，陈伟东．社区自组织与社区治理成本：以院落自治和门栋管理为个案[J]．理论与改革，2006（6）：88-90.
[85] 宋言奇．国外生态环境保护中社区“自组织”的发展态势[J]．国外社会科学，2009（4）：81-86.
[86] 秦天宝，刘彤彤．自然保护地立法的体系化：问题识别、逻辑建构和实现路径[J]．法学论坛，2020，35（2）：131-140.
[87] 任啸．社区参与的理论与模式探讨：以九寨沟自然保护区为例[J]．财经科学，2006（6）：111-116.
[88] 陈建平，林修果．参与式发展理论下新农村建设的角色转换问题探析[J]．中州学刊，2006（3）：42-46.
[89] 尚前浪，陈刚．社会资本视角下民族地方乡规民约与旅游社区治理：基于泸沽湖落水村的案例分析[J]．贵州社会科学，2016（8）：44-49.
[90] 吴於松．社区共管：“环境保护话语”下的制度创新[J]．思想战线，2008（1）74-78.
[91] 赵德志．利益相关者：企业管理的新概念[J]．辽宁大学学报（哲学社会科学版），2002（5）：144-147.
[92] 张玉钧，徐亚丹，贾倩．国家公园生态旅游利益相关者协作关系研究——以仙居国家公园公盂园区为例[J]．旅游科学，2017，31（3）：51-64+74.
[93] 韩雪．国家公园体制建设下的社区生计路径选择研究[D]．兰州：兰州大学，2019.
[94] 田婧霓．罗尔斯顿的自然价值观研究[D]．桂林：广西师范大学，2015.
[95] 王磊．基于生态系统服务价值评估的生态经济协调度研究[D]．武汉：华中科技大学，2020.
[96] 殷小菡．北方农牧交错带西段退耕对生态系统主要服务功能影响研究[D]．济南：山东师范大学，2019.
[97] 邢路．城市化对生态系统服务价值的时空异质影响与生态可持续评估研究[D]．武汉：华中科技大学，2019.
[98] 陈宝山．生态利益供给市场化补偿制度研究[D]．重庆：西南政法大学，2018.

[99] 何银娜 . 朝阳县乡镇行政管理与村民自治有效衔接研究［ D ］. 大连：大连理工大学，2014.

[100] 李文蔚 . 华南地区集装箱港口布局规划与区域经济发展协调研究［ D ］. 天津：天津大学，2004.

[101] 刘涵 . 习近平生态文明思想研究［ D ］. 长沙：湖南师范大学，2020.

[102] 丁志伟 . 中原经济区“三化”协调发展的状态评价与优化组织［ D ］. 开封：河南大学，2015.

[103] 周定财 . 基层社会管理创新中的协同治理研究［ D ］. 苏州：苏州大学，2018.

[104] 李俊义 . 非政府间国际组织的国际法律地位研究［ D ］. 上海：华东政法大学，2011.

[105] 吴菲 . 我国协议保护制度的行政法探究［ D ］. 苏州：苏州大学，2013.

[106] 张晓彤 . 论我国自然保护区社区共管的法律规制［ D ］. 长春：吉林大学，2016.

[107] 委华 . 河西民族社区协调发展法律保障机制研究［ D ］. 兰州：西北师范大学，2008.

[108] 任世丹 . 贫困问题的环境法应对［ D ］. 武汉：武汉大学，2015.

[109] 张晓妮 . 中国自然保护区及其社区管理模式研究［ D ］. 咸阳：西北农林科技大学，2014.

（三）外文类

[1] Lee E. Protected areas, country and value: The nature–culture tyranny of the IUCN's protected area guidelines for indigenous australians [J]. Antipode, 2016, 48(2): 355–374.

[2] Arnstein S R. A ladder of citizen participation [J]. Journal of the American Institute of Planners, 1969, 35(4): 216–224.

[3] Goldman M. Partitioned nature, privileged knowledge: Community–based conservation in Tanzania [J]. Development & Change, 2010, 34(5):833–862.

[4] Edwin M, Sulistyorini I S, Allo J K. Assessment of natural resources and local community participationin nature–based tourism of wehea forest, east kalimantan [J]. Department of Forest Management, 2017(3)：128–139.

[5] Grodzi ń ska–Jurczak M, Cent J. Can public participation increase nature conservation effectiveness? [J]. Innovation: The European Journal of Social Science Research, 2011, 24(3): 371–378.

[6] De Groot R, Brander L, Van Der Ploeg S, et al. Global estimates of the value of ecosystems and their services in monetary units [J]. Ecosystem services, 2012, 1(1): 50–61.

[7] Freeman A M, Boucher F, Brockett C D, et al. The measurement of environmental and resource values: Theory and methods [J]. Resources Policy, 1994, 20(4):281–282.

[8] Daily G C. Nature's services: societal dependence on natural ecosystems [M]. Washington, DC: Island Press, 1997.

[9] Assessment M E. Ecosystem and human wellbeing: Synthesis [M].Washing D C:Island Press,2005.

[10] Holdren J P , Ehrlich P R . Human population and the global environment [J]. American Scientist, 1974, 62(3):282.

[11] Stavins R N. Harnessing market forces to protect the environment [J]. Environment: Science and Policy for Sustainable Development, 1989, 31(1): 5–35.

[12] Boisvert V, M é ral P, Froger G. Market–based instruments for ecosystem services: Institutional innovation or renovation? [J]. Society & Natural Resources, 2013, 26(10): 1122–1136.

[13] Coase R H . The Problem of Social Cost [J]. Journal of Law & Economics, 1960, 3:1–44.

[14] Booth K L. National parks: What do we think of them [J]. Forest and Bird, 1987, 18(3): 7–9.

[15] Brown T C. The concept of value in resource allocation [J]. Land Economics, 1984, 60(3): 231–246.

[16] Callicott J B. Intrinsic value, quantum theory, and environmental ethics [J]. Environmental Ethics, 1985, 7(3): 257–275.

[17] Dustin D L, McAvoy L H. The decline and fall of quality recreation opportunities and environments? [J]. Environmental Ethics, 1982, 4(1): 49–57.

[18] Darling, F. Man's Responsibility For The Environment. In: Ebling, F. (ed) 1969. Biology And Ethics 117–122.

[19] Everitt A S. A valuation of recreational benefits [J]. New Zealand Journal of Forestry, 1983, 28(2): 176–183.

[20] Hammond J L. Wilderness and heritage values [J]. Environmental Ethics, 1985, 7(2): 165–170.

[21] Ditwiler C D. Can technology decrease natural resource use conflicts in recreation?[J]. Search (Sydney), 1979, 10(Dec 1979): 439–441.

[22] Langholz J A, Lassoie J P. Perils and Promise of Privately Owned Protected Areas: This article reviews the current state of knowledge regarding privately owned parks worldwide, emphasizing their current status, various types, and principal strengths and weaknesses [J]. BioScience, 2001, 51(12): 1079–1085.

[23] Ahmad M S, Abu Talib N B. Empowering local communities: Decentralization,

empowerment and community driven development [J]. Quality & Quantity, 2015, 49(2): 827–838.

[24] Jeni Klugman. A sourcebook for poverty reduction strategies [M].Washington, DC:Word Bank Publications, 2002.

[25] Mashale C M, Moyo T, Mtapuri O. An evaluation of the public–private partnership in the lekgalameetse nature reserve in South Africa [J]. Mediterranean Journal of Social Sciences, 2014: 855–862.

[26] Kepe T. Land claims and comanagement of protected areas in South Africa: Exploring the challenges [J]. Environmental Management, 2008, 41(3): 311–321.

[27] Borrinifeyerabend G, Dudley N, Jaeger T. Governance of Protected Areas: From Understanding to Action [J]. Managing Protected Areas A Global Guide, 2013(20):54.